茶园和越心呈至于可

绿色防控的重要技术

持绿防护

文梓

陈宗懋

二〇一五年12月1日

U0306545

国家现代农业茶叶产业技术体系茶园机械岗位基金（CARS-23）、农业部行业专项
——茶园综合作业机械化技术与装备研究（201303012，2013—2017）

现代茶园

机械装备研究与设计

■ 肖宏儒　著

中国农业科学技术出版社

图书在版编目（CIP）数据

现代茶园机械装备研究与设计 / 肖宏儒著 . —北京：中国农业科学技术
出版社，2018.9

ISBN 978-7-5116-2391-1

Ⅰ.①现… Ⅱ.①肖… Ⅲ.①茶园-机械设备-研究 Ⅳ.①S571.1

中国版本图书馆 CIP 数据核字（2015）第 289719 号

责任编辑	白姗姗	
责任校对	贾海霞	

出 版 者	中国农业科学技术出版社	
	北京市中关村南大街 12 号　邮编：100081	
电　　话	（010）82106638（编辑室）　（010）82109702（发行部）	
	（010）82109709（读者服务部）	
传　　真	（010）82106650	
网　　址	http://www.castp.cn	
经 销 者	各地新华书店	
印 刷 者	北京建宏印刷有限公司	
开　　本	787 mm×1 092 mm　1/16	
印　　张	19.25	
字　　数	505 千字	
版　　次	2018 年 9 月第 1 版　2018 年 9 月第 1 次印刷	
定　　价	128.00 元	

序　言

我国茶园机械化在过去几十年的发展历程中，取得了可喜的成绩，茶园耕作、施肥，茶树修剪，茶叶采摘等重要作业环节都有了相应的技术、相对成熟的作业装备。它们在茶叶产业的发展过程中一直起着积极的推动作用。

然而，由于茶园分布区域广，茶园地形错综复杂，种植农艺多样，我国茶园机械化的发展相对缓慢。就目前茶园生产情况来看，机械化整体水平不高，许多环节机械化技术缺失，已有机械仍存在适应性差、作业效果不尽如人意等问题。特别是对于山区坡度较大的茶园，几乎没有适用的作业机械。究其原因，不外乎以下几点。首先，环境复杂，对象多样，设备研发难度大。其次，起步晚，发展时间短，基础研究、技术储备等都比较薄弱。第三，重视程度不够，研发投入力度小。一方面，过去茶园生产机械化没有得到足够的重视，长期缓慢发展，基础不牢；另一方面，生产企业规模小，研发力量薄弱，技术手段落后。茶园机械这种迟滞的发展，明显已经不能满足农业现代化趋势下茶叶生产的机械化需求。

"十二五"以来，茶园机械化逐渐受到国家的重视。这几年出现了"迎头赶上"的良好发展势头。在国家各级政府的支持下，农业部南京农业机械化研究所国家茶叶产业技术体系茶园机械团队研究人员，积极地投身于茶园机械化的研究之中。他们积极探索，勇于创新，大胆借鉴新的设计理念、新的研究方法和先进技术手段，使茶园机械的研发更加科学、合理、高效。针对茶园机械化的现状与问题，他们提出"分形而治"的发展思想，并制定了相应的机械化作业模式；针对不同模式，又分别研发了相应的现代化作业装备。这些新理念、新方法、新成果对于推动我国茶园机械化大发展无疑具有重要的作用。为使成果尽快转化为实际生产力，国家茶叶产业技术体系茶园机械岗位科学家、农业部南京农业机械化研究所特色经济作物生产装备工程技术中心主任肖宏儒研究员，倾力总结撰写了《现代茶园机械装备研究与设计》一书，力求科技成果能以图文并茂的形式更加有效地推广。全书站在一个新的高度，俯瞰茶园机械化的全新发展道路，详细地介绍了"分形而治"的发展思想与相应的机械化作业模式，探讨了现代茶园机械研究设计的新的理念、方法与技术，而且对这些新的理念、方法与技术的应用成果的研究与设计过程、使用效果、维护方法等，一一作了深入而细致的说明，并对每一种设备进行了比较全面的效益分析，内容系统全面而又翔实。

本书不仅系统地阐述了我国茶园机械化的发展模式问题，并从设计理念与方法入手，详细地介绍了现代茶园机械的研究设计过程，是一本关于现代茶园机械研究设计的理论与方法的力作，也是可供茶园机械设计参考的著作。相信该书的出版，将会为广大茶叶科技工作者以及相关院校师生提供有益的技术参考，对于广大茶农关于机械化茶园规划、机械装备选用等都具有现实的指导作用。

　　谨以此序，对本书的成功出版表示祝贺！

中国工程院院士　　　　

2015 年 11 月

前　言

自"十二五"以来，国家逐渐加大了对茶园机械化研究的投入力度，国家科技计划、行业专项等重大茶园机械科研项目纷纷获批立项，特别是国家大力发展现代农业产业技术体系战略，更是使茶园机械的研究得到了稳定资金支持。作为一个长期从事茶园机械研究的科研工作者，我倍感欣慰；同时承蒙国家厚爱，受聘为现代农业产业技术体系茶园机械岗位科学家，我又深知责任重大。履职以来，我带领团队人员一直兢兢业业，全力以赴地去做好科研工作中的每一件事，丝毫不敢懈怠。功夫不负有心人，经过这五六年的钻研探索，总算取得了一些研究成果，研发的装备也得到茶农认可。回首过往，浮现在眼前的仍是那一片片曾经踏过的绿油油的茶园；总是忙忙碌碌，却也过得充实。如今想来，虽不曾惊天动地，但也算没有辜负国家的厚望与重托。

取得成果，自有几分慰藉；然而，身上的重担却一点也没有减轻。因为科技成果还需转化为实际生产力，才能真正地发挥其作用，而离这一目标，我们仍有很多工作要做。我想这也是国家设立科学基金的初衷吧。为了使研究成果能更好的加以推广和应用，推动我国茶叶生产机械化快速地发展，经过半年多的努力，我们完成了这些年的研究成果的总结——《现代茶园机械装备研究与设计》一书终于定稿。书中主要阐述了关于我国茶园未来机械化发展模式的思考与分析，现代茶园机械新的研究设计方法的归纳与总结，最新作业装备的研究与设计过程，以及相关设备的试验、性能、效益等。当然，研究还在继续，许多正在研究之中的机械设备无法收录其中，希望后续有机会再做整理，以飨读者。

在项目研究过程中，得到了中国农业大学、南京林业大学等兄弟单位的同行以及本单位同事的鼎力支持。秦广明、陈勇、徐丽明、赵映参与了第七章中4C-12采茶机器人项目的研究工作，李坤参与第五章中低地隙多功能茶园管理机项目的研究工作。除此之外，书中涉及的其他项目研究工作均由本团队独立完成。

在这里，向所有在项目的实施期间，对本团队提供过支持与帮助的领导、同事、同学与业内同仁，以及在本书撰写过程中给予我关心、支持和帮助的领导、同事们，表示衷心的感谢！特别地向团队成员——宋志禹、丁文芹、梅松、韩余、赵映、金月——长期以来在研究工作中的辛勤付出表示诚挚的谢意！全书由韩余统稿（韩余参与了研究资料的整理工作），在此一并表示感谢！

特别感谢国家现代农业茶叶产业技术体系茶园机械岗位基金（CARS-23）、国家科技支撑计划子课题——茶园作业机器人关键技术与装备研发（2011BAD20B07-03）、农业部行业专项——茶园综合作业机械化技术与装备研究（201303012，2013—2017）等对本项目研究的大力支持！

主要参考文献已在书后列出，在此也对各位作者表示感谢。

最后，希望本书的出版能对茶园机械科研工作者、农业院校师生以及广大的茶农朋友有一点帮助，对我国茶园生产机械化发展起到一点积极作用！

尽管撰稿时力求文字凝练、信息准确，然而，由于作者水平有限，加之时间仓促，错误、疏漏之处在所难免。讫望各位读者不吝斧正。

著 者

2015 年 11 月

目　　录

第一章 绪 论

我国茶园机械化水平还不高，甚至比较落后，本章从产业发展现状着手，分析当前茶园机械化发展存在的问题，并就其发展的意义、战略及措施等分别加以论述。

第一节 引 言

目前我国茶叶产业仍然属于典型的劳动密集型产业，劳动力成本占生产成本的至少40%，且有不断提高的趋势。而随着经济社会的快速发展，农业生产结构不断调整，城市化进程加快，农村劳动力正在加速向城镇转移。因此，近年来我国茶叶生产频频出现采摘工和茶园管理工季节性短缺的现象，并且逐年加剧，茶叶劳动力价格大幅上涨。据调研，2010年各茶叶主产地全部出现采工短缺，短缺比例达 20%～60%，采摘工价也比 2009 年上涨10%～50%。预计未来会出现更大面积的采摘工荒。另外，产品质量安全控制的要求与生产标准化不足的矛盾也日益凸显，限制着茶叶产业的发展。就当前茶叶产业发展所面临的困境来看，依靠先进的机械化生产技术破除以劳动力为代表的资源要素约束是促进茶产业健康发展，实现现代化的必由之路。

第二节 国内外茶园生产机械化概述

我国是茶树的原产地，是世界上发现和利用茶树最早的国家，种类众多，历史悠久，在世界上享有盛誉。全国茶园面积达 107 万 hm²，居世界首位。但是，相比其他茶叶大国，我国茶叶生产机械装备比较落后。在茶园管理机械方面，我国远远落后于日本、印度、肯尼亚等主要产茶国。

从 20 世纪 60 年代开始，我国茶园管理机械的发展经历了从无到有的历程。20 世纪 70年代以前，我国茶园生产管理等田间作业一直沿用人畜作业，不仅工效低，而且经济效益较差。这样的局面，给一些大型茶场的生产与管理，造成了严重的问题，致使茶园生产管理方式粗放，生产劳动强度极大，茶叶生产年年亏损，经济和社会效益更是极其低下。

20 世纪 80 年代初，嘉善拖拉机厂生产的 C-12 型茶园中耕机正式投放市场。该机以S195 柴油机为动力，采用履带行走方式，茶园适应性强，一机多用，通过变换农机具可以实现旋耕、中耕除草、施肥等作业，性能稳定，耕作效果好。由于价格高，其仅在少数国营茶场中推广使用。

90 年代，在引进消化吸收日本小型耕作机的基础上，浙江新昌东辉机械厂生产了一种ZGJ150 型茶园中耕机，可用于部分个体茶农和小型茶场的茶园深耕、中耕除草和施肥作业的问题。该机机身小，运转灵活，维修方便，价格适中。但是，由于我国茶园普遍多年不进行耕作，土壤板结严重，该机机动力不足，不能完全适应我国茶园生产管理的需要。

20 世纪末，国外研制出一种乘用式茶叶摘采机，其原理是把类似于双人采茶机的采摘器悬挂在行走车上。操作人员需一边操作机器，一边控制机器前进、后退。该机分轻自走式和自走式两种。轻自走式是把双人采茶机装置动力的一侧弹性地悬挂在行走车上，另一侧由操作者手抬作业，分别行走于相邻的两条茶行内。自走式是两侧分别悬挂在与行走车相连接的机架上，行走车与辅助轮分别行走于相邻的两条茶行内。跨行乘驾型履带采茶机于20世纪70年代中期由日本首先研制，机器型号较多，在茶叶生产机械中约占20%。使用跨行乘驾型履带采茶机的茶园要求土地平整，坡度小，否则会造成机器行走困难，而且不得不频繁地调节采茶高度，这样会严重影响采摘质量和生产效率。

近两年来，农业部南京农业机械化研究所研制的高地隙自走式多功能茶园管理机及配套机具，采用高效柔性液压传动方式，实现了横跨茶蓬驶入狭窄茶行间作业的功能。该机悬挂配置两组立式旋耕刀辊，用于中耕除草作业；悬挂配置两组振动式深松作业部件，用于茶树根部的深松作业；整机后部底盘上方配置两组施肥机构，在中耕除草或深松作业的同时，完成肥料深施作业；整机后部配置两组折叠式喷雾喷杆，用于茶园植保治虫或叶面施肥作业。上述作业功能的实现，均由液压驱动完成。

从国内外茶园生产机械化的发展历程不难发现，茶园机械化管理是实现茶叶生产现代化的关键。茶园生产机械化包括：新拓茶园的机械化开垦、整地；茶园机械化中耕、除草；茶园机械化喷施农药；机械化修剪、台刈和茶叶机械化采摘等。茶园管理是茶叶生产的重要环节，是提高茶叶产量、质量和经济效益的前提和基础。中国是产茶大国，茶园面积和年产量均居世界前列；但同其他产茶国相比，茶园管理手段比较落后，水平不高，管理机械化起步迟，普及程度较低。目前，我国茶叶企业的茶园管理生产机械化技术普遍落后，多数单位该技术尚属空白，这不仅影响了茶园生产现代化水平的提升，同时与中国这个古老的产茶大国也极不相称。

通过上述发展情况看来，我国茶园生产管理过程主要存在以下几个方面的问题。

（1）茶园机械化管理劳动力不足。近年来，大多数青壮年不再愿意务农，纷纷进入大城市谋求生计，导致茶季茶工严重不足。由于茶业生产缺乏劳动力保障，使得茶叶生产受阻，新茶无法按时进入市场，茶农效益受损严重，茶叶产业的发展已经受到严重的影响。

（2）科技推广力度不够。虽然农业、农机、科技等部门近年来一直致力于科技推广工作，但先进的茶园管理技术及设备的推广成效不大。主要原因是政策扶持力度不够，用于新技术推广的资金投入不足，不能充分调动茶农学科技、用科技的积极性。

（3）茶园生产机械化程度低。目前，我国茶园生产机械化程度较低，智能化水平基本为零，生产方式粗放，仍属劳动密集型产业。随着劳动力等生产要素价格的飙升，使得茶叶生产成本也是一路攀高。当前亟需加快实现机械化管理，以节本增效，推动产业发展。

（4）机械化采茶与加工工艺配套技术的研究不足。机械化采茶由于其自身的复杂性，完全实现机械化采茶难度很大。不同品种、不同机械、不同茶园种植模式，都会影响到机械采摘的效果。故而，实现机械化采茶，必须统一规划茶园，选育合适的品种，配套适宜的采摘机械；同时，需不断地探索研究机采对茶树生育的影响，探索研究肥培管理技术对机采的影响，探索研究加工工艺对机采鲜叶的特性需求，使机采与种植农艺、加工工艺相互融合，协同发展。

（5）茶园机械研究力量薄弱。茶叶作为特色作物经济，与主要农作物相比，其生产机械化起步晚，水平低，投入少，发展缓慢。这主要表现在：①国家对其科研的投入力度相对较小；②科研人才匮乏；③生产企业规模小，自主研发及投入能力有限；④研究手段落后，研究基础设施与仪器设备短缺；⑤创新意识不强，思维模式陈旧，新方法、新技术、新工具应用少。这些研发阶段的问题，是茶园机械化发展源头上的问题，是我国茶园机械发展缓慢的根本原因。

第三节 茶园生产机械化的必要性

当前我国茶园生产机械化生产技术的应用普及仍处于起步阶段，加快开发研制和推广茶园生产机械化生产技术对我国茶叶产业从传统产业向现代产业升级具有重要的意义。

一、转变生产方式，促进产业升级

传统的茶园生产方式主要是人畜作业，茶园的耕作、施肥、除草、喷药、灌溉、修剪、采摘等都是依靠人力作业完成，仅有少量的除草、喷药和修剪使用机械化或半机械化作业。这样粗放的生产方式作业效率低，劳动强度大，生产成本高，作业效果也不理想，不仅浪费资源，而且对茶园生态系统破坏严重。由于劳动力短缺的问题，每年都有大量的茶叶特别是秋茶，因得不到及时采收而被浪费；许多茶农甚至放弃秋茶的生产。化肥、农药的过量使用污染了水源，化学除草剂的不当使用正侵蚀着茶园生态系统。这些粗放式生产方式所致的严重问题，不仅制约了产业的发展，而更重要的是，已经对人类的生存环境构成威胁。因此，迫切需要依靠科技力量，通过转变生产方式，摆脱产业束缚，保护生态安全。

茶园生产机械化研究将对传统的作业过程和各个环节的机械作业进行综合分析，研制高效、智能、精准、精量的耕作、施肥、植保、修剪与采摘等作业机械，形成茶园全程精准智能机械化作业体系，逐渐替代传统粗放的人工作业方式，使茶园生产更加高效、精准、节能、环保，全面地提升我国茶园生产管理的现代化水平。

二、提高茶叶生产综合效益，推动产业发展

传统生产方式耗时、费力、成本高，近几年，茶叶生产效益出现明显的下滑趋势。而实现机械化生产不仅能降低生产成本，而且茶叶质量较高，能有效地提高茶叶生产的综合效益。

以茶园耕作是比较明显的例子。传统人工耕作，劳动强度大，生产效率低，人工成本要占到茶园生产生产总成本的40%左右；而采用耕作机械作业，可以提高生产效率8~10倍，成本大幅降低。并且在机械耕作的同时，还能完成除草、施肥、深翻等作业，这种复式作业方式又进一步降低了作业成本。

另一个实例是茶园生产中的频率最高的修剪和采摘作业。手工修剪 $1hm^2$ 成年茶园需用工30个，而一台机械两人操作，日修剪量为 0.6~$1hm^2$，效率提高10倍以上。机修剪直接成本（人工工资、维修费、油耗等）为150元/hm^2 左右，是手工修剪的30%。单人采茶机的日采鲜叶量为350kg，双人手持式采茶机日产量为 900~1 500kg，作业面积可达 10.5~18 亩 *；而手工采茶 60~70kg 的日产量不可与其同日而语。

同时，机械化作业还能保证茶叶质量，如机采茶鲜叶外形更均匀，质量更稳定；负压捕虫机的使用，能有效减少农药的使用，进而提升茶叶的品质。这些都有助于高茶叶生产的经

---

 * 1亩≈667m^2，$1hm^2$ = 15 亩。全书同

济效益。

总之，机械化生产节本增效的作用是显而易见的，其在茶叶产业效益提升，推动产业发展方面都具有积极的推动作用。

三、促进绿色生产，提高茶叶质量

在茶叶生产中的各个环节，推广应用机械化作业技术，对提高茶叶品质可以起到显著的改善作用。首先，精准机械化作业能减少化肥和农药的用量，对减少茶叶的农药污染和重金属残留，有显著的效果。其次，进行肥料深施，包括有机肥的深施，可以减少微生物的滋生源，从而减少茶叶微生物的污染问题，整体提高茶叶的卫生质量与安全水平。而且，机械化深耕、中耕作业，可以提高土壤团粒性、渗透性和保水性，加深有效表土，使茶树根系发育旺盛，促进茶树生长，提高茶叶品质与产量。此外，利用物理、生物原理防治茶叶害虫的植保机械的推广应用，也可以显著降低农药与化肥的残留污染。因此，茶园生产机械化作业技术的推广应用，对提高茶叶质量具有积极的作用，特别是对于时下备受青睐的有机茶的生产具有重要的意义。

四、有利于资源整合，扩大产业规模

由于受到传统生产方式的限制，我国茶叶生产，多为小农式散户经营，规模小，产量少，抗风险能力差。一方面，茶叶作为饮料的一种，具有严格的市场准入制度，应严格符合食品卫生质量安全标准，而像这样的小规模经营，市场监管难度大，标准执行难，新技术推广难。另一方面，小规模经营由于经济能力受限，企业或者农户地域自然和市场风险的能力较弱，制约了茶叶产业的整体发展。规模化经营，则有利于生产要素的合理流动和优化组合、新技术的推广应用，有利于实施名牌战略，提高产品的竞争力，这样不仅仅对茶农，对国家，而且对茶叶产业都是有益的。现如今，茶园生产机械化已经使大规模经营成为可能。未来，茶叶种植将通过土地流转、资源整合等方式，由小户经营向大规模种植转变。大型高效智能的机械化作业方式将使得茶园生产更高效、规范，对产业具有积极的推动作用。

总之，实现茶园机械化生产，不仅是产业自身发展的需求，更是当前社会发展的需求，是实现茶叶现代化生产的基本保障。

第四节　茶园生产机械化发展战略与重点

我国茶园面积大，机械化生产水平低，适用于茶园生产的机械少，发展茶叶生产机械化十分迫切而又任重道远。发展茶园生产机械化，不可能一蹴而就，需认清现状，着眼未来，准确把握发展趋势，坚持"科学发展、合理发展、有序发展"的指导方针，统筹兼顾，做好顶层设计，制定科学、合理的战略方针。

茶园生产机械化发展应坚持如下指导思想：针对我国茶叶生产现状和茶叶种植地形地貌实况，结合茶叶机械化现有水平，在充分分析影响我国茶园生产机械化发展制约因素的基础上，以科学发展观为指导，以经济效益和社会效益为导向，以探索不同茶区机械化作业技术路线和技术模式为切入点，以提高茶叶种植机械化作业水平和生产率，降低劳动强度为重点，统一规划和设计我国不同茶区机械化生产方案，研究开发适用于不同茶区生产需要的茶园生产机械化作业新装备、新机具，推动我国茶叶生产机械化事业的快速发展。根据我国

茶园机械化管理的实际情况，可以采取以下战略。

一、有序发展战略

茶叶是我国丘陵地区、山区的主要经济作物，也是当地农民脱贫脱贫致富、经济收入的主要来源。然而，由于受自然条件的制约，茶叶生产条件相对较差，沟、渠、田、林、路不配套，适宜机械化作业的条件较差。同时，由于茶叶种植行距较窄，以及茶园多年不耕作，土壤严重板结，导致现有的农业机械不能满足茶叶生产的需要，大型机械无法进入茶园作业，而如微耕机等小型机械在茶园业时，显得动力不足。因此，发展我国茶园生产机械化发展，必须根据实际情况，全盘考虑，统一规划，有序发展。坚持先发展茶叶生产劳动强度大，用工量多等急需生产环节机械化的原则；坚持先发展自然条件相对较好、茶园坡度相对较小的茶园机械化作业的原则；坚持先发展难度较小的生产环节的机械化的原则；坚持先发展经济条件相对较好的地区的茶园生产机械化的原则。在统一规划的基础上，经过不懈努力和有序的发展，我国的茶园生产机械化事业必将取得更大的发展。

二、优先发展战略

我国的茶园生产机械化尽管相对其他作物的机械化发展迟缓，相对落后，但也不能急于求成。发展茶园生产机械化，是一项复杂的系统工程，涉及内容多，范围广，不仅受自然条件的制约，更受当地经济水平的制约。因此，必须采取优先发展战略。优先发展包含三方面的内容。一是将茶叶种植区土地相对平坦、坡度小于20°、经济条件又相对较好的地区，作为我国茶园生产机械化优先发展的地区。这些地方自然条件与经济条件都更有利于机械化的发展。二是在茶叶种植面积较大、茶叶产区经济条件相对较好的地区优先发展生产率高、适宜规模化生产的大中型作业机械，如高地隙跨行作业的大动力作业机、行间作业的低地隙多功能茶园管理机。这类机械配套动力大，适应性好，作业效率高，作业经济效益高，前期投入相对较大，因此需要在具有一定的经济基础的地区优先发展。三是优先发展茶园耕作机械化。我国的茶园土壤极其板结，土壤肥力较差，土壤中的有机质含量低，要改变目前的生产状况，除了加强相应种植和管理技术的研究外，亟须发展机械化耕作技术。通过耕作改善土壤条件和施肥条件，改善土壤团力结构和土壤透气性，促进茶叶的生长，改善茶叶品质。

三、重点发展战略

茶园管理需要机械化作业的环节较多，需求迫切，如果要全面发展茶园生产机械化，有两方面的困难：一是没有完全适用的机械可供选择；二是没有完全与应用机械相适应的标准化茶园（要推广应用茶园管理作业机械，必须要有相适应的机械行走道路、适宜的农艺等）。因此，发展茶园生产机械化必须采取重点发展战略。现阶段，茶园生产机械化的发展重点应该考虑以下几方面。

一是加强茶园生产机械化技术路线和技术模式的研究。在确定了不同茶区机械化技术路线和模式的基础上，才能确保发展的重点符合茶园管理的需要，有针对性地解决最紧迫的问题。

二是重点发展茶园管理耕作机械化。茶园管理过程中耕作是重要环节，劳动强度特别大。以往茶园的耕作大多数是靠人工劳动，不仅强度大，而且效率低，而当前农村劳动力日益短缺，茶园耕作不能有效进行，进而严重影响茶树的生长与茶叶产量。因此，现阶段重点发展茶园管理耕作机械化更为迫切。

三是重点发展茶叶采摘机械化。近年来，我国茶园管理中采摘工和茶园管理工季节性短缺逐年加剧，茶叶劳动力价格大幅上涨。据调研，2010年各茶叶主产地均不同程度地出现采摘工短缺现象，短缺比例高达20%~60%，采摘工价也比2009年上涨10%~50%。预计未来会出现更大面积的采摘工荒。因此，重点发展机械化采茶，是目前的重中之重。

四是加强茶园生产机械化技术与茶叶种植农艺和管理配套技术的研究。任何农机具只有与相应的农艺相配合才能取得最佳效果。因此，机械性能改进、试验示范与配套农艺技术研究要贯穿整个茶园生产机械化的全过程。现阶段，要加大对茶树栽培技术的研究，使茶树适用机耕条件，同时机械设计也要考虑农艺要求，这样才能使茶园生产机械化发展取得事半功倍的效果。

五是加强茶园的标准化建设，提高茶园硬件设施水平，走规模化经营之路。规模化经营才能有效地提高机械的使用效率，规模化经营是茶园机械化的必备条件。今后5~10年内，在加强相关茶园生产机械化生产必备机具研究开发的同时，更重要的是加强茶园的标准化建设，新建茶园的基本建设要满足机械化作业，对一些老茶园要进行必要的改造，以适应机械化作业要求。只有两者有机地结合在一起，才能真正实现茶园生产机械化。

四、适度发展战略

发展茶园生产机械化并非是简单的事情。从自然条件来说，涉及地形地貌、田间基本建设情况等；从种植制度来说，涉及品种、栽培模式、采摘方式等；从经营方面来说，涉及经营机制、经营体制、经营规模、经营方式等；从适用机械化技术来说，涉及耕作、施肥、修剪、采摘等。因此，我国的茶园生产机械化究竟如何发展，怎样发展，走什么样的发展之路，选择怎样的技术路线等，都值得认真研究。但可以肯定的是，我国的茶园生产机械化发展模式不能千篇一律，只能是适度发展。所谓适度发展，就是发展的模式、机型的选择、机械化程度的高低、机械化经营方式、经营体制等必须与当地的实际自然条件相符，必须与当地的经济水平相符，必须与当地的生产需要相符。如对于经济水平较高、茶园坡度较小、经营规模较大、茶园基本建设较好的地区，可以适度发展大型茶园作业机械，尽可能发展茶园管理全程机械化，如高地隙自走式多功能茶园管理机。从茶园机械的经营方面而言，一方面可以满足本企业、本地区茶叶种植生产的需要；另一方面，可以建立专业服务队，为周边地区提供有偿服务，充分发挥茶园机械的规模效益。对于经济水平欠发达、茶园土地经营规模小、茶园坡度较大、茶园田间基本建设条件较差的地区而言，则可适度发展茶园管理主要环节机械化作业，或单项作业机械化。从实用性角度来讲，这些地区应适度发展小型作业机械，或手扶式作业机具，这样可利于田间地头转向灵活，操作方便。由此可见，我国的茶园生产机械化以适度的规模发展，符合我国的基本国情。可以使茶园机械在一定的经济水平和条件下，发挥机械的最大和最佳效益，可以促使我国的茶园生产机械化递进有序健康发展。

第五节　茶园生产机械化发展措施

我国茶园生产机械化仍处在起步阶段，非一朝一夕之事，是一个长期的发展过程，需要国家行政管理部门的重视和茶业产业各个方面人员共同努力。为了促进茶园机械化快速发展，特此提出以下几点建议，抛砖引玉，以供参考。

一、强化管理，建立健全科研体系

就是要加强领导，强化管理，建立健全茶园生产机械化科研、推广、应用体系。目前，茶园生产机械化科研体系不健全，没有专门的茶园生产机械研究机构，没有科学的茶园生产机械开发规划；茶机产品的研发项目在政府有关部门难以立项，很难得到研究经费支持，产、学、研三者之间也没有有机地结合。机制有问题，自然导致茶园机械化发展中存在这样那样的问题：茶园生产机械技术和装备的研究与开发，在很大程度上是无序而混乱的；研究开发的产品没有针对性，往往是"头痛医头，脚痛医脚"；研究开发的产品不成系统，往往难以形成技术装备系统对茶叶产业发展推动的"全力"；产品研发注重单机的多，整体技术水平低下，机电一体化、自动化、数字化技术有机结合应用的较少等。因此，建议政府有关部门加强对茶园生产机械化事业的领导，统筹规划，从建立健全茶园生产机械化技术研究、开发、示范、推广、应用等体系着手，强化对茶园生产机械化事业发展的领导，为推动茶园生产机械化事业的发展、提高茶园生产机械化水平、减轻茶农劳动强度、增加茶农从事茶园管理的比较效益等，发挥积极的作用。

二、促进农机农艺融合

就是要加强茶叶种植农艺与机械化生产有机结合的研究，最大限度的发挥茶园生产机械化在茶叶生产中的作用。以往，茶叶育种、栽培、管理、加工等技术研究与茶园管理与加工机械研究配合不紧，农艺与农机的结合不密，"单枪匹马""独立作战"的现象严重。究其原因，主要有以下几个方面。一是育种、栽培、管理、加工等技术的研究考虑增产、品质等因素较多，考虑适用于机械化作业的因素较少；考虑同行研究间的合作的多，协同茶园生产机械研究者参与的少。二是茶叶种植技术研究者考虑自身利益的关注度较高。由于科研资金稀缺，从事茶叶种植技术研究的研究者往往独自研究，很少考虑茶园管理机械化作业的需求，其结果是研究的茶叶新品种很难满足机械化采摘要求，例如，茶叶种植行距很难适宜机械化作业等。三是单一的茶园生产机械研究项目在政府有关部门难以立项。由于茶叶与粮棉油等大宗农作物相比，无论是从种植面积还是对国民经济的作用以及对人民生活的相关度来说，相对较小。所以政府有关部门，在考虑科研项目时，茶园生产机械化技术的研究很难列入研究计划。茶园生产机械化技术的研究，大多数是在自发地进行，在这样的局面下，怎么能开展茶园生产机械化技术的创新呢？因此，建议政府有关管理部门，在强化对茶园管理技术研究的同时，要特别注重协同种植农艺和茶园生产机械化技术有机结合的研究。一方面使茶园生产机械化技术与茶叶种植农艺相适应，另一方面使茶叶种植农艺满足茶园生产机械化的需要。只有这样才能推动茶叶产业的健康发展。

三、提升自主创新研发能力

就是要加快茶园作业机械研究主体的自主创新研发能力，为发展茶园生产机械化提供创新的装备技术。建议有关政府部门整合茶园生产机械研发力量，形成具有自主知识产权的茶园作业机械。尤其要对名优茶采摘机械和配套采摘技术开展重点研究，农机与农艺有机结合，力争在较短时间内，使名优茶采摘机械化有所创新，有所突破。将计算机技术应用到茶园作业机械研发上，着力提高茶园生产机械自动化和智能化程度。同时，由于我国多数茶园位于山区，因此，茶园机械的研发还应考虑操作的简便性，在提高智能化程度同时兼顾操作简易性等特点。

四、加快推进茶园生产的全面标准化建设

就是要加强茶园标准建设，为茶园生产机械化技术创新创造有利条件。发展茶园生产机械化必须与茶园生产的标准化建设相辅相成，因此通过加强茶园生产机械化技术创新，建立适于机械化作业的标准茶园，可以进一步推动茶园机械化生产的发展。我们知道，采茶作业的真正机械化，一方面要在采茶机械上下工夫，另一方面要在茶园规划、品种选择上下工夫。茶畦外形、茶树行间距、茶树品种、茶树修剪时间等都必须建立相关标准。采用大型机械横跨茶畦驶入茶园作业，首先就要规划、建立标准茶园。实践证明，先进的育秧方式推动了机械化插秧的发展，而建立适于机械化作业的标准茶园，必然也会推动茶园机械化的发展。

五、培育企业创新主体

就是要培育龙头企业，建立示范基地，创新服务模式。借助国家与省扶强扶优的倾斜政策，着力优先培育扶持一批具有较强竞争力、带动力的茶园生产机械生产龙头企业，使我国的茶园生产机械生产企业能够基本提供茶园作业机械产品需求，并不断发展壮大。同时，应有选择地建立茶叶全程机械化示范基地，即在全国部分茶园生产机械化较好的地区，建立多个茶叶修剪、采收与加工机械化示范基地，全面实施茶园生产机械配套技术，增强示范效果，加大推广力度。在服务模式上，依托基层农机管理站成立专门茶园机械管理作业队，从事茶叶修剪、采收作业；或者在茶农自愿的前提下，实行多户互联制，即多家联合购买茶机，共同使用，以有效解决资金不足问题。

六、增加研发、生产资金投入力度

就是要通过加强政策扶持与资金投入，推动茶园生产机械化健康发展。为了促使茶园生产机械化水平在较短的时间内有一个较快的发展，各级政府管理部门应进一步加大茶园生产机械购置补贴实施力度，完善农机补贴目录的产品种类。建议从中央到地方各级政府在农机购置补贴资金中，应安排和加大茶园管理机械的补贴力度，应使农机补贴目录具有名优化、大型化、连续化等特点。各级农机部门应互相协作，引导好茶农选择合适的，既先进又适用的机型，并与企业、科研机构等配合做好技术及培训服务。同时，加大在茶园生产机械研发方面的资金投入，积极争取和协调建立发展茶园生产机械化生产专项资金。

七、增加企业扶持力度

就是要通过减轻茶园生产机械生产企业的负担，以保障茶园管理企业可以选择到适用的茶园生产机械。茶园生产机械行业总体来说比较落后，目前还是以单机生产为主，茶园生产机械是扶贫、涉农、支农且季节性很强的产品。建议政府对茶园生产机械企业制定比一般工业产品有所优惠的税收政策，并在科研项目安排上给予倾斜，以便茶园生产机械企业为茶农提供质量更好、价格更为低廉的茶园生产机械产品。只有这样，才能调动茶园生产机械制造企业的积极性，从而生产出市场上急需的茶园管理用装备，以满足茶农的需要，为推动茶叶生产机械化事业的发展做出积极的贡献。

本章小结

本章通过分析我国茶园机械化的发展现状，得出我国茶园机械化发展过程中存在的主要问题有以下几点：茶园机械化管理劳动力不足，科技推广力度不够，茶园生产机械化程度低，机械化采茶与加工工艺配套技术的研究不足，茶园机械研发力量薄弱。通过实施茶园机械化，具有如下意义：转变茶叶生产方式，促进产业升级；提高茶叶生产综合效益，推动产业发展；促进绿色生产，提高茶叶质量；有利于资源整合，扩大产业规模。发展茶园机械化应该坚持"有序发展，优先发展，重点发展，适度发展"的战略。发展措施包括以下几点：强化管理，建立健全科研体系；促进农机农艺融合；提升自主创新研发能力；加快推进标准化茶园建设；培育企业创新主体；增加资金投入力度；增加企业扶持力度。

第二章　茶园机械化作业技术模式研究

由于地理地形复杂、种植农艺多样等原因，导致我国茶园机械的研发存在一定的盲目性，发展缓慢。因此需要形成正确的发展理念，制定科学合理大发展模式，从宏观上把握发展方向。本章就我国茶园机械化发展模式问题进行探讨。

第一节　引　言

我国农业机械化整体水平依然不高，茶园机械化水平尤为落后。过去在各级政府部门的重视、支持下，国内出现了一些小型采茶机、修剪机等茶园作业设备，茶园机械化生产状况有所改观。然而，茶园作业工序繁杂，诸多作业仍依赖人工；同时茶叶生产正面临着劳动力短缺之困境，发展受到严重制约：实现茶园全程生产机械化迫在眉睫，却又困难重重！

2008年以来，农业部南京农业机械化研究所先后承担国家科技支撑计划、国家产业技术体系项目、农业部行业专项等多项国家、省部级科研项目，针对不同地区及不同种植模式的茶园，深入开展机械化作业技术模式与装备技术研究，形成了一套完备的茶园机械化作业技术理论及系列生产装备。各项研究累计发表论文13篇，获授权发明4项，实用新型专利20余项，获科技奖项两次。

一、茶叶机械应用现状

茶乃国饮！中国茶文化源远流长，茶叶已成为我国的一枚国际标签。然而，农药残留、出口以低档茶为主、生产成本快速上升等诸多因素，导致茶叶出口利润低，甚至亏本，使得国产茶叶的国际竞争力呈逐年下降趋势。因此，亟需实现茶叶标准化、机械化、规模化生产经营，全面提升综合竞争力。而机械化是标准化和规模化的重要前提，是故，针对不同地域特点制定适宜的机械化管理模式，推动茶园管理机械化，至关重要。

据统计，我国超过60%的茶园位于陡坡地带，而便于机械化作业的平缓坡茶园不足40%（坡度大于25°的谓之陡坡茶园，坡度在15°~25°的谓之缓坡茶园，坡度小于15°的谓之平地茶园）。这就导致我国的茶园管理机械化水平极其落后，实际应用的只有几种小型手抬和背负型采茶机与修剪机。我国茶叶生产机械化存在的主要问题如下：①茶叶生产机械化发展失衡。茶园管理环节机械化程度远落后于茶叶加工机械化水平，适用于栽培管理的机械严重缺乏，栽培管理环节所投入的劳动力成本一路飙升已经成为茶叶产业的重要障碍。②国产茶叶机械与发达国家之间存在明显差距。首先，国产茶叶机械简陋，粗糙，总体质量不如进口机械，无论是作业效果，还是安全、稳定性能都与进口机械有较大差距；其次，国产机以单机作业为主，缺乏通用复式作业平台，机器使用率较低，使用成本高。③区域发展不平衡，平缓坡茶园有少许适宜作业机械，而丘陵山区机械化尚未起步。

然而，茶叶种植区域同为丘陵山区的日本，茶业机械化程度已相当高，耕作、植保、修剪、采摘等茶园管理作业环节基本上都实现了机械化、自动化。因此，丘陵山区茶园机械化管理是有章可循、有据可依的。

综上可知，实现我国茶叶栽培生产机械化，是一条可行之路，也是一条必行之路！

二、最新研究成果项目来源

近年来国家对茶叶生产问题高度重视，在各级政府部门的鼎力资助支持之下，农业部南京农业机械化研究所茶园机械化生产装备技术科研团队，自 2008 年以来，先后承担江苏省科技支撑计划——茶园作业机械化关键技术与装备的研究（BE2008402，2008—2010）、江苏省科技支撑计划——智能化采茶技术及关键设备研究开发（BE2011345，2011—2013）、国家茶叶产业技术体系项目（CARS-23，2011—2015）；科技部成果转化项目——茶园作业机械化关键技术与装备中试及产业化（2012GB23260539，2012—2014）、农业部行业专项——茶园综合作业机械化技术与装备研究（201303012，2013—2017）、科技部十二五科技支撑计划——茶园作业机器人关键技术与装备研发（2011BAD20B07-3，2011—2013）、国家星火计划——有机茶园机械化管理技术开发和示范推广（2013GA69001，2013—2014）等国家及省部级项目，针对不同区域的茶叶种植模式，深入地展开了机械化作业技术模式与系列茶园作业装备技术研究，初步形成了一套较为完备的机械化模式理论及系列化配套生产装备。

三、研究方法与思路

我国茶园以丘陵山区地形为主，茶树品种多样，种植模式各异，作业对象与作业环境的高度复杂性，极大地增加了作业机械装备的研发难度；同时，机械化起点水平低，技术落后，要在短期内实现机械化生产亦是困难重重。为此，团队坚持"重点攻克，以点带面，全面推进"的战略研究方针，紧紧围绕"①农机与农艺融合。以农机适应农艺为主，必要时，农艺为农机改革。②基础理论研究与工程实际应用互为表里。将相关理论搞透彻，找出症结所在，指导工程实践；同时在实际应用在中修正完善理理论基础。③前瞻性研究与紧迫性研究并举。切准机械化发展脉搏，把握国内外发展趋势，既填平补缺，研发当前急需机械设备，又放眼未来，积极着手前瞻性研究。④科学研究与市场需求兼顾。既从科学的角度优化研究机械设备与技术，又注重实用性、经济性，全面综合优化。⑤引进吸收与自主创新并重。引进是手段，能快速提升我国茶园机械化水平，免走弯路；自主创新是根本，只有掌握核心知识产权，才能真正促进我国茶园机械化高水平发展，走在世界的前列"的中心思想，从平缓坡茶园到山区陡坡茶园，从茶园耕作、植保到茶树修剪、茶叶采摘，从小型单机设备到大型智能化作业装备，从单一功能装备到多功能复试作业装备，全面地展开茶园机械化作业模式与装备技术研究。

第二节 茶园机械化作业模式

本节从宏观上分析阐述我国茶园机械化生产管理的技术路线与模式，从我国茶园地理分布与地貌特征着手，提出"分形而治"的机械化发展模式，并对标准化茶园建设的需求与技术要点做了简要叙述。

一、我国茶园地理分布与特点

我国幅员辽阔，地域广袤，茶园分布较广，从西南的云贵高原、四川盆地，到西北的甘肃、陕西，到中部的河南、湖南、湖北，到华东的安徽、江苏、浙江，再到华南的海南、广西壮族自治区、福建等地，都有茶叶生产，茶园地形特征复杂多变。据统计，我国超过60%的茶园位于山区陡坡地带，平缓坡茶园不足40%（坡度大于25°的谓之陡坡茶园，坡度在15°~25°的谓之缓坡茶园，坡度小于15°的谓之平地茶园）。山区茶园往往依地而成，自然地貌特征非常明显，茶园作业机械一般难以适应，这就导致了我国茶园机械化步履维艰的发展局面。

因此，面对我国茶园机械化对象复杂性，不能盲目发展，应根据茶园的特点进行分类研究，有针对性的开发相应的作业设备，形成具有我国特设的技术发展模式。

二、茶园机械化作业技术模式

针对我国茶园地理区域的多样性与复杂性，首次提出"分形而治"的茶园机械化思想。即综合自然地理条件、机械化作业特点及农机农艺融合需求等因素，将我国茶园按照坡度分为陡坡茶园（坡度大于25°）、缓坡茶园（坡度在15°~25°）和平地茶园（坡度小于15°）。针对不同的地形茶园特点，研究相应的机械作业模式。

（一）陡坡茶园机械化作业技术模式

对于陡坡型茶园而言，其不宜于大型机械作业，故就当前我国的机械水平，应发展轻简、复式多功能的机械化作业模式，研发推广轻简手扶式、便携式作业机械及多功能配套作业机具，以"轻便·省力"为主题。

（二）缓坡茶园机械化作业技术模式

对于缓坡茶园而言，一般的中小型自走式茶园机械均可以适用，发展行间低重心、小型乘驾式的机械化作业技术模式，研发行间、低地隙、乘驾型多功能茶园机械作业平台，配套耕作、植保、采收等复式作业机具，以"自走·舒适"为主题。

（三）平地茶园机械化作业技术模式

对于平地型茶园而言，其地势平坦，只要道路等基本设施齐全，适宜于大、中、小各类机械作业。基于对于生产效率与劳动舒适度的考虑，宜发展大型自动化、智能化高地隙跨行乘驾式的高效机械作业技术模式，研发大型乘用自走式自动化、智能化多功能高地隙通用动力平台及多功能复式作业机具，以"智能·高效"为主题。

第三节　作业模式配套机具

对于既定的"分形而治"的茶园机械化生产作业模式，对于不同类型的茶园，其各个作业环节所适应的机械也有所不同，合理的机具配备，不仅能优化配置，提高机具的利用率，而且能较为准确地调节市场供需平衡，使市场导向更加明确。下面针对三类茶园的3种作业模式分别加以叙述。

一、茶园机械化作业种类

标准化茶园生产管理主要包括茶园初建整地、开沟、茶苗栽植、中耕除草、施肥、植保、修剪、灌溉、防霜、采摘等作业环节，综合考虑各环节机械化作业的必要性和可行性，整个生产过程所涉及的机械作业技术主要有机械翻耕、机械开沟、机械深松、机械旋耕除草、机械施肥、机械植保、机械修剪、机械灌溉、机械防霜、机械采摘等。

二、作业模式的机具配备

地形条件对机械的适应性影响较大，因此，不同作业模式下机具的选取，主要依据机具对不同地形特征茶园的适应性进行。具体配备方案如下。

1. 陡坡型茶园

对于陡坡茶园，配备轻简型、便携式机械设备。选用微耕机、小型手扶式旋耕机、小型手扶式仿生茶园深耕机，用于陡坡茶园的耕作、施肥、除草等作业；选用背负式喷雾机、背负式吸虫机等，进行茶园植保作业；选用小型电动采茶机、背负式采茶机、双人采茶机、背负式修剪机等进行茶树修剪与采摘作业；研究开发小型手扶式茶园动力通用动力底盘，并配备不同作业机具，实现一机多用的复式作业技术。

这些机械设备体积小，运输、操作方便，相对于人工具有较高的生产率，较大程度上降低了劳动强度，因此适宜于在陡坡区域茶园推广应用。

2. 缓坡型茶园

对于缓坡茶园，配备小型低重心、乘驾型、单行机械设备。选用低地隙乘坐式茶园深耕机、低地隙茶园中耕机、手扶式茶园仿深耕机、手扶式拖拉机配备深耕机等，用于缓坡茶园的耕作、施肥、深松除草等作业；选用低地隙自走式茶园吸虫机、低地隙茶园风送喷雾机等，用于缓坡茶园的植保作业；选用低地隙自走式茶园修剪机、跨行乘驾型履带采茶机等，进行平地茶园的茶树修剪及采茶作业；选用低地隙多功能茶园作业通用动力平台（低地隙过功能茶园管理机）根据需要配套旋耕机、开沟施肥覆土机、深松机、深耕机、开沟施肥机、负压捕虫机、风送喷雾器、双侧修剪机等，完成相应作业。

小型低重心、乘驾型、单行机械设备，具有体型窄、重心低、转弯半径小、爬坡能力强等特点，可整机驶入茶园，对坡度具有较强的适应性；其在坡度小于 25° 的缓坡茶园里作业，具有较高的稳定性、通过性，安全系数高。另外，其操作简便，可乘驾，作业强度大幅降低，生产效率较轻简型机械也有很大提升。因此小型低重心、乘驾型、单行机械设备，适宜于在缓坡茶园推广应用。

3. 平地型茶园

对于平地茶园，配备高地隙跨行乘驾型自走式作业机械。选择高地隙自走式多功能茶园管理机，根据需要配套犁、旋耕机、开沟施肥覆土机、深松机、修剪机、喷雾机、负压捕虫等机具作业，完成相应作业；选择跨行乘驾型履带采茶机、智能采茶机器人、双行手扶自走式智能采茶机，完成不同等级的茶叶采摘。

平地地区茶园适宜于机械化作业，而这些大型作业机械具有自动化程度高、生产效率高、劳动力需求极少等特点，符合农业现代化的基本要求。故而，大型多功能机械是平地茶园机械化作业的最佳选择。

当然这里的机具配备方式，主要是从作业效率与机械的作业环境适应性特点的角度考虑的，是针对不同作业模式的最佳推荐。机具配比对于不同的茶园具体情况又不一样，即使是同一类型的茶园，也可能存在着这样或那样的因素差异，不可一概而论。例如，对于规模较小的平缓坡地区茶园，也可配备小型轻简型的作业机械；而平地茶园也可选用与缓坡茶园所对应的小型低地隙系列作业机械。又例如，茶叶生产企业还应根据自身的经济条件，选择相应的作业机械。总之，机具的选用要综合考虑各方面的因素，使综合效益最大化，适合自己的才是最好的选择。

第四节　标准机械化生产茶园建设

标准化茶园建设，首先，应该统一种植模式、农艺参数，如条播行距、株距、蓬面高度、蓬面宽度、蓬面修剪样式等；其次，完善茶园配套基础设施建设，对于平缓坡地区茶园，合理规划大型自走式机械的通行道路、田间地头转弯空间等，还要建立供电、供水等基础设施，以保障现代化机械设备的作业需求；再次，配套建设标准化茶园的智能灌溉、植保、灾害监测预警等现代化基础设施；最后，应建立健全标准机械化生产管理茶园的管理制度与机制，管理人员经受严格培训，确保安全生产。

一、我国茶园种植农艺现状

作为世界上最早发现并种植并生产茶叶的国家，中国有着悠久的茶叶种植历史。各茶区沿袭着各自的种植传统，甚至同一茶区不同茶园的种植农艺也有很大差别。例如，条播茶园的行距从 1.2~1.8m 不等，茶蓬宽度从 1~1.4m 各异，茶树高度、株距也各不相同。而茶园多是因地制宜，建设之初并没有考虑机械化作业问题，所以，道路交通配套设施条件差，大型作业机械只能进入部分平缓坡茶园作业，而大多数茶园根本不适宜机械化作业。

二、标准茶园建设的必要性

实现茶园管理机械化，首先要建立适宜于机械化作业的标准茶园。当前茶园机械化发展缓慢的主要原因之一，就是我国茶园种植模式不统一，配套基础设施不齐全。种植农艺的杂乱无章以及机械化基础配套条件的缺失，不仅极大地增加了茶园机械设备的研发难度，而且不利于现有机械的推广应用，严重阻碍了我国茶园生产管理的机械化进程。

三、标准化茶园建设要素

为实现茶园机械化管理，提高作业效率和安全性，机械化作业茶园，必须具备一定的基础和条件。主要包括茶园地形、道路规划，种植方式规划设计、茶树品种选择，树冠形状的确定等。

（一）茶园地形设计及依据

新建机械化茶园地形与种植方式的设计，在遵循一般茶园园地设计原则基础上根据其特点，需依照以下几项参数作为设计的依据。

1. 茶园行距的设计

我国现行的茶园行距，中小叶种地区多为 1.5m，大叶种地区多为 1.8~2.0m。对于一般茶园作业机械，例如，国产双人采茶机，其切割器幅度是按 1.5m 行距设计的，日本进口的双人抬采茶机切割器幅度的种类较多，可选择的空间较大，但最大行距也不会超过 1.8m。又例如茶园管理机，不管是日本进口的机型还是我国自主研发的机型，其跨行行距设计值都是 1.5m。虽然，农业部南京农业机械化研究所自主研发的高地隙茶园管理机具有行距可调功能，但是，其宽幅的最大适应值也不会超过 1.8m。由此看来，目前我国机械化生产茶园的行距设计，中小叶和大叶种地区均以 1.5m 为宜，这样既适合当前主流茶园作业机械的机型，又有利于提高茶园覆盖度，获得高产稳产。

2. 茶行长度的设计

对于茶行长度这一条件，一般作业机械并未特殊要求，唯一需要考虑的就是采茶机。茶行的长度设计需要考虑到与采茶机作业性能相关的两个因子：一是采茶机的作业能力的大小，即集叶袋的容量—双人采茶机集叶袋的鲜叶容量约为25kg，而大型跨行乘驾型履带采茶机集叶带的鲜叶容量约为40kg。二是茶园高峰期单位面积一次鲜叶采摘量约为500kg/亩。则茶行长度有如下估计公式。

$$茶行长度（m）= \frac{采茶机集叶袋容量（kg）}{单位长度茶行一次鲜叶采摘量（kg/m）} \qquad （式2-1）$$

$$单位长度茶行一次鲜叶采摘量（kg/m）= \frac{最高一次亩采鲜叶量（kg）}{667（m^2）/ 行距（m）}$$

$$（式2-2）$$

将上述参数代入公式运算，对于双人采茶机而言，得茶行长度为37m；对于跨行乘驾型履带采茶机而言，得茶行长度约为59m。因此，一般来讲，对于适宜于大型机械作业的平缓坡地区的茶园，推荐其茶行长度设计值位于55~60m；对于坡度较大的山区茶园，推荐其茶行长度设计值应在35~40m选择。

3. 茶行走向的设计

茶行走向的设计主要考虑两方面因素，第一便于大型机械作业，如采茶作业的鲜叶集中等；第二是减少水土流失。通常，不论哪种地形，茶行走向一般与主道路垂直，或是以一定角度与主道路相接，每行茶树都可以直通主道路，便于机械设备通行、掉头等。同时，缓坡地带的茶行走向与等高线平行，梯土的茶行宜顺梯种植。

茶园的地形分为平地、缓坡和陡坡（也称梯土）3种类型。平地最适合机械化作业管理，地面坡度超过15°时要筑梯土才能使用机械作业。位于坡地的机械化采摘茶园梯面宽度设计公式如下。

$$梯面宽（m）= 茶树种植行数×行距+0.6 \qquad （式2-3）$$

梯面的长度在地形允许的条件下由茶行长度来决定，一般梯长为30~40m，茶行两端低头各留1.5m空地，作机械设备换行、调头、下叶用。

4. 茶园道路的设计

为方便机动车辆收集、运输鲜叶，大型机械作业设备通行，机械化作业茶园道路设计应大于一般茶园步道宽度，一般应大于2m。相邻两条主干道之间的距离由茶行的长度决定，一般比茶行长度大2~3m。

（二）适宜机械化采摘品种的选择

采茶是茶叶生产中耗时最长、劳动力投入最多的环节，也是机械化生产中最难也是最重要的环节，而选择适宜机械采摘的茶树品种，是解决机械茶采茶难题的一个重要方面。研究表明，不同品种茶树对机采的适应能力有很大的差别。茶树品种是否适应机采应从两个方面来测定。

1. 品种的再生能力

机采首先应考虑品种的再生能力。茶树品种的再生能力即耐剪性反应、修剪后新生枝条的生长状况和耐采性反应、强采后下轮新梢的萌发生长状况表示（表2-1、表2-2，数据来源于湖南省茶叶研究所针对3个品种耐剪性与耐采性试验）。所谓耐剪性，可用高、中、低位修剪处理。当年秋梢停止生长后，测定新枝的数量、长度、直径及生长量。如新生枝数量、长度、粗度和生长量大的，说明该品种耐剪性强，适应机采；反之耐剪性弱，不适应机采。所谓耐采性，即用全年的采摘批次、上下采摘平均的间隔期、最长间隔期和极端最长间隔期表示。如全年采摘次数批次多，间隔期短，说明该品种的耐采性强，能适应机采；反之不适宜于机采。

表 2-1 三种品种修剪后新枝的生长状况

处理 品种	采摘高度											
	10	20	30	40	50	平均	10	20	30	40	50	平均
	新生枝数（根）						新生枝数（cm/枝）					
槠叶齐	19	26	25	44	73	37.4	29.1	26.9	21.2	19.8	18.8	23.2
福鼎大白	13	12	35	39	61	32.0	28.0	27.9	22.3	22.0	17.5	23.8
湘波绿	10	16	20	24	89	31.8	11.2	11.3	10.4	10.4	6.3	9.9
	新生枝粗度（mm/100 根）						新生枝生长量（g/株）					
槠叶齐	271	291	256	237	224	260	153.2	213.4	190.8	329.6	459.2	269.2
福鼎大白	228	258	218	224	218	229	114.8	112.9	283.6	313.9	423.7	249.8
湘波绿	164	195	198	189	191	187	39.4	73.7	97.7	101.4	326.0	127.6

表 2-2 三种品种耐采性反应

品种	全年采摘次数（次）	平均间隔期（d）	年最长间隔期（d）	极端最长间隔期（d）
槠叶齐	6.6	19.5	32.2	39
福鼎大白	6.2	20.6	33.4	39
湘波绿	3.8	29.2	61.4	108

2. 茶树株型

茶树株型是茶树品种选择应考虑的另一个因素。首先考虑品种在株型方面对机采的适应性，侧重观察与机采的产量、品质有密切关系的各级分枝数量，树冠面"生产枝"数量及新梢密度。如分枝级数多，树冠面"生产枝"及密度大的，说明该品种分枝数量多，结构紧密，能适应机采；反之，分枝枝数少，枝梢稀疏，则不适应机采。第二，叶片着生角度。从栽培生理学角度讲，茶树的单个叶片应该投影面积小，全株叶片应该镶嵌，互不遮叠，这样可以形成受光势态最佳的叶片群体结构。单张叶片投影面积小的，株型就是叶片夹角（着生角度）小，而机采于此有一定矛盾。夹角过小，在机采时很容易夹采老叶，适宜机采的茶叶品种，叶片夹角宜稍大。第三，引种的产量。产量的高低，是品种对机采适应性的综合反应。不言而喻，耐剪与耐采性强的茶叶品种，产量高；反之，则产量低。

3. 树冠形状的确定

与茶树品种的选择相同，树冠形状主要影响机械化采茶作业。机采茶园的树冠形状，要求比较严格。国内外生产的采茶机多为往复切割式原理，无选择性，需要一个整齐划一的采摘面，同时要求树冠有一定的、规格化的形状。目前，应用较多的茶蓬形状有水平形与弧形两种。研究表明，水平树冠由于茶蓬中心枝修剪太深，叶层较薄，戴叶量少，新梢密度小，产量低。成龄茶园树冠不宜用水平形剪采，但其树幅增加快，在幼龄或更新茶树投产前期应用水平形，则有利于高产树冠的早期养成。弧形树冠高幅度周年变化小，各部位叶层分布均匀，采摘面发芽整齐，新梢密度大，能有效地增加采摘面积，产量高，是成龄茶树的适宜机采树冠形状。根据我们近期的研究，对弧形采茶机切割器加以改进，减小刀片的半径，可以增加茶蓬面面积，近而提高参量。研究数据表明，当采用弧形双坡面型茶蓬式，能增加茶蓬蓬面的弧度，刀片半径取 0.5m 时，新梢产量可提高 7%。

根据以上研究结果，参考国内外有关资料，湖南省茶叶研究所曾设计了一个在我国现行种植规格（1.5m 行距条播）条件下，应用现有的采茶机的最佳树型模式。采用这一模式树型，采摘面宽可较水平形增加 15%，采摘面积大（采摘宽度/行距）。在留有 20cm 行间操作道的情况下，采摘面积比仍可达到 1，在同样的水平下平型的采摘面积比只有 0.87。这种树型使用弧形半径（R）为 1.2m 的采茶机，并使采茶机与茶行走向呈 45°角前进，则树冠的采摘面与采茶机的工作面能完全吻合。

（三）机械化作业茶园的关键栽培技术

茶园生产机械化作业虽然功效高、效益明显，但对茶树的生育有一定的影响，尤其机械采茶、修剪等。例如连年机采后往往会出现一些影响产量、品质和不利于机采的形状。因此，必须采取向适应的关键栽培技术，以促进茶树旺盛生长，克服机采过程中出现的不良形状，以达到优质高产和延长机采年限的目的。这里主要阐述与机采与修剪相适应的关键栽培技术。

1. 机采茶园的生育形状

机械采摘对茶树生育有着强烈的影响，而生育性状上的反应是制定栽培技术的依据。

首先，机采对叶层的影响，与手采比较，茶园载叶量减少 21.68%，叶面积指数降低 18%，叶层厚度仅为手采的 63.12%（表 2-3）。

其次，机采茶树在年生长周期中的新梢消长，虽仍遵守茶树的自然规律，但新梢的生长量比手采茶树小，以新梢平均展叶分数作衡量指标，全年四个展叶分数高峰的峰值均低于手采。同时新梢生长位置的垂直分布上移，使芽叶表面化。

再次，机采茶树前期的新梢密度上升快，可比手采早 1~2 年达到阈限，这一特性对幼龄和更新后的茶树树冠养成有益。

最后，机采茶树的分枝层次减少，在修剪后的 6 年中，平均每年比手采少增加一层，各层分枝的平均长度小于手采。由基部至蓬面的分支粗度递减率大于手采，上层的分枝有变细弱的趋势（表 2-4）。

表 2-3　茶树叶层厚度、载叶量及叶面积指数的变化

处理	茶季	叶层厚度 （cm）	载叶量 （kg/亩）	叶面积指数
机采	春茶前	6.50	338.13	2.24
	夏茶前	7.00	249.86	1.93
	秋茶前	5.50	358.86	2.56
	停采后	6.88	523.51	3.62
	平均	6.47	367.52	2.59

（续表）

处理	茶季	叶层厚度 （cm）	载叶量 （kg/亩）	叶面积指数
手采	春茶前	10.50	331.77	2.24
	夏茶前	9.00	276.13	1.84
	秋茶前	9.00	456.81	3.34
	停采后	12.50	809.84	5.24
	平均	10.50	468.64	3.17
机采/手采×100%		63.12	78.42	0.82

表 2-4　茶树分枝层的变化

处理	中心枝	旁枝	平均枝	每年形成层数
机采	18	13	15.5	2.6
手采	23	16	19.5	3.3
手采+机采	5	3	4	0.7

2. 修剪方法

适当的修剪方法和周期可以控制茶树高度，更新树冠，提高育芽能力，扩大有效采摘面，延长优质高产与机采年限。各种修剪方法的效应，是调节机采茶园经济年龄结构的一项重要依据。研究表明，年年轻修剪对任何品种均有降低新梢密度、增加正常芽比重、改善茶树长相、延长更新修剪周期等作用；但对茶叶产量的效应，因品种而异，再生力强的品种表现曾产，反之减产。深修剪和重修剪是在留茬秋梢仍难恢复生机的情况下的树体更新方法，两种方法均可恢复树势。深修剪可以较大幅度地提高茶树的周期产量、品质和产值，树势的更新效果可维持 4~5 年，产量、产值的更新效果可维持 6 年以上。重修剪虽前期减产较多，但第三年即可恢复产量，以后产量很快上升，树势的更新效果可维持 6~8 年，产量、产值的效果可维持 10 年以上。用重修剪仍不能恢复树势的，宜采用台刈的办法。台刈虽是一种彻底改造树冠的措施，要恢复和超过原有基础产量水平，一般需要 5 年，但树势的更新效果可维持 8~10 年，产量、产值的效果可维持 12 年以上。

3. 留蓄秋梢

采收茶叶是人们栽培的目的，而采摘的茶树新梢又是茶树进行光合作用的器官，过度地采摘，有碍有机物质的形成与积累。因此，不论是手采还是机采，在采摘过程中，均要注意留叶，保证茶树在年生育周期内有适当的叶片留在树上，维持茶树的正常生长。连年机采，使茶树叶层变薄，叶面积指数和茶园载叶量明显下降，必须适当地留蓄。研究表明，留蓄秋梢可以增厚叶层，增加茶园载叶量和叶面积指数，并有降低新梢密度、增加新梢重量等效果，有利于茶树的正常生长，达到增加产量、改善鲜叶质量等效应。

留蓄秋梢，并不是年年留蓄秋梢不采。研究表明，必须根据茶树叶层的具体情况灵活掌握。当茶树叶层厚度<10cm，叶面积指数<3 时，应酌情留蓄秋梢不采或采收一半。一般而言，青壮年期实行 2~3 年留蓄一季秋梢不采，衰老期应注意每年留蓄秋梢。时间证明，留

蓄秋梢对增强茶树长势，防止早衰，延长高产稳产和机采年限，具有明显效应。

4. 肥水水平

机械采茶全年采摘批次少，采摘强度大，芽叶损伤严重，养分消耗多要求有充足的肥料，保证树体营养。据湖南省茶叶研究所研究表明，在 2kg/100kg 鲜叶的低肥条件下，将施氮水平提高到 4kg/100kg 鲜叶，产量增加 14%，如果再将氮水平提高一倍，则没有进一步增产的效果（表 2-5）。

表 2-5　氮肥使用水平产量比较

处理	施氮水平		鲜叶产量（kg/亩）	比值
	每亩年施（kg）	每 100kg 鲜叶年施（kg）		
1	50. 21	7. 81	642. 9	113
2	26. 40	4. 04	652. 6	114
3	9. 52	1. 67	571. 3	100

由此可见，机采茶园适宜的施氮水平是每 100kg 鲜叶 4kg 纯氮肥。该试验结果是在肥力基础较好的茶园得出来的，对一般瘠薄的茶园应适当增施氮肥，尤其是增施有机肥，提高茶园的基础肥力很有必要。据中国农业科学院茶叶研究所试验，同样机械采摘的茶园，每年增施基肥 2/3，生长期内增施氮肥一倍，旱季浇水，8 年平均年增产 15.44%，特别是秋茶增产较多，高达 28.93%。由此看来，机械采摘茶园，适当地提高施肥水平，尤其加强旱季浇灌，更能收到良好的效果。

5. 采摘期

开采期恰当与否，直接影响茶叶产量、品质和经济收入。我们按红、绿茶采摘标准新梢（一芽二、三叶及夹二、三叶，下同），所占比例达 40%、60%、80% 及 90% 以上设置 4 个开采期处理。结果表明，随采摘期的推迟产量是逐渐增加的，春茶期间每推迟一天采摘，亩产量可增加 9kg；夏茶期间每推迟一天采摘，亩产量可增加 5.6kg。与此相反，茶叶品质是随采摘期的推迟而逐渐下降的，春茶期间每推迟一天采摘，鲜叶均价降低 0.03 元/kg；夏茶期间每推迟一天采摘，鲜叶均价降低 0.037 元/kg。产值最高的采摘期，春茶为标准新梢达 80% 左右开采，夏茶为标准新梢的 60% 左右开采，以这两个物候期分别作为机械采摘茶园春、夏茶的采摘适期。

本章小结

面临我国茶园机械化起步晚、起点低、水平相对落后的困境，本章从宏观层面提出"不同地形茶园分形而治"的机械化作业模式与理论，将我国的茶园按地形分为平地、缓坡、陡坡三大类，并以此制定三类机械化作业模式。针对不同的发展模式，从发展路线、发展重点、机具配备等方面进行了详细论述。最后，就标准机械化茶园建设进行了探讨，对其要素作了详细的剖析。本章关于茶园机械化作业模式的研究，对于我国茶园机械化的发展具有重要的指导意义。

第三章 茶园机械现代设计方法

我国茶园机械研发基础与力量相对薄弱，研究方法、设计理念、试验手段等都比较落后；所谓"用欲善其事，必先利其器"，借鉴应用工业等领域先进的设计方法、设计理念与试验手段，从工业机械的研究设计中汲取经验教训，对茶园机械的发展具有重要的意义。本章内容主要包括茶园机械设计中常用的新方法及新理念。

第一节 概 述

随着科学的发展，新材料、新工艺、新技术的不断出现，产品的更新换代周期日益缩短，促使机械设计方法和技术现代化，以适应新产品的加速开发。在这种形势下，传统的机械设计方法已经不能完全适应需要，于是便产生和发展了以动态、优化、计算机化为核心的现代设计方法。我国在20世纪80年代初开始了现代设计方法的研究和推广，经过20年的努力，各种现代设计方法已在机械工业行业得到普遍的应用；而其在农业机械中的应用明显滞后，尤其茶园机械的设计大多还在走传统老路。为适应新形势的要求，在具有一定的基础和专业知识后，充分了解新的设计理论和方法，掌握现代机械设计方法及其发展方向，对于现代化茶园机械的设计是十分必要的。本章除了对现代茶园机械设计中常用的可靠性设计、计算机辅助设计、优化设计、摩擦学设计等常用的现代设计方法进行了简要介绍外，还介绍了国内外最近新兴的一些设计方法。

第二节 现代茶园机械常用设计方法

本节就现代茶园机械设计过程中所常用到的现代设计方法进行简要的分析与探讨。

一、茶园机械可靠性设计

农业机械，特别是像茶园机械这种发展滞后的小类作物机械，由于研发力量薄弱，生产企业的生产制造水平低等原因，过去常采用传统的设计与制造方法，对于零部件与整机的可靠性考虑不足。因此，设计的产品，质量差，可靠性不高，最终的应用受到限制。

机械零件的可靠性设计又称概率设计，它是将概率论、数理统计以及可靠度指标引进机械设计的一种方法。其主要目的就是针对设计目标的失效和防止失效问题，通过设计计算，使产品具有一定的可靠性。

传统的机械设计往往以许用应力或者安全系数来判断机械零件性能是否满足要求，是否失效。这种设计方法将在一定条件下的材料强度或许用应力、载荷及其产生的应力、材料性能及零件尺寸等都视为常量。其实并非如此，受偶然因素的影响，它们都是某个区间内服从概率分布的随机量。因此，传统的机械设计方法设计的产品的可靠性也具有很大的随机性。生产和技术的进步，农业生产对农机产品提出了更高的要求，不仅要重量轻、体积小，还要安全可靠，这就要求预先能估算出机械零件破坏的概率，并控制在合理的范围内。可靠性设计法的基本概念，就是将上述各个工程变量作为随机统计变量来处理，使设计的机械零件既满足特性需求，在使用周期内又具有较高的可靠性。

可靠性和可靠度是可靠性设计的两个主要的指标。可靠性是指产品在规定的工作条件下、规定的时间内，完成特定功能的能力。产品的可靠度是指产品在规定的工作条件下、规定的时间内，完成规定功能的可靠程度，是随时间变化的函数，记为 $R(t)$。

设 T 为产品的失效时间，t 为规定的工作时间，则产品的失效概率为：

$$F(t) = P(T < t) = \int_0^t f(t)\,dt \qquad\qquad （式3-1）$$

式中，$f(t)$ 为失效时间随机变量的概率密度函数。

故产品的可靠度应是：

$$R(t) = 1 - F(t) = P(T > t) \qquad\qquad （式3-2）$$

则可靠度表示为：

$$R(t) = 1 - \int_0^t f(t)\,dt = \int_t^\infty f(t)\,dt \qquad\qquad （式3-3）$$

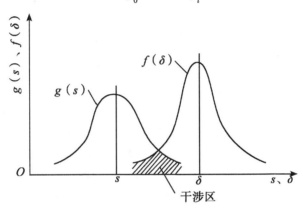

图3-1　应力—强度分布干涉模型

"应力—强度干涉理论" 该理论认为机械零件材料的强度（极限应力）δ 服从于密度函数为 $f(\delta)$ 概率分布，作用于机械零件危险截面上的工作应力 s 服从于密度函数为 $g(s)$ 的概率分布。如图3-1所示，当机械零件的强度和应力的概率密度函数曲线相交时，干涉区域表示不能保证工作应力在任何情况下都小于极限应力。所以，设计上安全的零件，实际上存在一定的失效概率。可靠性设计就是在保证在一定可靠度的前提下，进行设计工作。

可靠度是零件设计的核心问题。在采茶机刀片的设计中，往往预先规定其疲劳强度的可靠度。如果已知应力和强度分布的均值及标准差值，按相关的计算确定其可靠，再利用概率论与数理统计的方法求得所需的设计参数。

对茶园机械进行可靠性设计具有非常重要的意义，因为设计时考虑可靠性的机械零件，其维修费用仅仅是未考虑可靠性的相同机械零件维修费用的 1/8。这对于经济条件一般的茶农来说，将会节省设备使用成本，提高经济收益。同时，这更有利于茶园机械的推广，对提升茶园机械化整体水平，有积极的意义。

二、茶园机械计算机辅助设计与分析

传统机械的设计过程一般包括三个阶段：产品或部件的总体设计阶段→零部件的结构设计阶段→工程图的设计阶段。通常在总体方案确定后，进行各零件的结构设计和工程图设计；而进行结构设计和工程图设计的过程中，又不断地发现问题，修改总体方案。这样不断地反复循环直至得到满意的设计结果。

与传统设计方法相对应的是计算机辅助设计（CAD），它包括分析计算和自动绘图两部分功能，支持设计过程的各个阶段。CAD 设计其实已经在茶园机械设计领域得到广泛应用。它的使用使得茶园机械的设计工作不在枯燥乏味，尤其是三维绘图技术，使产品设计更加形象直观，可虚拟装配，降低了设计工作的复杂性，设计效率大幅增加。它从方案设计入手，使设计对象模型化；依据提供的设计技术参数进行总体设计和总图设计；通过对结构的静态和动态性能分析，最后确定设计参数。在此基础上，完成详细设计和技术设计。机械系统及其零部件的计算机辅助设计的一般过程是：输入设计所需数据→建立数学模型→进行性能分析→结构设计→自动绘图。目前比较成熟的二维和三维 CAD 绘图软件，有 CAXA、AutoCAD、UG、SolidEdge、Pro/E 等。

除了计算机辅助设计外，计算机辅助分析（CAE）也是现代茶园机械设计中常用到的方法，包括虚拟仿真、有限元分析等方面的技术。例如，采茶机振动特性的分析、机架强度的分析、切割器运动规律的仿真、茶叶切割过程的有限元模拟、茶叶收集过程流场模拟等，都能依靠 CAE 软件实现，并且具有很高的可信度。

CAE 分析涉及种类较多，包括机械、电子、液压、控制、数值模拟等领域。常用的运动学分析软件有 ADAMS、CREO 等，常用的有限元分析软件有 ANSYS、ABAQUS、PATRAN&NASTRAN、ADINA 等，常用的数值分析与计算软件有 MATLAB 等，常用的控制系统仿真软件有 LabVIEW、MATLAB/Simulink 等，常用的电路仿真软件有 Proteus、Multisim、EWB 等，常用的液压系统仿真软件有 AEMSIM、EASY、MATLAB/Simulink 等。这些软件的合理使用使得茶园机械的开发变得更加高效、方便，很多实验条件不具备的研究，只要建立合理的模型，通过虚拟仿真试验，就能得到比较合理的结果。这给茶园机械的研发带来了极大的便利。

当然计算机的发展，对茶园机械产品的研发带来的改革远不止这些，还有如计算机辅助制造（CAM）、计算机辅助工艺设计（CAPP）等技术，这里不加赘述。

CAD/CAE/CAM 技术的应用，使得制造的工作内容和方式发生了根本性的变革，它不仅可以缩短设计周期，提高效率，更重要的是提高了产品设计的精确度和可靠性，并可将先进的优化设计方法等引入设计过程，使产品设计的最优化和自动化成为可能。彻底颠覆了传统茶园机械"一轮样机，一轮改"的粗放研发模式。随着计算机技术的不断发展，CAD 技术、计算机辅助分析（CAE）、计算机辅助工艺设计（CAPP）、计算机辅助制造（CAM）等技术正向着开放、集成、智能和标准化的方向发展，掌握并能数量运用这些新的技术与茶园机械的设计之中，定能达到事半功倍的效果。

三、虚拟设计技术

虚拟设计技术是以虚拟现实技术为基础、以三维产品模型为核心、以实现产品设计高度数字化和高度人机交互为标志、以快速准确直观的产品设计/评价/优化为目标的计算机辅助设计技术。虚拟设计技术与计算机技术在产品开发中所取得的显著应用成果和成效是密切相关的，特别是 CAX（CAD、CAE、CAM 等）技术的发展为虚拟设计技术的产生奠定了深厚的技术基础。

虚拟设计技术在茶园技术中的应用

1. 虚拟形状设计

传统的 CAD 系统只支持产品详细形状设计，设计人员利用传统 CAD 系统建立产品形状模型时，必须事先确定具体的形状特征和精确的尺寸。而虚拟设计并不拘泥于此，当精确尺寸或形状不知或无法确定的情况下，设计人员就会注重产品的形状结构的创意设计，形成更多新的产品。例如，茶园管理机的整流罩壳，其对尺寸大要求并不严格，而美观显得更加重要，因此，虚拟设计让设计人员有了更多发挥想象的空间。

2. 虚拟装配设计

虚拟装备设计是 CAD 软件对设计方法带来的最重要的变革，已经在茶园机械设计中得到应用。借助虚拟现实技术提供的多通道交互手段，允许设计人员自由地对虚拟产品进行任意的试拆卸或试装配，从而及时发现装配过程中潜在的碰撞干涉，有效地产生可行的装配序列和路径，为装配工艺的制订提供依据。

3. 虚拟样机设计

虚拟样机设计在前面的 CAD 设计部分已经提到，在农业机械设计中得到广泛应用。其通过在虚拟环境之中建立具有与物理样机同样物理参数的虚拟样机，允许设计人员改变各种参数以分析虚拟样机的运行和其他性能是否达到要求。虚拟样机设计技术以数字化的产品试制和试验代替物理产品的试制和试验，可以大大减少产品开发费用。

四、优化设计

优化设计在茶园机械等农业机械领域应用相当广泛，尤其对于影响机械作业效果的因素较多，并且评价作业效果的指标也较多的复杂设计问题中，优化设计的使用显得尤为重要。一般来说，需要建立合理的优化模型，选择正确的优化方法，方能使我们能得到最佳的设计方案。

优化设计方法是根据最优化原理和方法并综合各方面的因素，以人机配合的方式或用"自动探索"的方式，借助计算机进行半自动或自动设计，寻求在现有工程条件下最优设计方案的一种现代设计方法。首先建立优化设计的数学模型，即设计方案的设计变量、目标函数、约束条件，然后选用合适的优化方法，编制相应的优化设计程序，运用计算机自动确定最优设计参数。

优化设计方案中的设计变量是指在优化过程中经过调整或逼近，最后达到最优值的独立参数。目标函数是反映各个设计变量相互关系的数学表达式。约束条件是设计变量间或设计变量本身所受限制条件的数学表达式。

茶园机械优化设计，一般包括零部件的性能优化设计和整机作业性能的优化设计。以采茶机采茶性能为优化目标的优化设计为例。在给定的茶园作业环境下，已知机器的一般参数范围，需要根据采茶质量的要求，优化设计一组最佳的机器参数，如作业参数、切割器结构参数等，使采茶机的采摘效果达到最优。这里的最优一般情况下可能是某一个指标达到最优值，也可能是多个指标按照一定的权值综合达到最优。当然优化过程中，因子与目标函数的关系是需要我们通过理论分析、经验判断或试验研究才能得以确定的。函数关系确定后，就可以确定目标函数于约束条件，建立优化模型。然后选择合理的优化方法，进行优化，获取最优解。最后，分析结果确定最佳的设计方案。

而机械结构的优化设计因子与目标函数之间的关系一般可通过理论分析得出，设计过程也可大致分为如下三点：一是建立最优化的数学模型，即优化方程。二是选择和优化方法求解模型。三是分析评价并做出决策。

在建立数学模型时，既要避免建模过于复杂，又不能太过简单。数学模型过分精细和复杂，导致求解失败或使计算时间较长；数学模型过分简化，不能反映设计的本质要求。优化模型的建立，需要综合运用理论分析、经验判断、试验探究等方法。它可能是代数方程组，也可能是常微分方程组。这些方程组反映因素之间的内在联系，因此通过它们就可以研究各因素对设计对象工作性能的影响。

数学模型建立以后，就要研究求解的具体方法，即优化设计方法。优化的方法有很多，按目标函数的个数可分为单目标优化和多目标优化方法；按设计变量的数目可分为一维优化和多维优化方法；按设计对象有无约束分为约束优化和无约束优化等。从本质上讲，优化过程就是函数或泛函求极值的问题。茶园机械设计问题多数是设计变量较多的约束优化问题，而且多为非线性的，解析法求解难以得到结果，而数值求解法更为常用。

另外，在茶园机械设计中常用到的优化设计方法还有智能算法，其包括：局部搜索法、模拟退火法、遗传算法、禁忌搜索法、人工神经网络、粒子群算法、蚁群算法等。

对优化结果和方案进行评价、决策，是优化设计的最后环节，必须以适合生产实际条件为评价目标，分析优化参数是否合理，是否符合实际条件，并且要检验或者试验验证所得优化结果是否为在给定条件下的最优解，以便确定最终的方案。

五、摩擦学设计

摩擦学设计更多的应用于工业中精密机械设计，在茶园机械设计中应用较少。它是研究具有相互运动的接触表面间的科学技术和有关实践的科学，将摩擦学原理应用到机械设计过程中，使所设计的机器达到正确的润滑、有控制的摩擦以及预期的磨损寿命。最近十多年以来，机械零件的设计方法已经从传统材料力学的整体强度研究发展到表面强度，包括接触强度、挤压强度、磨损强度和胶合强度等。

第三节　茶园机械创新设计

一方面，随着科学技术的发展，茶园机械的市场竞争也日益激烈。在这种形势下，创新适应新的市场的发展，在市场竞争中，占据优势。另一方面，茶园机械化发展还面临许多的瓶颈问题，平常的方法与思维往往难以突破，因此也需要我们有创新思维，打破常规，才有可能突破发展瓶颈。

一、创新思维

创造性思维具有两种形式：直觉思维与逻辑思维。大量的创造过程是这两种思维方式交叉和综合的结果。人们首先对自己提出一个创造目标，为了实现这个目标，一步步地进行分析推理，对其中的问题，进行反复的试验，经历一次又一次的失败，最后找到解决问题的办法。

创新性思维并不是与生俱来的，是可以通过后天的培养而获得的。常用的创新思维的训练法则有如下几种。

（1）激发创造激情。只有在激情的支配下，人脑的智力活动才能被高度激发，形成突发灵感。而这种创造激情可能由压力、诱惑、事业心、精神鼓励、经济刺激激发形成。

（2）增强信息获取方式。创造是建立在大量知识和信息的基础上的，有关新技术的信息对创造发明过程尤为重要。

（3）加强不同学科的知识融合。科学技术发展到今天，学科交叉越来越多，创造发明往往是多学科知识融合的结果。很多创造灵感都是在学科交流中产生的，因此，不同学科之间的相互交流，也是促进科学创新的重要手段。

二、创新设计的方法

通过组织学手段可以帮助创新思维的展开，为此人们创造出很多工作方法。如多人在一起分享讨论各自的观点的智暴法、635 法、陈列法、哥顿法，以及以逻辑推理为主的输入输出法等。这些方法应多付诸实践，在平时的研究设计工作中，加以应用，提高工作的创造性，相信其对我们的茶园机械的设计水平的提升具有很大的帮助。

三、茶园机械的创新设计

（一）茶园机械创新设计的分类

在茶园机械设计中，产品的技术创新通常可以分为两类：第一种是无重要新技术，但在形式上翻新，因而能获得相应竞争能力，例如，按茶农或茶企的需求生产了不同颜色的茶园管理机，虽然在生产管理上有所创新，也形成了新的竞争能力，但管理机的性能没有发生变化，也没多少新的技术投入。第二种是含有（开发了）重要新技术，使产品竞争力有重要提高，例如采茶机，如果谁能设计和制造出采茶质量远高于当前采茶机水平，且价格相当，就抢占了一种新竞争力制高点，那么这种创新将不仅具有世界意义，而且还具有历史意义。

（二）茶园机械创新设计实例

在茶园机械的几十年发展历程中，不乏创新的精彩案例，这里挑选两个最具代表性的创新案例进行介绍，使大家对茶园机械创新设计有一个感性的认识。

第一个创新案例就是高地隙自走式多功能茶园管理机的研发。它的创新点在于设计了一种跨行的机架与底盘机构，这个创新颠覆了传统茶园机械的行走及作业方式，即跨行行走作业。这种作业模式，使得茶园大型机械化作业成为可能，对茶园生产机械化发展具有里程碑的意义。

另一个案例是负压捕虫机的研制。该机的研制受启发于家用吸尘器。这种负压回吸的方式吸走害虫，从而减少或避免了农药的使用，对茶园环境非常有利。一旦这种捕虫机技术成熟，其将是作物植保方式的一次革命。而这种简单的原理在不同地方的应用，却能给这个产业带来巨大的变革。

第四节　茶园机械绿色设计

绿色设计顾名思义，就是绿色环保，对环境无污染或少污染的环境友好型产品设计方法。在当前全球变暖、生态环境日益恶化的大环境下，发展绿色茶园机械化是有益的，也是必要的。

一、绿色茶园机械的定义及内涵

绿色产品 GP（Green Product）或称为环境协调产品 ECP（Environmental Conscious Product）是相对于传统产品而言。目前，绿色产品主要有以下几种定义。

（1）绿色产品是指以环境和环境资源保护为核心概念而设计生产的可以拆卸并分解的产品。其零部件经过翻新处理后，可以重新使用。

（2）绿色产品从生产到使用乃至回收的整个过程符合特定的环境保护要求，对生态环境无害或危害极少，以及利用资源再生或回收循环再用的产品。

可以看出，绿色产品应有利于保护生态环境，不产生环境污染或使污染最小化，同时有利于节约资源和能源，且这一特点应贯穿于产品生命周期全过程。

从绿色产品的内涵与属性来看，绿色茶园机械应包含以下几个特点。

（1）优良的环境友好性。即茶园机械的从生产到使用乃至废弃、回收处理的各个环节都对环境无害或危害甚小。这就要求企业在生产过程中选用清洁的原料，清洁的工艺过程，生产出清洁的产品；用户在使用产品时不产生环境污染或只有微小污染；报废产品在回收处理过程中产生的废弃物很少。

（2）最大限度地利用材料资源。绿色茶园机械应尽量减少材料使用量，减少使用材料的种类，特别是稀有昂贵材料及有毒、有害材料。这就要求设计产品时，在满足产品基本功能的条件下，尽量简化产品结构，合理使用材料，并使产品中零件材料能最大限度地再利用。

（3）最大限度地节约能源。绿色茶园机械在其生命周期的各个环节所消耗的能源应最少。

二、可持续发展的内涵

可持续发展的最广泛定义是"人类应享有以与自然相和谐的方式过健康而富有生产成果的生活的权利"，并"公平地满足今世后代在发展与环境等方面的需要"。

要实现可持续发展，就要求企业改变传统的生产方式和经营观念，走可持续生产之路，即对每一种茶园机械的产品设计、材料选择、生产工艺、生产设施、市场利用、废物产生和售后服务及处置都要有环境意识，都要有可持续发展的思想。要从根本上节约资源与能源，防止污染，关键在于设计与制造，绿色设计是实现可持续发展的关键。

三、绿色茶园设计的主要内容及评价标准

从可持续发展的观念来看，为了获得市场竞争力，企业必须做到五点：生产成本低、生产周期短、产品质量高、技术水平高、不影响生态环境，即进行绿色茶园机械设计。

绿色茶园机械的标准为：产品在使用过程中用少量能源和资源且不污染环境，产品在使用过程中不污染环境且能耗低及产品在使用后可以易于拆卸、回收和翻新或能够安全废置并长期无虑。

由上述评价标准可见，进行绿色茶园机械设计应包括以下主要内容。

（一）绿色茶园机械设计的材料选择与管理

绿色茶园机械设计要求产品设计人员要改变传统选材程序和步骤，选材时不仅要考虑产

品的使用和性能，而且应考虑环境约束准则，同时必须了解材料对环境的影响，选用无毒、无污染材料和易回收、可重用、易降解材料。

（二）绿色茶园机械的可回收性设计

可回收性设计是在产品设计初期充分考虑其零件材料的回收可能性、回收价值大小、回收处理方法、回收处理结构工艺性等与回收性有关的一系列问题，达到零件材料资源、能源的最大利用，并对环境污染为最小的一种设计思想和方法。可回收性设计主要包括以下几个方面的内容：①可回收材料及其标志；②可回收工艺与方法；③可回收性经济评估；④可回收性结构设计。

（三）绿色茶园机械的可拆卸性设计

可拆卸性是绿色产品设计的主要内容之一，它要求在产品设计的初级阶段就将可拆卸性作为结构设计的一个评价准则，使所设计的结构易于拆卸，因而维护方便，并可在产品报废后可重用部分充分有效地回收和重用，以达到节约资源和能源、保护环境的目的。

（四）绿色茶园机械的成本分析

绿色茶园机械的成本分析与传统的成本分析截然不同。由于在产品设计的初期，就必须考虑产品的回收、再利用等性能，因此在成本分析时，就必须考虑污染物的替代、产品拆卸、重复利用成本、特殊产品相应的环境成本等。

（五）绿色茶园机械设计数据库

绿色产品设计数据库是一个庞大复杂的数据库。该数据库对绿色产品的设计过程起着举足轻重的作用。该数据库应包括产品寿命周期中环境、经济等有关的一切数据，如材料成分、各种材料对环境的影响值、材料自然降解周期、人工降解时间、费用；制造装配、销售、使用过程中所产生的附加物数量及对环境的影响值，环境评估准则所需的各种判断标准等。

四、绿色茶园机械设计特点

概括起来，绿色茶园机械是这样一种方法，即在产品整个生命周期内，优先考虑产品环境属性（可拆卸性、可回收性、可维护性、可重复利用性等），并将其作为设计目标，在满足环境目标要求的同时，保证产品应有的基本性能、使用寿命、质量等。图3-2则为传统茶园机械设计过程与绿色设计过程的对比。可以看出，绿色设计与传统设计的根本区别在于绿色设计要求设计人员在设计构思阶段，就要把降低能耗、易于拆卸、使之再生利用和保护生态环境，与保证产品的性能、质量寿命、成本的要求列为同等的设计目标，并保证在生产过程中能够顺利实施。

五、绿色茶园机械设计的关键技术

（一）面向环境的设计技术

面向环境的设计 DFE（Design For Environment）或称绿色设计 GD（Green Design）是在世界"绿色浪潮"中诞生的一种新型产品设计概念。DFE 是以面向环境的技术为原则所进行的产品设计。

（二）面向能源的设计技术

面向能源的设计技术是指用对环境影响最小和资源消耗最少的能源供给方式支持产品的整个生命周期，并以最少的代价获得能量的可靠回收和重新利用的设计技术，从而全面指

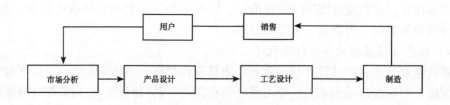

传统产品设计过程

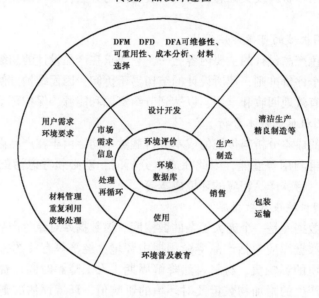

绿色产品设计过程

图3-2 传统产品设计过程与绿色产品设计过程比较

导、优化绿色茶园机械设计过程。

（三）面向材料的设计技术

面向材料的设计技术是以材料为对象，在茶园机械的整个寿命周期（设计、制造、使用、废弃）中的每一阶段，以材料对环境的影响和有效利用作为控制目标，在实现产品功能要求的同时实施，使其对环境污染最小和能源消耗最少的绿色设计技术。

（四）人机工程设计技术

人机工程设计技术是以人机工程学理论为基础的面向人的产品设计技术。人机工程又称为人体工程，它依据人的心理和生理特征，利用科学技术成果和数据去设计的技术系统，使之符合人的使用要求，改善环境，优化人机系统，使之达到最佳配合，以最小的劳动代价换取最大的经济成果。

人机工程技术发展的关键技术有以下几方面：①行为科学的认知过程的分析技术；②人机界面设计技术；⑧人机工程测量新技术；④心理模型技术；⑤用户模型技术；⑥产品设计中的人机工程技术；⑦人机工程 CAD 技术等。

第五节　茶园机械智能设计

茶园机械智能设计也就是运用智能 CAD 系统对茶园进行设计的过程，是人机智能化设计系统在茶园机械设计中的应用。

一、智能设计的概念

设计正在向集成化、智能化、自动化方向发展，为达成这一目标，必须大力加强设计专家与计算机工具这一人机结合的设计系统中机器的智能程度，使计算机能在更大范围内，更高水平上帮助或代替人类专家处理数据、信息与知识，做出各种设计决策，大幅度提高设计自动化的水平。智能设计就是要研究如何提高人机系统中计算机的智能水平，使计算机更好地承担设计中各种复杂任务，成为设计工程师得力的助手。

在设计技术发展的不同阶段，设计活动中智能部分的承担者是不同的，以人工设计和传统 CAD 为代表的传统设计技术阶段，设计智能活动是由人类专家完成的。在以智能 CAD（ICAD）为代表的现代设计技术阶段，智能活动由设计型专家系统完成，但由于采用单一领域符号推理技术的专家系统求解问题能力的局限，使设计对象（产品）的规模和复杂性都受到限制，不过借助于计算机支持，设计的效率大大提高，而在以集成化智能 CAD（lzCAD，Integrated Intelligent CAD）为代表的先进设计技术阶段，由于集成化和开放性的要求，智能活动由人机共同承担，这就是人机智能化设计系统。虽然人机智能化设计系统也需要采用专家系统技术，但它只是将其作为自己的技术基础之一，两者仍有较根本的区别。

（1）设计型专家系统只处理单一领域知识的符号推理问题，而人机智能优化设计系统则要处理多领域知识，多种描述形式的知识，是集成化的大规模知识处理环境。

（2）设计型专家系统一般只解决某一领域的特定问题，比较孤立和封闭，难以与其他知识系统集成。而人机智能化设计系统则面向整个设计过程，是一种开放的体系结构。

（3）设计型专家系统一般局限于单一知识领域范畴，相当于模拟设计专家个体的推理活动，属于简单系统。而人机智能化设计系统涉及多领域多学科知识范畴，是模拟和协助人类专家群体的推理决策活动，是人机复杂系统。

（4）从知识模型来看，设计型专家系统只是围绕具体产品设计模型或针对设计过程某一特定环节（如运动学分析）的模型进行符号推理。而人机智能化设计系统则要考虑整个设计过程的模型、设计专家思想、推理和决策的模型（认知模型）以及设计对象（产品）的模型。

由此可见，人机智能化设计系统是针对大规模复杂产品设计的软件系统，它是面向集成的决策自动化，是高级的设计自动化。

智能设计作为计算机化的设计智能，是 CAD 的一个重要组成部分，它在 CAD 发展过程中有不同的表现形式，传统 CAD 系统中并无真正的智能成分，这一阶段的 CAD 系统虽然依托人类专家的设计智能，但作为计算机的设计智能并不存在，智能设计在其中的作用也就无从谈起。而在 ICAD 阶段，智能设计是以设计型专家系统的形式出现的，但它仅仅是为解决设计中某些困难问题的局部需要而产生的，只是智能设计的初级阶段。对于 ICAD 阶段，智能设计的表现形式是人机智能化设计系统，它顺应了市场对制造业的柔性、多样化、低成本、高质量、迅速响应能力的要求。作为 CIMS 大规模集成环境下的一个子系统，人机智能化设计系统乃是智能设计的高级阶段。

二、茶园机械智能设计的特点

前已述及，设计的本质是创造和革新，根据设计活动中创造性的大小，可将设计分为常规设计、革新设计和创新设计三类。显然，革新设计是作为常规设计与创新设计的中间形式来界定的。所谓常规设计是指以成熟技术结构为基础，运用常规方法来进行的产品设计，它在农业生产中大量存在，并且是一种经常性的工作。为了满足市场需求，提高茶园机械的竞争能力，就需要改进老产品、研制新品种、降低生产材料、能源的消耗、改进生产加工工艺等。需要在设计中采用新的技术手段、技术原理和非常规方法，即需要进行创造性设计。创新设计旨在提供具有社会价值且新颖而独特的设计成果，它是设计探索中最富有挑战性的领域，通常没有现成的设计规划，有时甚至没有类似的已有设计作为借鉴，完全凭设计者去"无中生有"。革新设计是指为增加原有机械产品的功能、适用范围，提高它的性能或改进其结构、尺寸或外形的变型设计，因此也可称为是改进设计。

在茶园机械智能设计发展的不同阶段，解决的主要问题也就不同。设计型专家系统解决的主要问题是模式设计、方案设计，它基本属于常规设计范畴，但也包含一些革新设计的问题。与设计型专家系统不同，人机智能化设计系统要解决的主要问题是创造性设计，包括创新设计和革新设计。根据前面关于设计思维的论述，设计型专家系统主要模拟的是人类专家的逻辑思维，人机智能化设计系统除了逻辑思维外，主要模拟人类专家的形象思维，甚至包括某些灵感思维。

三、茶园机械智能设计的关键技术

1. 设计过程的再认识

智能 CAD 系统的发展，乃至设计自动化的实现，从根本上是取决于对设计过程本身的理解。尽管人们在设计方法、程序和规律等方面进行了大量探索，但从计算机化的角度看，设计方法学的水平还远远没有达到此目的，智能 CAD 系统的发展仍需要进一步的探索适合于计算机程序系统的设计理论和有效的设计处理模型。

2. 设计知识的表示

设计过程是一个非常复杂的过程，它涉及多种不同类型知识的应用，包括经验性的、常识性的以及结构性的知识，因此单一知识表示方式不足以有效表达各种设计知识，如何建立一个合理而有效表达设计知识的知识表达模型始终是设计类专家系统成功的关键。一般采用多层知识表达模式，将元知识、定性推理知识以及数学模型和方法等相结合，根据不同类型知识的特点采用相应的表达方式，在表达能力、推理效率与可维护性等方面进行综合考虑。面向对象的知识表示，框架式的知识结构是目前采用的流行方法。

3. 多方案的并行设计

设计类问题是"单输入/多输出"问题，即茶农对作业机械提出的要求是一个，但最终设计的结果可能是多个，它们都是满足用户要求的可行的结果，设计问题的这一特点决定了设计型专家系统必须具有多方案设计能力。需求功能逻辑树的采用，功能空间符号表示，矩阵表示和设计处理是多方案设计的基础。另外，针对设计问题的复杂性，将其分成若干个子任务，采用分布式的系统结构，进行并行处理，从而有效地提高系统的处理效率。

4. 多专家系统协同合作以及信息处理

较复杂的设计过程可以分解为若干个环节，每个环节对应一个子专家系统，多个专家系统协同合作，各子专家系统间互相通信，它是概念设计专家系统的重要环节。模糊评价和神经网络评价相结合的方法是目前解决多专家系统协同合作中的多目标信息处理的最有效的方法。

5. 再设计与自学习机制

当设计结果不能满足要求时，系统应能够返回到各个层次进行再设计，利用失败信息、知识库中的已有知识和用户对系统的动态应答信息进行设计反馈，完成局部和全局的重新设计任务；同时采用归纳推理和类比推理等方法获得新的知识、总结新经验，不断扩充知识库，进行自我学习和自我完善。将并行工程设计的思想应用于概念设计过程中是解决再设计问题的最有效方法。

6. 多种推理机制的综合运用

智能 CAD 系统中，在推理机制上，除了演绎推理之外，还应有归纳推理、各种非标准推理以及各种基于不完全知识与模糊知识的推理等。基于实例的类比型多层推理机制和模糊逻辑推理方法的运用是目前智能 CAD 系统的一个重要特征。

7. 人机接口和设计过程中人的参与

良好的人机接口对智能 CAD 系统是十分必要的。怎样能实现系统对自然语言的理解，对语音、文字、图形和图像的直接输入输出是一项重要的任务。同时，对于复杂的设计问题，设计处理过程中某些决策活动，如果没有人的适当参与也很难得到理想的设计结果。

8. 设计信息的集成化

概念设计是 CAD/CAPP/CAM 一体化的首要环节，设计结果是详细设计与制造的信息基础，必须考虑信息的集成。应用面向对象的处理技术，实现数据的封装和模块化，是解决机械设计 CAD/CAPP/CAM 一体化的根本途径和有效方法。

第六节　其他现代设计方法

随着科学技术的进步，人类知识的不断积累，设计方法与理念也与日俱增。除了上面谈到设计方法外，现代茶园机械设计中常用到的方法还有以下几种。由于篇幅有限，这里予以列举，并不详细介绍。

一、快速响应设计技术

快速响应工程主要包括以下一些内容：建立快速捕捉市场动态需求信息的决策机制；实现产品的快速设计；追求新产品的快速试制定型；推行快速响应制造的生产体系。

在产品的试制定型阶段加快产品的试制、试验和定型，以快速形成生产力，需要尽量利用制造自动化的各种新技术，如 FMS、快速成型 RP（Rapid Prototyping）和虚拟制造 VM（Virtual Manufacturing）。如快速成型技术能以最快的速度将 CAD 模型转换为产品原型或直接制造零件，从而使产品开发可以进行快速测试、评价和改进，以完成设计定型，或快速形成精密铸件和模具等的批量生产能力；虚拟制造充分利用计算机和信息技术的最新成果，通过计算机仿真和多媒体技术全面模拟现实制造系统中的物流、信息流、能量流和资金流，可以做到在产品制出之前就能由虚拟环境形成虚样品（Soft Prototype），以替代传统制造的实体样品（Hard Prototype）进行试验和评价，从而大大缩短产品的开发周期。

二、全寿命周期设计

未来的制造业不仅是计算机的集成，更是技术、生产组织和人员素质三者的集成。全寿命周期设计强调人的作用，促进人与人的相互理解，提高协同作战能力，塑造良好的企业文化。它的推广，不仅会改变企业的组织结构和工作，也将改变人的思维模式和分工及人与人的相互关系，因而具有极其深远的社会意义。

三、并行设计

并行设计（Concurrent Design）是一种对产品及其相关过程（包括制造过程和支持过程）进行并行和集成设计的系统化工作模式。其思想是在产品开发的初始阶段，就以并行的方式综合考虑其寿命周期中所有后续阶段，包括工艺规划、制造、装配、试验、检验、经销、运输、使用、维修、保养直至回收处置等环节，降低产品成本，提高产品质量。设计过程中各活动之间的基本联系和相互作用方式可归纳为串行依赖、并行独立和交互耦合三种关系。

四、面向制造的设计

面向制造的设计 DFM（Design For Manufacturing）是全寿命周期设计的重要研究内容之一，也是产品设计与后继加工制造过程并行设计的方法。在设计阶段尽早考虑与制造有关的约束，全面评价和及时改进产品设计，可以得到综合目标较优的设计方案，并可争取产品设计和制造一次成功，以达到降低成本、提高质量、缩短产品开发周期的目的。DFM 所考虑的是广义可制造性，它至少包含下列内容：零件的可加工性，并预估加工成本、加工时间及加工成品率；部件和整机的可装拆性；零部件加工和装配质量的可检测性；零部件和整机性能的可试验性；零部件和整机的可维修性；零部件及材料的可回收性等。

本章小结

本章介绍了现代茶园机械的一些新的设计方法与理念。现代茶园机械常用的设计方法主要有可靠性设计、计算机辅助设计、虚拟设计、优化设计、摩擦学设计等，新的设计理念包括绿色设计、创新设计、智能设计等。现代茶园机械设计还经常用到快速响应设计、全寿命周期设计、并行设计、面向制造的设计等现代设计方法。读者通过对这些新方法与理念的了解，对于提升茶园机械的设计研发水平大有裨益。

第四章　高地隙自走式多功能茶园管理机

第一节　概　述

高地隙自走式多功能茶园管理机，是农业部南京农业机械化研究所，自 2009 年起，在国家茶叶产业技术体系的组织和支持下，经过近两年的时间研究成功的新型茶园作业机械。该机主要是针对平地、缓坡茶园作业，具有中耕、深耕、施肥、植保等作业功能。本章就其研发设计过程进行详细的论述。

一、高地隙自走式多功能茶园管理机的研发背景

近年来，随着劳动力价格的不断提高，茶园深松、中耕、施肥、喷药成本在茶叶生产成本中所占比例越来越大。由于茶树有一定高度而且行间距不同，茶园管理一直难以实现机械化。现有深松、中耕、施肥、喷药机械往往以人工背着、推着或双人抬着进入茶园管理作业（图 4-1），作业效率低，劳动强度高。市场对功率大、劳动强度低的先进茶园管理机械呼声越来越高。

（a）深松

（b）中耕

（c）施肥

（d）喷药

图 4-1　茶园管理

根据现阶段茶园管理的要求，研制能够挂接深松、中耕、施肥和喷药等作业机具的高地隙通用底盘。底盘采用全液压传动与驱动，将传统农业机械的刚性传动变为柔性传动；行走

和配套作业机具的作业速度采用无级变速技术，确保操作方便、灵活，设备工作性能稳定、可靠；轮距采用可调节技术，适应不同种植模式的茶区使用；配套作业机具与底盘之间的连接采用复合接口技术，通过简单拆卸和安装，就可以实现携带深松、中耕、施肥、喷药等作业机具，达到一机多用的目的。

2015 年我国茶园面积达到了 4 000 多万亩，居世界第一。面积大，需要的管理多，多功能茶园管理机的研制必将具有重大意义。

国内、外茶园管理机的发展

1. 国内茶园管理机的发展

茶园管理是茶叶生产的重要环节，是提高茶叶产量、质量和经济效益的前提和基础。20 世纪 70 年代以前，茶园管理一直是手工作业，工效低，技术含量低，经济效益差。70 年代以后，我国在一些国营茶场开始了茶园管理机械的试验、示范、推广工作，80 年代到 90 年代后期茶园管理机械处于发展阶段。机械管理水平略有提高，但与国外茶园管理水平差距仍很大。

茶园管理一般包括深松、中耕、施肥、喷药、修剪、茶园改造等。这些作业机械可以归并为三类：一类是耕作机械，如深松机、中耕机、施肥机；另一类是采摘机械，如采茶机、修剪机、重剪机；再有一类是植保机械，如喷雾机。下面就目前国内使用的茶园管理机械作一般概述。

（1）茶园耕作机械。茶园耕作是对茶树间土壤进行中耕、除草、松土的一道工序，利于茶树吸收水分和减少蒸发，避免杂草繁生与茶树争夺养料和水分，可促进茶树根系的发育生长，提高茶叶嫩芽的品质和产量。

80 年代以前，茶园耕作以人畜作业为主，这对大型茶场来说是一项费时的繁重劳动，而且往往还会打乱茶叶生产计划，因此，迫切需要一种性能好、能替代人工劳动的机械来从事茶园耕作管理。1980 年嘉善拖拉机厂生产的 C12 型，湖北茶机总厂生产的 ISC-780 型茶园耕作机，C12 型以 S195-12 马力柴油机为动力，通过变换农具可以实现深松、中耕除草、施肥等作业，但不论是机器作业能力，还是生产数量都难于满足茶区生产需求，而国外厂家提供的茶园耕作机同样因为动力不足等原因，大多都不能适用于我国茶园耕作。

（2）茶园采摘机械。茶叶采摘需要大量的劳动力，而且时效性强。因此，发展茶叶采摘机械一直为各产茶国所关注。我国采茶机械的研究开发工作始于 1958 年，至今已走过 50 多年漫长曲折的历程。1965 年以前，主要是根据我国茶园特点对采茶机的采摘原理和动力类型进行反复的研究和选择。此后，采茶机的研制工作在我国各产茶省普遍展开。到 20 世纪 70 年代后期，先后提出过十多种单人采茶机型，影响较大的有：机动往复式采茶机（浙江的 JW-325 型、上海的 4CW-34 型、安徽的 4CJW-265 型、湖南的湘茶-400 型和贵州的顺安-300 型），上海的 SG-I 型手动滚切式采茶机和四川的 EB-200 型脚踏滚切式采茶机。有关单位组织过几次全国性的对比试验，但终因这些机具动力、软轴不过关和机器本身制造质量水平不高，未能在生产中大量应用。80 年代末期，我国采茶机械研究进入了新时期，采茶机、修剪机、重剪机的质量都有了较大的提高，推广力度也在加大。我国开始与国外合资生产采茶机和茶树修剪机，在杭州和长沙先后组建了浙江川崎茶叶机械有限公司和长沙落合茶叶园林机械有限公司，这两家合资企业均从日本进口零部件进行装配成台。为了抓住这一契机，农业部等部门自 80 年代末期开始，一方面组织各主要产茶省的有关机械厂家对采茶机的生产技术进行引进、吸收，加速国产采茶机的发展速度，另一方面大力抓推广应用工作，从而使我国的采茶机械化事业步入了新的发展阶段，但由于当时茶园地况欠好，机械性能也欠稳定，加上 80 年代末进口机械增多，国产采茶机普及受到了较大冲击。

随着我国经济发展速度的加快，茶区劳动力将更为紧张，今后茶区对采茶机械化的呼声将会更高。然而就目前机采的总体水平来看，我国机采茶园的比例还是很低的，加之机械化采茶技术确实难度较大，而且我国的茶园条件又比较复杂，国产采茶机械的质量和稳定性也还有待于进一步提高，所以要加快采茶机械化的步伐并非易事。

（3）茶园植保机械。植保是茶园管理中的重要环节。长期以来茶园多用传统的大容量喷雾装置，如工农 16 型喷雾机等。喷孔直径和雾滴直径大，用水量多，不仅功效低、劳动强度大，而且药液流失高达 80%～90%，易造成环境污染。70 年代后期，与拖拉机或 C12 型中耕机配套使用的工农 36 型喷雾机开始推广应用，但用工量多，操作费力。90 年代植保机械开始向多元化方向发展，有与 C12 型园艺机配套的工农 36 型喷雾机、工农 16 型手动喷雾机、工农 18 型机动弥雾机，还有电动超低量喷雾机等。

2. 国外茶园管理机的发展

世界主要产茶国，除我国外，还有印度、斯里兰卡、印尼和日本。其中，茶园管理机械化和自动化程度较高的是日本。在研究日本茶园管理机之前，简要介绍日本的茶叶种植情况。

日本现有茶园总面积 5 万余公顷，2007 年茶叶生产总量已超过 11 万 t，主要产茶区分布在静冈县、鹿儿岛县等 10 个县。几乎所有茶园园貌整齐规范，树势健壮，叶色绿，叶层厚，平均单产高达 1 440kg/hm²。日本茶树无性系良种比例高达 92.1%。茶树品种比较单一，薮北种占 83%。薮北种开张度大，新梢生长整齐度高、伸展力强，嫩叶上斜着生，持嫩性好，特别适合机械采摘。

日本茶树栽培管理的技术水平非常高，茶园规范、茶行笔直、茶蓬整齐，完全实现了机械化、标准化生产；茶园农户分散经营，每户约 2hm²，但茶园集中成片，规模化程度非常高，蓬面、蓬侧、蓬顶修剪得非常整齐。日本茶树栽培行距 180cm，茶蓬高度在 1m 左右，便于机械操作；每行标准长度 30m，即用手持式采茶机采摘一个来回，鲜叶基本可装满集叶袋。茶园行间普遍采用秸秆或修剪下的茶枝覆盖，既防止杂草生长，又起保湿作用，覆盖后免耕；有机肥料一般采用机械撒施。茶园内外道路完善，车行道为沥青路面，一部分茶行间还设有轨道，适应早期的机械化作业。茶园作业机械经过多次更新换代，茶园耕作、茶树修剪、茶叶采摘已经完全实现了机械化。日本早期的茶园耕作机械都是小型的，有浅耕机、中耕机、深耕机、施肥机；修剪和采摘机械有手持式、轨道自走式、机械传动乘用式；鲜叶运输均采用厢顶覆盖金属膜的微型货车。

日本在 1910 年起使用整枝采茶机。1952 年静海县研究回转式采茶机；1956 年奈良县使用背负式机动往复采茶机，1961 年正式用于生产，占日本全国采茶机总数的 50%。1961 年静冈县有采茶机 500 台，到 1971 年全日本拥有采茶机 42 000 台，而静冈县就有29 600 台，占全国总数的 70% 以上。1961 年以前改装小型手扶拖拉机进行茶园浅耕、除草、施肥等作业，治虫用动力喷雾机；1961 年以后使用茶园专用拖拉机。目前乘坐型茶园管理机在日本使用比较普遍，可在树高 90cm 左右的成林茶园中进行深松、施肥、浅耕、除草、整枝修剪、防治病虫害等综合作业。日本茶园管理机械经过多次更新换代，近年来其机械化和自动化程度相当高。茶园管理现代化，普遍实行秸秆还田、行间覆盖、安装防霜设施等。

3. 茶园管理机发展趋势

（1）茶园管理机械向集成化、自动化方向发展。国产机械以单一功能为主，只能完成单一的任务，功能结构简单，不能实现连续作业，不能满足现代有机茶、绿色茶要求的清洁、不落地的生产要求。同时因为结构单一，生产集约化程度不高，产品智能化水平不够，不能有效地节约劳力，减少人力资源的投入，故不能有效地降低生产成本，以体现机械化作业节本增效的优点。

（2）提高茶园管理机械的质量，增加实用性。目前，国内少量生产的茶园管理机械，大多工艺粗糙，可靠性低，安全性差，无形中增加了茶农的使用成本。随着绿色有机茶受到国际和国内市场的欢迎，各地也将有机茶的生产作为重点。有机茶要求不能受农药和重金属污染，而目前我国茶叶的生产难以做到这一点，工业污染严重，我国茶叶生产中普遍存在的农药残留、重金属、有害细菌超标，这已经成为我国茶叶出日增长的最大制约因素。80年代以来，茶园作业机械化技术虽然取得一些成就，但在新形势下仍存在机械的适应性问题。国外引进的采茶机不能满足高档名优茶"一芽一叶"的采摘要求，只能做到几个叶片一起采摘。

（3）机械制造成本及机械工作能耗逐渐降低。茶园管理机械的价格水平仍然未达到生产者能普遍接受的程度，以致普及率受到极大限制，导致名优茶生产成本始终居高不下，这些都需要提高机械工艺技术水平加以解决。

在此背景下，农业部南京农业机械化研究所根据国内茶园状况，成功开发出一种高地隙自走式多功能茶园管理多用底盘，并研制了与该机配套使用耕作机、施肥机、喷药机和吸虫机等机具，而形成高地隙自走式多功能茶园管理机（图4-2）。它与国内已经研制的C-12型茶园耕作机驶入茶行行间作业的茶园耕作机不同，采用高架底盘形式和履带式行走机构，作业时跨在茶蓬上方，两只履带行走在相邻的两个茶行内，并拖带农具进行茶园作业的新型机械，为承担各种茶园作业的茶园管理机械提供了一种综合应用平台。该机将现有各种茶园管理作业机具组合安装在该综合应用平台上，组装成一机多用、集成化、多功能化和低能耗化的综合茶园管理作业机，能够方便地在茶园内行驶和进行多种茶园管理作业，从而有效提高作业效率，减轻劳动强度和降低劳动成本，又可以避免现有各种茶园管理作业机械的不同底盘结构设计制造所导致的浪费。

图4-2 高地隙自走式多功能茶园管理机（配吸虫机）

二、高地隙自走式多功能茶园管理机开发的意义

本项目重点攻关茶园的中耕、锄草、施肥复合机，研究符合有机、绿色名优茶园的管理规律，为新型茶园管理机械的研制进行技术储备，并集成整套茶园作业机械化技术规程。以期通过解决目前有机、绿色茶园作业中存在的系列问题，为茶园作业机械化提供一系列经济实用的机械和一套省力栽培模式，解决当前茶叶生产中成本居高不下的问题；并通过进一步的技术革新，提高茶园生产率和资源利用率，降低劳动强度，提高产品质量，为茶叶经济的发展做出贡献。

（一）对传统的人工茶园作业方法进行技术改造

茶园传统的作业方式是人工作业，利用人力进行茶园的耕作、施肥、除草、喷药、灌溉、修剪、采摘作业，仅有少量的除草、施药和修剪使用机械化或半机械化作业。本项目的研究将对传统的作业过程和各个环节的机械化进行综合分析，研制耕作、施肥、修剪等新型适用机械，组成茶园作业全过程省工、节本、增效的机械化作业体系，以便于茶农应用、推广，加快实现我国茶园管理的机械化。研究的茶园作业机械化技术将替代传统的人工作业方式，高效、省工、节本和环保，使茶园作业走向现代化科技发展之路。

（二）为农村产业结构的调整提供技术支撑

现代科技的投入可以优化传统种植农艺技术，不仅使得茶叶的生产过程更加高效、合理，降低生产成本，而且能有效提高茶叶质量，全面提升茶叶产业的经济效益。使用大型茶园管理机械替代人工作业，对优化产业结构，促进茶产业结构升级换代具有重要的意义。

（三）降低茶园机械购买成本

采用集成复合式茶园作业机械，只需要一台多功能复合底盘，就可以解决中耕，锄草，施肥、施药等多项作业，避免重复购置相同的设备，例如发动机、机架、油管等，能大大降低需要购买机械的成本。

（四）减轻了环境污染程度，确保茶叶的卫生质量

采用茶园机械可以减少生产活动对环境的污染，如中耕除草、开沟深施肥，不但提升了效率，而且降低了化肥、农药的用量，从而降低环境污染。

使用茶园机械能减少化肥和农药的用量，不仅对减少茶叶的农药污染和重金属残留有显著的促进作用，同时还进行肥料深施，包括有机肥的深施，可以减少微生物的滋生源，从而减少茶叶微生物的污染问题，从整体上提高茶叶的卫生质量。

（五）降低劳动强度，提高劳动生产率，节本增效

与传统的人工劳作方式相比，采用茶园机械可以显著地提高劳动生产率，节本增效。据统计，茶园耕整作业的成本占茶叶生产总成本的40%，比例相当高。采用耕整机械作业，可以大大提高生产率，减少人工的投入，降低劳动强度，并且能一次性完成除草、施肥、深翻等作业，减少后续工序的劳动投入。传统的茶园生产中用工量大的修剪和采摘作业，利用修剪、采摘机械可以大大缓解目前用工难、成本高的问题。手工修剪 $1hm^2$ 成年茶园需用工30个，而一部机械两人操作日修剪量为 $0.67\sim1hm^2$，可提高功效10倍以上，机修剪直接成本（人工工资、维修费、油耗等）150元/hm^2 左右，是手工修剪的30%。单人采茶机的日采鲜叶量为350kg，双人手持式采茶机日产量为 $900\sim1\,500kg$，采摘面积为 $0.7\sim1.2hm^2$，相较于手采 $60\sim70kg$ 的日产量有大幅度提高。与人工修剪、采摘相比，机器修剪采摘可大大提高效率，降低劳动强度，可以把茶农从繁重的体力劳动中解脱出来，同时节本增收，提高

经济效益。

（六）提升茶叶品质，推动实施名优品牌战略

机械化深耕施肥可以提高肥料利用率，减少肥料的浪费，在增产的同时，降低成本，然而同样因为用工太多，很多茶场用直接人工手撒代替开沟施肥，增加了肥料的用量，增加了成本，还造成了环境的污染。采用茶园机械作业，可以解决用工成本太高的问题，这对提高茶叶的产量与品质具有重要的意义。

本项目研究的高地隙自走式多功能茶园管理机及配套机具的运用对提高茶叶品质起到显著的作用。例如，采用小型耕作机械进行深耕、中耕作业，可以提高土壤团粒性、渗透性和保水性，加深有效表土，使茶树根系发育旺盛，促进茶树生长，提高茶叶产量。

实现茶园作业机械化，有利于规模经营，有利于生产要素的合理流动和优化组合、新技术的推广应用，提高产品的市场竞争力，是实施名牌战略的必要条件。要实现规模经营，除按一定的规模组织发展茶叶生产外，茶园机械的推广和应用是实现规模经营的重要手段。借助机械化生产，通过规模化、标准化经营，对实施名牌战略、提高市场占有率、增加经济效益有十分重要的意义。

（七）是有机名优茶生产的需要

茶园机械对于扩大有机茶的生产，提高品质，起着十分重要的作用。如机械开沟施肥可以减少肥料用量，减少微生物的滋生源，有利于减少化肥和微生物污染；微喷、点滴和其他利用物理、生物原理的植保机械在提高肥料利用率的同时，可以显著降低农药与化肥的残留污染。因此，茶园作业机械对于有机茶的生产具有重要的意义。

总之，本项目的研究对传统的作业过程和各个环节的机械化进行综合分析，研制能够挂接深松、中耕、施肥、喷药等作业机具的新型高地隙自走式多功能茶园管理机，便于茶农应用、推广，加快实现我国茶园管理机械化步伐。因此，大力发展先进、适用的茶园机械作业技术和机具，符合当前茶叶生产的需要。

三、高地隙茶园多功能管理机产业化前景研究

我国从 20 世纪 50 年代至 70 年代，广泛开展了茶园作业机械及技术的研究，形成了机械化管理的成套模式。但在推广生产承包责任制后，国内的茶叶生产者一般都忽略茶树栽培管理，而只专注于茶叶机械化加工，出现"重机器制茶、轻茶树栽培"的现象，对茶园作业机械化技术及关键设备的研究较少。近年来，一些茶机制造企业及科研单位开始重视茶园作业机械的研制，但单机研究的多，系统、成套设备研究的少；茶园作业机械研究考虑适用性的多，考虑提高技术含量，全面提高茶园有机、绿色生产水平的少。本项目针对茶园机械化管理进行了系统而深入的研究，研究成果填补了国内空白。

本项目研究的产业化前景十分广阔。茶叶是我国丘陵地区和山区的传统产业，也是近年来这些地区大力发展的产业，"南茶北移"的趋势明显。全国的茶叶种植面积越来越大，茶园生产机械化的要求越来越迫切。以江苏省为例，江苏省是我国茶叶历史和传统的主要产区之一，是全国产茶大省，无论是产量还是产值均位于全国前列，茶叶在全省农业中占有重要的地位。以名优茶为例，2004 年全省的名优茶产量（占全国的 22.2%）产值（占全国的 43.0%）均居全国之首。但全省的有机、绿色名优茶的茶园作业目前仍然停留在手工和半机械化水平，技术不成熟，机械不成系列。很多工序以单机作业为主，机械性能单一，作业质量远远不能满足有机、绿色名优茶加工的要求。因而本项目的研究符合目前茶叶加工的需

要，其成果具有很好的实用价值和市场推广前景。

国外先进技术正在向我国渗入，一些茶机企业正以各种形式，包括直销、合作生产、转让许可等进入国内市场，如日本川崎的多种品牌的修剪机、采茶机、小型耕作机等已悄然进入国内市场。因此，通过本项目的研究，不仅可以提高我国茶园作业机械化水平，形成具有中国特色的茶园作业机械化规程，提高我国名优茶叶的品质，提升茶叶出口的竞争力，同时，还可为我国的茶园作业机械化生产提供技术支撑，形成我国特色的茶机生产能力，提高自己的研发能力和生产能力，提高我国茶园作业机械在国际上的竞争力。故而，本项目研究成果不仅在国内有巨大的需求，还具有较大的国际市场潜力，所以产业化前景十分广阔。

小结

本节主要介绍了课题的研究背景、国内外茶园管理机械的发展状况，分析了研制茶园管理机的意义，确定了本课题的主要研究内容。

第二节　高地隙自走式多功能茶园管理机结构原理及特点

高地隙自走式多功能茶园管理机，为国内自主设计，结构巧妙新颖，并且多项新技术属于在茶园耕作机械上首次应用。因此，该机具有诸多独特而有实用的功能，在茶园机械化作业方面取得了多项技术突破，达到了国际先进水平。

一、工作原理

（一）主要结构

高地隙自走式多功能茶园管理机的主要结构由动力系统、机架、工作平台、操作系统、行走机构等的通用底盘和配套农具等组成。

动力系统主要由动力机和液压系统构成。液压系统主要包括行走回路、中耕回路、机具升降回路和水泵驱动回路，各回路并联，可单独操作；柴油动力机功率为 37.5kW（约 50马力），可配套耕作、施肥、喷药、采茶和修剪等多种作业机具。

机架由矩形空心钢管焊接而成，包括固定侧和活动侧两部分，整体呈"门"形。两侧机架下方分别安装在左右行走履带上；活动机架与固定机架间构成可锁止移动副，并设有液压油缸，可使履带中心距在 1.5~1.8m 自动调节。这一功能可以满足不同行距茶园的作业需要。

平台位于机器上部并安装于固定机架上，工作平台上设置和安装驾驶室、动力系统和操作系统。动力机、操作系统的转向制动操纵杆、液压操纵手柄和驾驶座均集中在驾驶室内，驾驶舒适，操作方便。

行走机构采用橡胶履带式底盘，主要由左右两条履带组成，分列机架两侧底部，实现了跨行行驶的功能。

（二）工作原理

茶园管理机的行走、作业机构均采用液压系统传递动力，包括行走、旋耕、排肥轴驱动、喷雾高压泵和机具升降的驱动。立式旋耕液压驱动马达直接驱动立式旋耕刀轴转动，当液压提升油缸下降到一定高度，立式旋耕刀片开始切割土壤，控制提升油缸达到所需耕深。排肥液压驱动马达直接驱动排肥轴带动排肥槽轮转动，排肥器开始工作，肥料经排肥管直接排施在箭式犁开出的施肥沟内，也可撒施在土壤表面，随之进行土壤拌和。同样的原理，喷雾马达驱动药液泵工作进行农药喷施。

二、功能结构特点

（一）采用跨行式作业

高地隙自走式多功能茶园管理机采用了高架跨行作业的方式，两条履带宽度显著窄于茶行间距，并分别行走在相邻的两条茶行内，减少了对茶树枝条的损伤。此外，该机有一宽敞的工作平台和足够安装空间，允许选用体形和功率较大的动力机。这样不仅解决了动力不足、机械难以进入茶树行间作业的难题，而且创新了茶园机械化的作业方式，从以往的人行走于行间手扶操作，变为现在的人乘坐在茶蓬上方驾驶室内乘驾式操作，视野良好，操作方便。

（二）应用全液压柔性传递技术

传统农业机械的传动，一般采用刚性传动，传动效率低，结构复杂，布置困难。高地隙自走式多功能茶园管理机则采用了全液压动力传递技术，实现动力传递柔性化，这是国内液压传递技术在茶园作业机械上的首次应用，使传动机构大为简化，使用表明效果理想。同时，行走机构和配套农具还采用了无级变速技术，确保了操作方便灵活，工作稳定可靠。

（三）形成综合作业平台，实现一机多能

其结构较简单，动力传递稳定，效率高，可配套中耕除草、深耕、施肥、开沟、喷药、茶树修剪和采茶等农机具；并且进行复式作业，可同时实现耕作、除草、施肥等作业。这种农机具配套方案，作业效率高，一机多能，经济性好。

（四）使用方便、操作灵活可靠、行走稳定

采用了全液压动力传递技术，操作灵活可靠方便、行走稳定，调头和转弯灵活，在茶园规划等条件较好的平地、低坡甚至缓坡茶园中应用，作业效果良好。

（五）对所应用的茶园条件要求较高

由于高地隙自走式多功能茶园管理机采用跨行作业，要求茶园坡度不能过大，并且不能有沟壕，地头要有 2m 左右的回转地带，只能在平地、低坡和少量缓坡茶园中应用。据估算，该机可在国内茶园总面积 10% ~ 15% 的茶园中应用，2010 年全国茶园面积 201.2 万 hm^2，按此计算，高地隙自走式多功能茶园管理可用于中国约 20 万 hm^2 的茶园，虽然占整个茶园比例较低，但数字也是十分惊人的。

三、配套农机具

高地隙自走式多功能茶园管理机目前投入使用的配套农机具，主要有中耕除草机、肥料深施机、喷杆式喷药机和吸虫机等。

（一）中耕除草机

高地隙自走式多功能茶园管理机的中耕除草作业机（图 4-3），采用立式旋耕结构，并采用液压马达直接驱动，机具部分技术参数参照小型旋耕机具。只是小型耕作机具一般采用卧式旋耕（铣切）作业形式，而该机则采用立式旋耕（铣切）结构，实际上是一只立式大铣刀。其对切割土壤切割均匀省力，对杂草切断性能强，中耕与除草同时进行。这种耕作机构形式更适于茶树这种高干窄行距作物行间的耕作。机具直接悬挂和联接在高地隙自走式多功能茶园管理机上，由液压驱动马达直接驱动，耕作机驱动液力马达使用进口 white WR 系

列马达，型号255115A6312BA，每机2只，并且可以与肥料深施机方便互换。

图4-3　多功能茶园管理机配套用中耕除草机

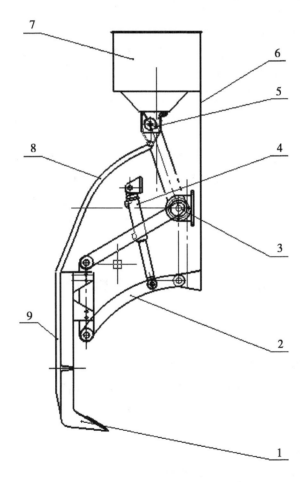

图4-4　肥料深施机作业原理示意图

1. 犁箭式深松器；2. 标准四杆升降机构；3. 液压马达；4. 升降油缸；

5. 排肥器；6. 机架；7. 肥料斗；8. 排肥软管；9. 排肥硬管

（二）肥料深施机

高地隙自走式多功能茶园管理机配套的茶园深松与施肥复式作业设备的肥料深施机（图4-4），可施用化肥、颗粒有机肥和复合肥等。它通过液压方式驱动犁箭式深松器升降，同时由液压马达驱动振动深松，并通过送肥机构把肥料送入排肥软管和硬管，使其均匀、无堵塞地输送到深松排肥器与深松土壤的空隙内，然后被自行覆土。

肥料深施机主要结构由犁箭式深松器、四杆升降机构、液压马达、升降油缸、排肥器、机架、肥料斗、排肥软管、排肥硬管组成。犁箭式深松器穿透能力强且入土阻力小，在液压油缸驱动下完成升降自锁动作，以控制其犁土深度和无作业要求时离地高度。液压马达输出轴上的同心链可带动排肥器进行排肥，偏心外圆输出端可驱动四杆升降机构进行垂直振动深松，从而不仅有效地降低了行进过程中的阻力，也增加了施肥的均匀性。肥料斗中可投放约150kg的肥料，肥料经由排肥器，经深松器背后的排肥软管导向后直接由排肥硬管排施到深松过的土壤中，这样极大地提高了肥药的有效利用率，深施肥料，节本增效。

肥料深施机的具体作业过程：在振动深松施肥机矩形框架式机架前方安装一肥料斗和排肥器，肥料斗可投放约150kg肥料，排肥器的排肥量大小可调；在机架的侧边固定一液压马达和升降油缸，其中，液压马达输出轴上安装一链轮以链条传动带动外槽轮排肥器转动，将肥料斗中的肥料均匀有序地释放到排肥软管中，经由末端削尖的排肥硬管直接排施到深松过的土壤中，同时也杜绝了肥料堵塞情况的发生；通过液压马达外圆偏心的输出端，以驱动标准四杆升降机构垂直振动，以完成垂直振动深松作业；在标准四杆升降机构上固定犁箭式深松器和排肥硬管，在升降油缸的驱动下带动犁箭式深松器和排肥硬管同时升降到任意位置，从而有效保证了施肥深度与深松深度的一致性。施肥机施肥量的调节，是通过排肥驱动马达转速和排肥槽轮开度长短配合调整。排肥驱动马达转速增加，排肥量增大，反之减小；同样，排肥槽轮工作位置工作长度越长，排肥量增大，反之减小。为了使肥料施用量符合农艺规定并精确，作业前应将所需使用的肥料作排肥量试验，以确定排肥机构开度。这种肥料深施机可一次完成深松、施肥、覆土盖肥作业，能够在环境复杂的茶园中作业，实现高效深松施肥，能有效减少土壤板结，显著提高土壤透气性，节约肥料，降低成本，提高产量。

第三节 底盘液压系统设计

一、设计要求

为了研究与开发高地隙全液压传动的高地隙自走式多功能茶园管理机，我们进行了大量的调研工作，考察了日本茶园管理作业机械，在充分结合国内茶园管理实际情况的基础上，对本底盘液压系统设计提出以下要求。

整车质量：1 500kg 左右

路面情况：茶园道路

滚动摩擦系数：0.08（农田推荐：0.05~0.13）

高地隙自走式多功能茶园管理机行走速度：正常工作速度 1.1m/s

田间转场：2m/s

行走马达数量：2

系统工作压力：17MPa

功率分配：工作占 50%~60%

行走占 20%~30%

备用占 10%～20%

二、液压传动的优、缺点

优点是：能够方便地实现无级调速，调速范围大；与机械传动和电气传动相比，在相同功率情况下，液压传动系统的体积小，重量较轻；工作平稳，换向冲击小，便于实现频繁换向；便于实现过载保护，而且工作油液能够使传动零件实现自润滑，因此使用寿命较长；操纵简单，便于实现自动化，特别是与电气控制联合使用，易于实现复杂的自动工作循环；液压元件实现了系列化、标准化和通用化，易于设计、制造和推广使用。

缺点是：液压传动中不可避免地会出现泄漏；液体也不可能绝对不可压缩，故无法保证严格的传动比；液压传动有较多的能量损失（泄漏损失、摩擦损失等），故传动效率不高，不宜作远距离传动；液压传动对油温的变化比较敏感，不宜在很高或很低的温度下工作；液压传动出现故障时不易找出原因等。

三、液压回路

一个完整的液压系统是由多个功能回路组成的，这种功能回路分别完成不同的功能，从而使整个系统完成所要求的动作。

（一）开、闭式系统

按油液的循环方式，液压系统可分为开式系统和闭式系统。开式系统是指液压泵从油箱吸油，油经各种控制阀后，驱动液压执行元件，回油再经过换向阀回油箱。开式系统如图4-5（a）所示，液压泵3从油箱吸油，经换向阀4进入液压油缸5，液压油缸5的回油经换向阀4流回油箱。这种系统结构较为简单，可以发挥油箱的散热、沉淀杂质作用，但因油液常与空气接触，使空气易于渗入系统，导致机构运动不平稳等后果。开式系统油箱大，油泵自吸性能好。

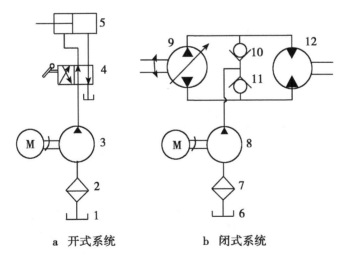

a　开式系统　　　　　　b　闭式系统

图 4-5　液压循环系统

1、6. 油箱；2、7. 过滤器；3、8. 单向定 M 液压泵；4. 换向阀；

5. 液压油缸；9. 双向变 M 液压泵；10、11. 单向阀；12. 液压马达

闭式系统中，液压泵的进油管直接与执行元件的回油管相连，工作液体在系统的管路中

进行封闭循环。闭式系统如图4-5（b）所示，双向变量液压泵9的吸油管路直接与液压马达12的回油管路相通，形成一个闭合回路，单向定量液压泵8经单向阀10或单向阀11补偿系统中各液压元件的泄露损失。闭式系统结构紧凑，与空气接触机会少，空气不易渗入系统，故传动较平稳。工作机构的变速和换向靠调节变量泵或马达的变量机构实现，避免了开式系统换向过程中所出现的液压冲击和能量损失。但闭式系统较开式系统复杂，因无油箱，油液的散热和过滤条件较差。为补偿系统中的泄漏，通常需要一个小流量的补油泵给系统补油。由于单杆双作用油缸大小腔流量不等，在工作过程中会使功率利用下降，所以闭式系统中的执行元件一般为液压马达。

高地隙自走式多功能茶园管理机行走时，人乘坐在机架之上，考虑到人乘坐的舒适性，底盘行走要平稳；挂接机具工作时，消耗的功率大，流过各机具马达的油温高。因此油液的循环方式，行走部分采用闭式系统，工作部分采用开式系统。在设计出液压系统图4-14之前，曾设计过一套液压系统图被推翻。前后两种方案比较，主要区别之一是油液循环方式不同，前期方案行走、工作部分都是采用的开环系统，所需油箱的体积大，行走不平稳，未被采用。

（二）串、并联和独联回路

串联回路如图4-6所示。一个液压泵向两个或两个以上的执行器供油，以后机构的进出油口依次顺序相连，而最后一个执行机构的回油则流回油箱。

并联回路如图4-7所示。液压泵排出的油同时向两个或两个以上的执行器供油，而其回路分别回油箱。这种回路特点是各执行器的速度随负载变化而变化，负载大则速度变小或负载变小则速度变大，应用于对执行机构运动速度要求不严的场合。

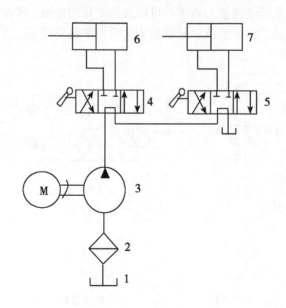

图4-6　串联回路

1. 油箱；2. 过滤器；3. 单向定量液压泵；4、5. 换向阀；

6、7. 液压油缸

串联回路中，后一个液压执行机构的输入流量等于前一个执行机构的输出流量，故串联回路中执行机构的运动速度基本上不随外负载而变化。泵的流量在并联回路中被分别供应到

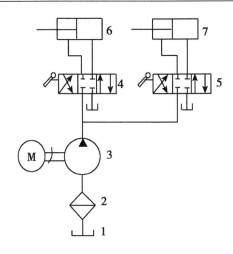

图 4-7　并联回路
1. 油箱；2. 过滤器；3. 单向定量液压泵；
4、5. 换向阀；6、7. 液压油缸

几个执行机构中，故在相同情况下，并联回路要求的流量比串联回路的要多，但并联回路要求的液压泵的油压比串联回路小。

独联回路如图 4-8 所示。每一换向阀的进油腔与其前一换向阀的中立位置进油路相连。这样各阀控制的液压执行机构就互不相通，一个液压泵同一时间只能向一个执行机构供油，故称为独联系统，系统中液压泵的压力和流量按各执行机构单独工作时最大压力及最大流量来确定。

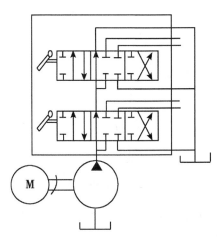

图 4-8　独联回路

（三）调速回路

通过调节流过执行机构的流量大小进行速度调节，调速回路一般包括节流调速和容积调速。

将节流阀装在与执行元件并联的支路上，称为节流调速回路，如图 4-9 所示。这种回路用节流阀来调节流回油箱的流量，以控制进液压缸的流量来达到节流调速的目的。在节流调速回路中，活塞的受力平衡方程为：

$$p_1 A_1 = p_2 A_2 + F \qquad \text{（式 4-1）}$$

式中，$p_1 = p_p$，$p_2 = 0$。

$$p_1 = \frac{F}{A_1} \qquad \text{（式 4-2）}$$

所以节流阀两端的压力差 $\Delta p = p_p = \dfrac{F}{A_1}$

通过节流阀的流量为：

$$q_j = KA(\Delta p)^m = KA\left(\frac{F}{A_1}\right)^m \qquad \text{（式 4-3）}$$

输入液压缸的流量为：

$$q_1 = q_p - q_j = q_p - KA\left(\frac{F}{A_1}\right)^m \qquad \text{（式 4-4）}$$

活塞的运动速度为：

$$v = \frac{q_1}{A_1} = \frac{q_p - KA\left(\dfrac{F}{A_1}\right)^m}{A_1} \qquad \text{（式 4-5）}$$

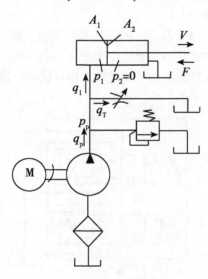

图 4-9 节流调速

按节流阀的不同通流面积画出节流调速的速度负载特性曲线，如图 4-10 所分析曲线可知，节流调速回路有如下特点。

（1）开大节流阀开口，活塞运动速度减小；关小节流阀开口，活塞运动速度增大。

（2）节流阀调定后（大小不变），负载增加时活塞运动速度减小，从它的速度负载特性曲线可以看出，其刚性比进、回油调速回路更软。

（3）液压泵输出油液的压力随负载的变化而变化，同时回路中只有节流功率损失，而无溢流损失，因此这种回路的效率高、发热量小。

（4）根据上面分析得，节流调速回路宜用在变化小、对运动平稳性要求低的场合。图 4-11 所示为变量泵和液压马达组成的容积调速回路，这种调速回路是用改变变量泵输出流量来调速的。工作时，溢流阀关闭，作安全阀用。图 4-12 所示为变量泵和液压马达的闭式

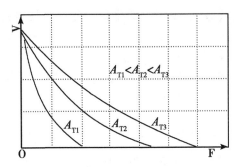

图 4-10 节流调速的速度负载曲线

容积调速回路及其工作特性曲线。

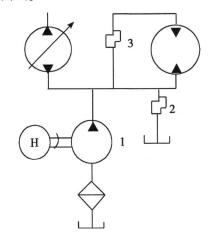

图 4-11 容积调速

1. 单向定量液压泵；2. 溢流阀；3. 全阀

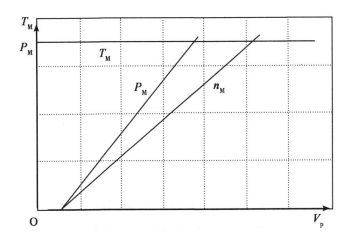

图 4-12 容积调速的工作特性

液压马达的转速为：

$$n_M = \frac{q_p}{V_M} = \frac{n_p v_p}{V_M}$$

（式 4-6）

式中，q_p：变量泵的流量；v_p：变量泵的排量；V_M：液压马达的排量；n_p：变量泵的转速；n_M：液压马达的转速。

分析曲线可知，容积调速回路有如下特点。

（1）调节变量泵的排量便可控制液压马达的速度，由于变量泵能将流量调得很小，故可以获得较低的工作速度，因此调速范围大。

（2）若不计系统损失，从液压马达的扭矩公式 $T = \dfrac{p_p V_m}{2\pi}$ 来看，其中 p_p 为变量泵的压力，由溢流阀限定；液压马达的排量 V_m 固定不变。因此在采用变量泵的调速系统中，液压马达的输出扭矩不变，故这种调速称为恒扭矩调速。

（3）若不计系统损失，液压马达的输出功率 P_M 等于液压泵的功率 p_p，即 $P_p = p_p V_m n_M$，式中泵的压力 P_p，马达的排量 V_m 为常量，因此回路的输出功率 p_p 随液压马达转速 n_M 的改变呈线性变化。

采用变量泵和液压马达组成的容积调速回路，能使泵的输出油量全部进入执行机构，这种回路没有溢流损失和节流损失，因此效率高，适用于大功率的液压系统。

（四）锁紧回路

为了使得工作部件能在任意位置上停留，以及在停止工作时防止在受力的情况下发生移动，可以采用锁紧回路。图4-13所示是采用液控单向阀的双向锁紧回路。在液压缸的进、回油路中都串接液控单向阀（又称液压锁），活塞可以在行程的任何位置锁紧。其锁紧精度只受液压缸内少量内泄露的影响，因此锁紧精度较高。

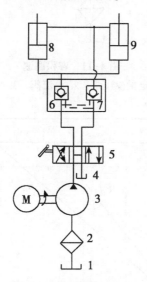

图4-13　液压循环系统

1、4. 油箱；2. 过滤器；3. 单向定量液压泵；
5. 换向阀；6、7. 液控单向阀；8、9. 液压油缸

其工作原理：当换向阀5处于左位时，液压泵3泵出的油流过换向阀5左位，流过液控单向阀7，同时液控单向阀6被来自流经液控单向阀7的压力油打开，进入液压油缸8、9的上腔，液压油缸的滑动杆下移，液压油缸8、9的下腔的油经液控单向阀6流回到油箱4；当换向阀5处于右位时，液压泵3泵出的油流过换向阀5右位，流过液控单向阀6，同时液

控单向阀 7 被来自流经液控单向阀 6 的压力油打开，进入液压油缸 8、9 的下腔，液压油缸的滑动杆下移，液压油缸 8、9 的上腔的油经液控单向阀 7 流回到油箱 4；当换向阀 5 处于中位时，液压泵 3 泵出的油流过换向阀 5 中位直接流回油箱 4，液控单向阀 6、7 没有得到压力油，都处于关闭状态，液压油缸 8、9 停留在某位置处，被锁紧。

采用液控单向阀的锁紧回路，换向阀的中位机能应使液控单向阀的控制油液卸压（换向阀采用 H 型或 Y 型），此时，液控单向阀便立即关闭，活塞停止运动。假如采用 O 型机能，在换向阀中位时，由于液控单向阀的控制腔的内泄露使控制腔泄压后，液控单向阀才能关闭，影响其锁紧程度。

四、液压系统总体方案

图 4-14 为高地隙自走式多功能茶园管理机液压系统图。该系统包括的液压元件有双连柱塞泵、齿轮泵、行走马达、多路换向阀、水泵马达、中耕马达、提升油缸等元件。

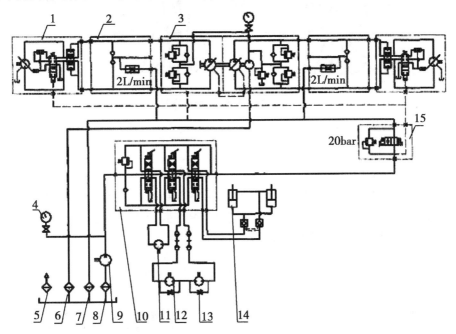

图 4-14　底盘液压系统原理图

1. 行走马达；2. 冲洗阀；3. 双连柱塞泵；4. 压力表；5. 空气滤清器；
6、8. 吸油过滤器；7. M 油过滤器；9. 齿轮泵；10. 多路换向阀；11. 水泵马达；
12. 中耕马达；13. 节流阀；14. 提升油缸；15. 变速器

发动机通过齿轮传动，提供动力给双连柱塞泵和齿轮泵，系统分为两路，一路双连柱塞泵给两行走马达供压力油，双连柱塞泵是变量泵，操纵双连柱塞泵（图 4-14）上的两操纵杆改变柱塞泵对行走马达的供油方向，使得行走马达能够正、反转、停止。当履带两边的行走马达同时正转，底盘即前进；当履带两边的行走马达同时反转，底盘即后退；当履带两边的行走马达分别正、反转，底盘即转向；当泵不给行走马达供油，履带两边的行走马达停止，底盘即停止。液压油循环采用闭式回路，为了防止由闭式回路导致液压油温度升高、清洁度降低，在马达与泵之间加了冲洗阀，以 2L/min 速度进行冲洗冷却。双连柱塞泵尾部还有个小泵，从图 4-14、图 4-15 都可看出，但习惯上还是被称为"双连柱塞泵"，小泵的作用是为两行走马达补油。

另一路齿轮泵给中耕马达、提升油缸和水泵马达供压力油，液压油循环采用开式回路，操纵多路阀里所对应的换向阀，可以提升工作装置并让各机具工作。深松作业时，提升油缸承受较大载荷，为了保证深松机具工作时不移位，必须使油缸不能回缩，为此油缸采用了双向液压锁，锁死油缸活塞杆，提高了深松作业的稳定性。水泵马达可以当作施肥马达用，为施肥装置提供动力。

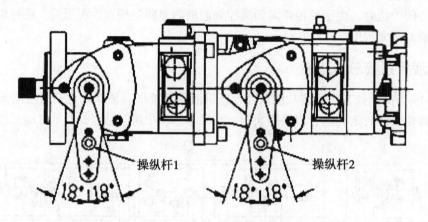

图4-15 双联柱塞泵外形

五、液压系统计算与选型

（一）液压系统传动示意图

液压系统由发动机带动双连柱塞泵和齿轮泵，各泵把机械能转化为液压能，通过液压油传递给所连接的液压马达或油缸，液压马达或油缸又把获得的液压能转化为机械能，传递给相应的执行部件，其系统传动示意图4-16。

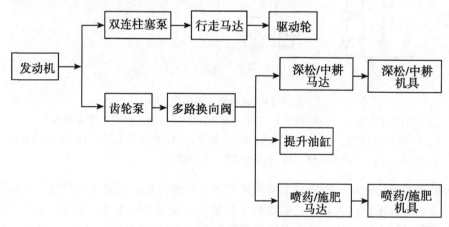

图4-16 液压系统传动示意图

（二）行走马达选择方案

液压马达是一种将液压能转换为动能的转换装置，是实现连续旋转的执行元件。按结构分有齿轮式、摆线式和柱塞式。设计所选用的是柱塞式液压马达，驱动主动轮转动。

本设计中，行走马达的选择受茶园农艺限制，茶园种植株行距不大于400mm，要保证履带行走在茶树之间，履带中心线到马达边缘尺寸不大于150mm，这样可以避免轮子伤到茶树。小尺寸的马达，使用范围有限，技术难度大，国内厂家不愿开发此类产品，只能高价格从国外进口。通过分析国内市场上行走马达液压原理图，综合有以下两种方案。

1. 方案一

图4-17为带制动器的马达，A口进油，压力大，阀芯向上移动，然后推动制动器松开，马达正转；B口进油，压力大，阀芯向下移动，然后推动制动器松开，马达反转；A、B无进油，都无压力，阀芯处于中位，制动器制动。

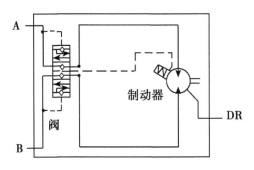

图4-17　带制动器的马达原理图

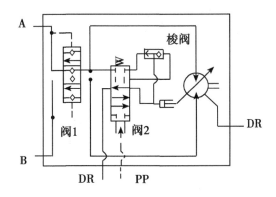

图4-18　不带制动器的马达原理图

2. 方案二

图4-18为不带制动器的马达，此马达可进行高、低速转换，共有5个接口，A、B进出油口；2个DR泄油口；PP先导口，控制阀2的阀芯上下移动。

当阀2在如图位置，马达处于低速，为了便于理解，图4-18可简化为图4-19。A口进油，阀1的阀芯上移，马达正转；B口进油，阀1的阀芯下移，马达反转；A、B口都无油，阀芯处于中位，马达在2个单向阀截流作用下制动。

当PP口通入压力油时，阀2的阀芯下移，马达处于高速，为了便于理解，图4-18可简化为图4-20。A口进油，阀1的阀芯上移，从阀2过来的高压油通过梭阀，推动油缸，使马达高速正转；B口进油，阀1的阀芯下移，从阀2过来的高压油通过梭阀，推动油缸，使马达高速反转。

方案一，带制动器的马达，制动效果好，但此类马达的尺寸较大，不能满足尺寸要求。方案二，不带制动器的马达，通过平衡阀（阀1），使进入马达内的液压油堵在马达两边实

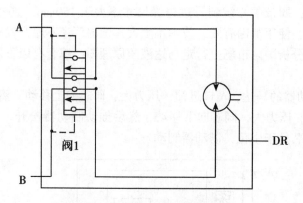

图 4-19 低速状态时的原理图

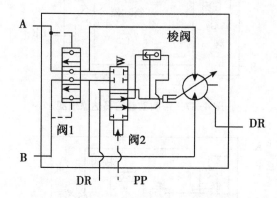

图 4-20 高速状态时的原理图

现制动。本机重量仅 1.5t，通过平衡阀制动可以达到制动效果，此类马达能够满足尺寸的要求，又能实现高、低速转换。综上所述，对行走马达的选择采用方案二。

（三）行走马达计算

1. 牵引系数由下列计算公式得出

$$\xi_p = \mu_r + \xi_g + \xi_d + \xi_a + \xi_t = 0.08 + 0.25 + 0.3 + 0.2 + 0.3 = 1.13$$

（式 4-7）

式中，μ_r：滚动摩擦系数，$\mu_r = 0.08$；ξ_g：爬坡度，$\xi_g = 0.25$；ξ_d：滑移转向，$\xi_d = 0.3$；ξ_a：加速系数，$\xi_a = 0.2$；ξ_t：锄耕附具，$\xi_t = 0.3$。

2. 牵引力由下列计算公式得出

$$F_P = W \times g \times \xi_P = 1\ 500 \times 9.8 \times 1.13 = 16\ 611\text{N} \quad \text{（式 4-8）}$$

式中，W：整车质量，$W = 1\ 500\text{kg}$；ξ_p：牵引系数，$\xi_p = 1.13$；g：重力加速度，m/s^2。

3. 驱动扭矩由下列计算公式得出

$$T_P = F_P \times r = 16\ 611 \times 0.15 = 2\ 491.65\text{N} \cdot \text{m} \quad \text{（式 4-9）}$$

式中，F_p：牵引力，$F_p = 16\ 611\text{N}$；r：履带驱动轮半径，$r = 0.15\text{m}$。

4. 行走马达排量由下列计算公式得出

$$V_{gm} = 2 \times \pi \times T_g / \Delta P / \eta_{mm} = 2 \times 3.14 \times 1\ 245.825/16/0.9 = 543.59\text{ml/r}$$

（式 4-10）

式中，T_g：单个马达驱动扭矩，$T_g = 1\ 245.825\text{N} \cdot \text{m}$；$\Delta P$：马达压差，$\Delta P = 16\text{MPa}$；

η_{mm}：马达机械效率，$\eta_{mm}=0.9$。

（四）双连柱塞泵计算

柱塞泵是将动能转化为液压能，为系统提供一定流量和压力的油液，是液压系统中的动力元件。

泵排量由下列计算公式得出

$$V_{gp} = V_{gm} \times n_m/n_{emax}/\eta_{mv}/\eta_{pv} = 543.59 \times 142/3\,000/0.9/0.93 = 30.3 \text{ml/r}$$

（式4-11）

式中，V_{gm}：马达排量，$V_{gm}=543.59$ml/r；n_m：马达转速，$n_m=142$r/min；n_{emax}：发动机最大输出转速，$n_{emax}=3\,000$r/min；η_{mv}：马达容积效率，$\eta_{mv}=0.9$；η_{pv}：泵容积效率，$\eta_{pv}=0.93$。

（五）齿轮泵计算

齿轮泵排量由下列计算公式得出

$$V_{gg} = Q/n_n/\eta_{gv} = 38 \times 1\,000/2\,200/0.86 = 20 \text{ml/r}$$ （式4-12）

式中，Q：泵输出流量，$Q=38$L/min；n_n：发动机正常转速，$n_n=2\,200$r/min；η_{gv}：齿轮泵的容积效率，$\eta_{gv}=0.86$。

（六）油管内径计算

本系统管路较为复杂，取其主要几条（其余略），按式 $d = \sqrt{\dfrac{4q}{\pi v}}$ 计算，有关参数及计算结果列于表4-1。

表4-1 主要管路内径

管路名称	通过流量（L/s）	允许流速（m/s）	管路内径（m）	实际取值（m）
双连泵吸油管	2.62	0.85	0.043	0.045
齿轮泵吸油管	1.28	1	0.040	0.045
双连泵排油管	1.26	4.5	0.019	0.020
齿轮泵排油管	1.28	4.5	0.020	0.020

（七）液压元件的参数与型号

其他元件的计算不详细写出，仅把所选元件主要参数与型号列出，见表4-2。

表4-2 液压元件主要参数与型号

名称	主要参数	型号	制造商	数量
双连柱塞泵	排量30.3ml/r，额定转速3 000 r/min，额定压力21MPa	TPVT-30-30-CR-SS3-F1	Hansa	1

（续表）

名称	主要参数	型号	制造商	数量
齿轮泵	排量 20ml/r，额定转速 2 200 r/min，额定压力 10.4MPa	CBQ-G520-AFPR	合肥皖源	1
行走马达	额定转速 1 800r/min，压力差 16MPa	PHV-120-37-1-8502A	Nachi	2
中耕马达	额定压力 10.4MPa	255090A6312BAAAA	White	1
喷药马达	额定转速 2 000r/min，额定压力 8.6MPa	255040A6312BAAAA	White	1
多路换向阀	额定压力 16MPa	HC-M45/1	Hydracontrol	1
冲洗阀	流量 61r/min，工作压力 1MPa	DPH-0428C-09	HydraForce	2
节流阀	流量 101r/min，额定压力 16MPa	DPH-0428B-09	HydraForce	2

小结

根据现阶段茶园管理要求，设计出一套适用于茶园管理机通用底盘的全液压系统，根据设计出的液压系统选择配套的液压产品。选择平衡阀制动的行走马达符合尺寸与功能要求。

第四节 底盘结构设计

一、设计要求

茶树成林后，茶树基本封行，一般管理机很难进入田间作业，即使进入也会给茶树带来损伤，为了不给茶树造成损伤，所设计的底盘外型尺寸必将受到限制，即底盘的平台要高于茶树高度，履带轮距等于茶树行间距，横跨在茶树间行走。通过对茶园实际调查，各地方行间距相差较大，一般为 1 400~1 800mm，株距约 400mm，茶树高约 800mm。综合以上，给出底盘模型的一些设计参数。履带轮间距：1 400~1 800mm（轮距可调）；底盘平台距地面距离：900mm；发动机功率：34kW；履带宽：230mm；转弯半径：小于 1.5m。

二、总体结构设计

该底盘结构主要由履带式行走装置、机架、轮距调节机构、变速箱、操纵装置等组成，如图 4-21 所示。工作时，底盘横跨在茶蓬上，履带行走在茶树行间，操作操纵装置可实现整个底盘的前进、后退、左转弯、右转弯和停止。遇到行间距不同的茶园，可对轮距调节机构进行调节，使两边的履带行走在茶树行间里。深松或中耕时挂接相应的机具，操纵换向阀，使机具转动起来，再操纵提升油缸对应的换向阀，可调整深松或中耕机具的作业深度；施肥时挂接施肥机具，操纵施肥对应的换向阀实现对茶树施肥；喷药时可直接更换下施肥机具，换上喷药机具就可以施药。

三、履带式行走装置设计

行走装置按结构可分为履带式和轮胎式两大类，轮式运用较广，但是它的牵引附着性能

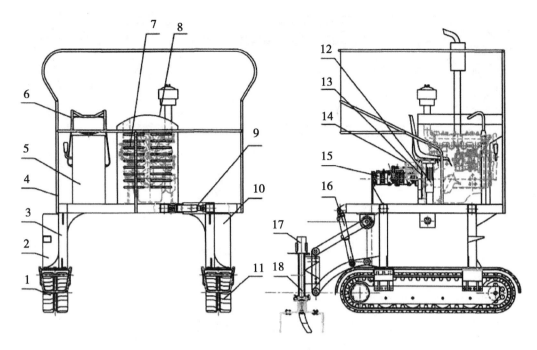

图4-21 高地隙自走式多功能茶园管理机结构简图

1. 左行走装置；2. 液压油箱；3. 机架；4. 遮阳蓬；5. 仪表盘；6. 操纵装置；7. 发动机；
8. 发动机罩；9. 轮距调节机构；10. 柴油箱；11. 履带行走装置；12. 多路换向阀；13. 变速箱；
14. 齿轮泵；15. 双连柱塞泵；16. 提升油缸；17. 中耕马达；18. 中耕机具

较差，在坡地、黏重、潮湿地及沙土地的使用受到一定的限制；履带式牵引附着性能好，单位机宽牵引力大、接地比压低、越野能力强、稳定性好，在坡地、黏重、潮湿地及沙土地的使用具有更好的性能。相较而言，采用履带式行走装置会更加适合茶园。

（一）结构和工作原理

履带式行走装置由"四轮一带"（即驱动轮、支重轮、托轮、导向轮以及履带）组成。"四轮一带"在我国已经标准化，尤其是在大型、重型机械方面，如图4-22所示。

行走时驱动轮在履带紧边产生一个拉力，力图把履带从支重轮下拉出。处于支重轮下的履带与地面有足够的附着力，阻止履带的拉出，迫使驱动轮卷绕履带向前滚动，导向轮把履带铺设到地面，从而使机体借支重轮沿履带轨道向前运行。

（二）行走装置参数计算及布置

（1）履带接地长度L，轨距（左右履带中心距离）B和履带板宽度b应合理匹配，使接地比压、附着性能和转弯性能符合要求。根据本机的设计参数，确定履带的主要参数为整机的重量。本机初定重量为1 500kg。

令L_0表示轮距（行走装置内的驱动轮与导向轮中心距离），单位为m，G表示整机的重量，单位为t，则有经验公式：

$$L_0 \approx 1.073\sqrt[3]{G} = 1.073\sqrt[3]{1\,500} \approx 1.22，取 L_0 = 1\,200\text{mm} \quad （式4-13）$$

$$L \approx L_0 + 2 \times 180 = 1\,560\text{mm} \quad （式4-14）$$

$$\frac{L_0}{B_0} \approx 0.70 \sim 1.4 \Rightarrow B = \frac{L_0}{0.75} = 1\,600\text{mm} \quad （式4-15）$$

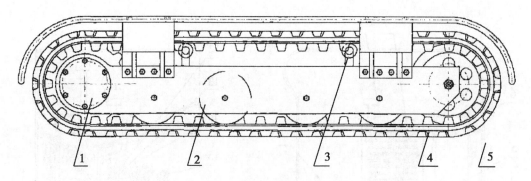

图 4-22　行走装置结构图

1. 驱动轮；2. 支重轮；3. 托轮；4. 导向轮；5. 履带

$$\frac{b}{L_0} \approx 0.18 \sim 0.22 \Rightarrow b = L_0 \times 0.20 = 240\text{mm}，取 b = 230\text{mm} \quad （式 4\text{-}16）$$

（2）履带节距 t_0 和驱动轮齿数 z。

根据节距和整机重量的关系：

$$t_0 = （12 \sim 14.5）\sqrt[4]{G} = （12 \sim 14.5）\sqrt[4]{1\ 500} \approx 72\text{mm} \quad （式 4\text{-}17）$$

驱动轮齿数为奇数，$z = 21 \sim 25$，考虑到履带运行的平稳性，取 $z = 21$。

（3）根据规划后的 z 和确定"四轮"直径。驱动轮节圆直径：

$$D_k = t_0 / \sin（180°/z'） = t_0 / \sin（180°/21/2） = 244\text{mm} \quad （式 4\text{-}18）$$

式中，z'：卷绕在驱动轮履带上的节数，$z' = z/2$；D_k：节圆直径，mm；

导向轮直径 $D_t \approx （0.8 \sim 0.9）\times D_k$，取 207.4mm；支重轮直径 $d_z \approx （0.5 \sim 1）\times D_t$，取 124.44mm。

（4）履带全长。按下式计算：

$$L' \approx 2L_0 + 2 \times z/2 \times t_0 + 2\Delta = 3\ 952\text{mm} \quad （式 4\text{-}19）$$

式中，Δ 为履带余量 mm，常取 20mm 左右。

（5）履带缓冲弹簧张紧力和工作行程的确定。履带行走装置的导向轮通过缓冲弹簧和张紧装置固定在履带架上，它可以沿履带滑动以改变轮距，保证履带的拆装，减少运行过程中的冲击，避免轨链脱轨。缓冲弹簧应该有足够的张紧力，该力保证缓冲弹簧不会因外来的微小冲击而产生变形，引起履带振跳或者脱轨，但是过大会恶化履带架受力，加剧零部件的磨损，降低行走装置效率。

（6）行走装置布置。根据已经选定的轮距和四轮直径确定四轮位置，支重轮数量一般根据机器的大小确定，但不少于 3 个，否则机器在行走时振动剧烈。其间隙应该保持在 70mm 左右。靠近导向轮的一个支重轮，应保证导向轮在缓冲行程内不受到干涉。

四、机架设计

机架的作用主要是支撑容纳机器中的零部件。机架只有达到一定的刚度和强度，才能保证具有安全性。

（一）截面形状的选择

截面形状的合理选择是机架设计中的一个重要问题。零件的抗弯、抗扭强度和刚度除与其截面面积有关外，还取决于截面形状。合理改变截面形状，增大其惯性矩和截面系数，可提高机架的强度和刚度，从而更好的发挥材料的作用。几种截面面积相等而形状不同的机架零件在弯曲强度、刚度和扭转强度、刚度等方面的相对比较值见表4-3。从表中可以看出，空心矩形截面的弯曲强度不及工字形截面，扭转强度不及圆形截面，但其扭转刚度却大很多，且空心矩形截面的机架较易安装其他机件。综合考虑选择空心矩形截面作为机架截面形状比较有利，本机架设计所采用的材料为方钢。

表4-3 几种截面形状性能的对比

截面		弯曲			扭转		
形状	面积（cm²）	许用弯矩（N·m）	相对强度	相对刚度	许用扭矩（N·m）	相对强度	相对刚度
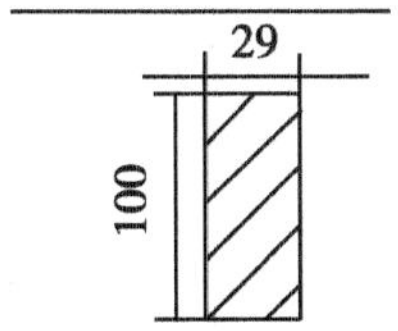	29.0	4.83 $[\sigma_b]$	1.0	1.0	0.27 $[\tau_r]$	1.0	1.0
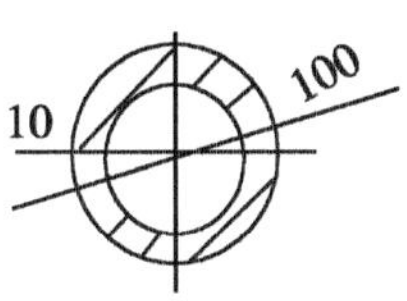	28.3	5.82 $[\sigma_b]$	1.2	1.15	11.6 $[\tau_r]$	4.3	8.8
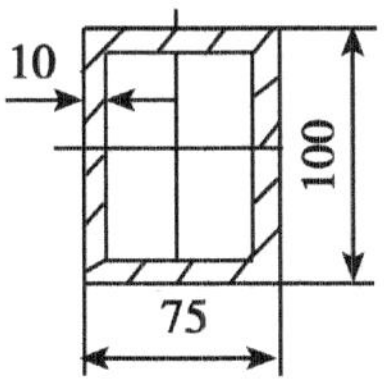	29.5	6.63 $[\sigma_b]$	1.4	1.6	10.4 $[\tau_r]$	38.5	31.4
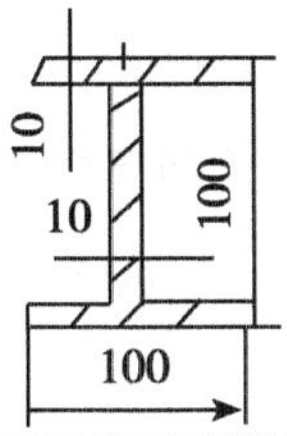	29.5	9.0 $[\sigma_b]$	1.8	2.0	1.2 $[\tau_r]$	4.5	1.9

注：$[\sigma_b]$ 为许用弯曲应力；$[\tau_r]$ 为许用扭转剪切应力

（二）机架结构图

机架上面主要承受发动机、齿轮泵、柱塞泵和人的重量，机架由滑动支架和定支架组成，其结构如图4-23。

五、传动系统设计

如图4-24，法兰与发动机飞轮刚性连接，动力传递给飞轮，飞轮通过传动轴把动力传递给主动齿轮，主动齿轮把动力分别传递给从动齿轮1和从动齿轮2，从动齿轮1、2把获得的动力传递给双连柱塞泵和齿轮泵。

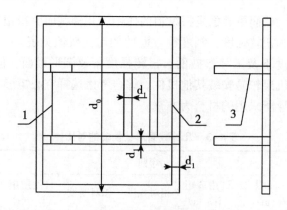

图4-23 机架结构图

1. 滑动支架；2. 定支架；3. 支撑杆

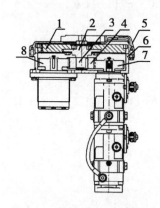

图4-24 传动系统图

1. 飞轮；2. 法兰；3. 传动轴；4. 主动齿轮；5. 发动机箱体；

6. 箱体盖；7. 从动齿轮；8. 从动齿轮

（一）计算总传动比

发动机额定转速 $n_0 = 2\,400\text{r/min}$，功率 $P = 34\text{kW}$，双连柱塞泵 $n_1 = 3\,000\text{r/min}$，齿轮泵额定转速 $n_2 = 2\,200\text{r/min}$。根据发动机与各部分额定转速，即可确定传动系统的总传动比。

$$i_1 = \frac{n_0}{n_1} = \frac{2\,400}{3\,000} = 0.8$$

$$i_2 = \frac{n_0}{n_1} = \frac{2\,400}{2\,200} = 1.09$$

总传动比值分别为0.8、1.09，数值不大，都用一级传动。

（二）按齿面接触疲劳强度计算主动齿轮的分度圆直径

$$d_0' \geqslant \sqrt{\frac{2KT_1}{\psi_d} \frac{i_1 + 1}{i_1} \left(\frac{Z_E Z_H Z_\varepsilon}{[\sigma_H]} \right)^2} \qquad \text{（式4-20）}$$

确定式中各参数

1. 初选载荷系数

载荷系数 $K = K_A K_V K_\alpha K_\beta$，假定系数 $K_t = 1.3$。

2. 主动轮传递的转距

$$T_0 = \frac{9.55 \times 10^3 \times 34}{2\,400} N \cdot m = 135 N \cdot m = 13.5 \times 10^4 N \cdot mm \qquad (式 4-21)$$

3. 选取齿宽系数 ψ_d

齿轮的宽度不能太宽，太宽会增加齿向载荷分布的不均匀性，也不能太小，在满足齿面接触疲劳强度的条件下，如果齿宽太小，则分度圆直径就会加大，增加传动的径向尺寸，因此要选择合理的齿宽系数。从本设计看，主动齿轮是对称布置，又属于硬齿面，齿宽系数应该在 0.4~0.9，取中值，$\psi_d = 0.65$。

4. 弹性系数 Z_E

弹性系数是和啮合齿轮材料有关的系数，这里选的都是钢材，所以 $Z_E = 189.9 N/mm^2$。

5. 节点区域系数 Z_H

按 $\beta = 0^\circ$，变位系数为 0，得 $Z_H = 2.5$。

6. 重合度系数 $Z_\varepsilon = 0.87$

7. 计算许用接触应力 $[\sigma_{H_1}]$

取失效率为 1%，最小安全系数 $S_{H_{min}} = 1$，齿轮淬火硬度为 600 HB，故 $\sigma_{H_{lim}} = 1\,617 Mpa$。则

$$[\sigma_{H_1}] = \frac{\sigma_{H_{lim}} Z_{N_1}}{S_{H_{min}}} = \frac{1\,617 \times 0.9}{1} Mpa = 1\,455.3 Mpa \qquad (式 4-22)$$

所以主动齿轮分度圆直径

$$d'_0 \geqslant \sqrt{\frac{2K\,T_1}{\psi_d} \frac{i_1+1}{i_1} \left(\frac{Z_E Z_H Z_\varepsilon}{[\sigma_{H_1}]}\right)^2} =$$

$$\sqrt{\frac{2 \times 1.3 \times 13.5 \times 10^4}{0.65} \frac{0.8+1}{0.8} \left(\frac{189.9 \times 2.5 \times 0.87}{1\,455.3}\right)^2} = 209.14 mm \qquad (式 4-23)$$

圆整 取 $d_0 = 210 mm$

（三）齿轮几何尺寸计算

1. 按下式确定齿轮的模数 m 按标准取

$$a = \frac{d_0'(1 + i_1)}{2} = 189 \qquad (式 4-24)$$

$$m = (0.016 \sim 0.035)a = 3 \sim 6.6 \qquad (式 4-25)$$

按标准取 $m = 6$。

2. 确定各齿轮齿数

主动齿轮齿数：

$$z_0 = \frac{d_0'}{m} = 35 \qquad (式 4-26)$$

从动齿轮 1 齿数：

$$z_1 = i_1 \cdot z_0 = 28，取 z_1 = 27 \qquad (式 4-27)$$

从动齿轮 2 齿数：

$$z_2 = i_2 \cdot z_0 = 38.2，取 z_1 = 39 \qquad (式 4-28)$$

3. 其余参数计算

$$d = mz$$

$$d_a = d + 2m = m(z + 2) = \frac{p}{p(z + 2)}$$

$$d_f = d + 2h_f = m(z - 2.5)$$

$$h_a = m$$

$$h_f = 1.25m$$

$$h = h_a + h_f = 2.25m$$

$$p = \pi m$$

式中，d：分度圆直径；m：齿轮模数；z：齿轮齿数；d_a：齿顶圆直径；d_f：齿根圆直径；h_a：齿顶高；h_f：齿根高；h：齿全高；p：齿距。

代入数值，得主、从动齿轮的参数如表4-4所示。

表4-4　变速箱齿轮设计参数

参数	d	z	d_a	d_f	m	K	h_f	h	p
主动齿轮	210	35	222	195					
从动齿轮1	162	27	174	147	6	1.3	7.5	13.5	18.84
从动齿轮2	234	39	246	219					

（四）轴的设计

1. 选择轴的材料

由于轴作高速旋转，故轴的材料选用40Cr，调质处理。

2. 按扭转强度计算轴外伸端的直径由表查取 $C = 102$，代入式

$$d \geqslant C_3 \sqrt[3]{\frac{P}{n}} = 102 \sqrt[3]{\frac{34}{2\,400}} = 24.7\text{mm} \tag{式4-29}$$

取 $d = 25\text{mm}$。

3. 轴的结构设计

轴的轴向承受的力很小，主要承受的是转矩和弯矩。轴的工程图4-25，左端装主动齿轮，中间部分和法兰连接，右端和轴承连接。法兰与飞轮钢性连接，把从飞轮得到的动力传递给主动齿轮。

六、轮距可调机构

高地隙自走式多功能茶园管理机横跨茶树间，两边行走装置行走在茶树行间。由于国内茶树种植规范性差，茶树行间距不同，这就要求底盘两边的轮距具有可调节性，才能适应国内不同茶区的茶园。

经实地调查，同一茶区内茶树行间距基本是相同的，这样高地隙自走式多功能茶园管理机在一个茶区工作时轮距不需调节。只有跨区作业，因行间距不同而需要调节，这样轮距调节的频率不高，因此选择双向液压油缸作为轮距可调机构（图4-26），油缸两边各开一个注油孔，用手动黄油枪把黄油注进去，压力黄油推动油缸内的滑动杆移动，当滑动杆移动到合

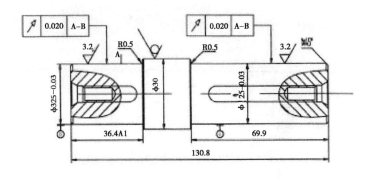

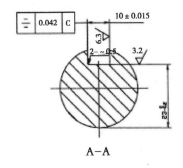

技术要求
1.调质处理HRC 26～32
2.未注倒角1×45°

图4-25 传动轴

适位置时，用销子销住，把滑动支架和定支架固定起来。轮距可调机构在机架的位置如图4-27所示。

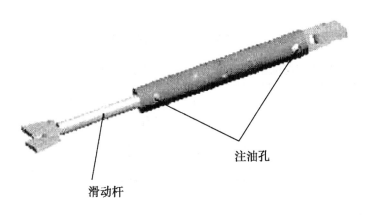

注油孔

滑动杆

图4-26 轮距可调机构

七、操纵装置仿真设计

（一）设计要求

（1）发动机、双连柱塞泵和座椅在高地隙自走式多功能茶园管理机平台上的位置如图4-28所示，人坐在座椅处，通过操作操纵装置来控制两操纵杆（图4-28）位置，两操纵杆位置不同，柱塞泵对行走马达的供油方式不同，两行走马达的旋转方向就不同，底盘的行走

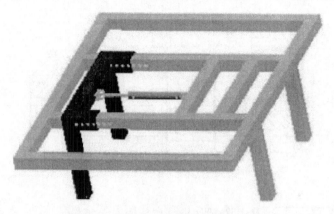

图 4-27 轮距可调机构在机架安装位置

状态也就不同，其关系如表 4-5。

（2）两操纵杆旋转的速度要基本相同，才能保证对两行走马达的供油量相同，确保底盘前进走直线。

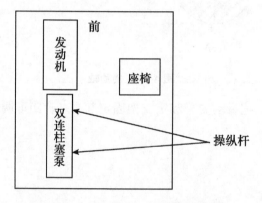

图 4-28 双联柱塞泵与桌椅在底盘位置

表 4-5 操纵杆位置与高地隙自走式多功能茶园管理机行走状态关系

状态	杆 1	杆 2	状态	杆 1	杆 2
前进	右	右	右转	右	左
后退	左	左	左转	左	右
停止	中间	中间			

（二）仿真意义及方法

采用杆件传递，杆件传递易受空间布局限制而产生干涉。采用现代设计方法，在完成零部件的三维设计及虚拟装配后，对其进行运动仿真，检查其机械运动是否达到设计要求及运动中各种运动构件是否发生干涉，从而解决设计中可能存在的问题，减少试制的费用，缩短机械产品的更新周期，使其更早的投入生产。

采用 Pro/E 软件里的 Mechanism 模块对高地隙自走式多功能茶园管理机操纵装置进行仿真试验，利用该模块可对机构进行定义，模拟机构中的零件运动并对其运动进行分析研究。通过建立零件间的连接及装配自由度，对输入轴添加相应的电机驱动来产生符合设计要求的运动。在分析机构运动时可以观察和记录分析过程的一些测量量，如位置、力、测量图标等。图 4-29 为机构运动仿真流程。

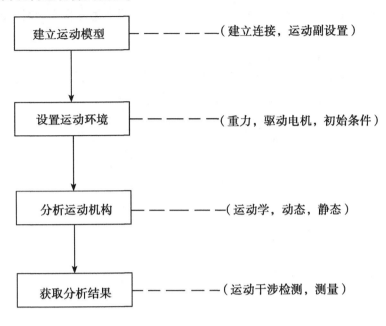

图 4-29　运动仿真流程

（三）建立运动模型

在 Pro/E 的零件模块里，建立各部件的三维实体模型，把建好的实体模型依一定装配顺序调入到 Pro/E 的装配模块中，通过确定零件之间的位置约束关系进行虚拟装配，同时检查零件之间是否存在干涉以及装配体的运动情况是否合乎设计要求，若出现问题，可以根据需要对生成的零件和特征进行修改定义。建立虚拟的操纵装置如图 4-30 所示。

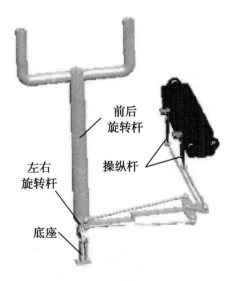

图 4-30　操纵装置

（四）定义伺服电动机

伺服电动机是以单一自由度在两个主体之间强加的特殊运动。向模型中添加伺服电动机，是为运动运行作准备。伺服电动机通过将位置、速度或加速度指定为时间的函数来形成运动轮廓。

定义伺服电动机的具体操作如下。

定义前进电机 ServoMotor1，选择前后旋转杆和底座相交的轴作为运动轴，设置轴转动速度 5deg/sec，其位置、速度、加速度与时间的函数图像如图 4-31。

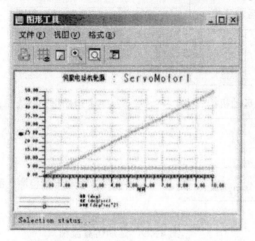

图 4-31　底座连接轴位置、速度、加速度与时间函数图

定义后退电机 ServoMotor2，同样选择前后旋转杆和前后相交的轴作为运动轴，方向与 ServoMotor1 相反。

分别定义左转向电机 ServoMotor3 和右转向电机 ServoMotor4，选择左右旋转杆和前后旋转杆相交的轴作为运动轴，初始条件设置同 ServoMotor1。

各电动机设置参数如图 4-32。

图 4-32　各电动机运行时间设置

（五）运动分析预测量

点击图4-32中的"运行"开始运动分析，并建立分析结果集 Analysisdefinition 1。可得旋转杆与对应的两操纵杆不同位置图。

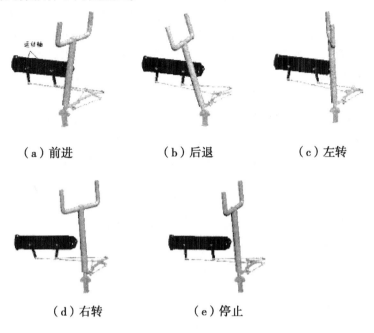

（a）前进　　　　　　（b）后退　　　　　　（c）左转

（d）右转　　　　　　（e）停止

图4-33　旋转杆与对应的两操纵杆不同位置

以图4-33（a）中两运动轴为测量点，则可量出前进时两运动轴的速度。测量结果如图4-34。

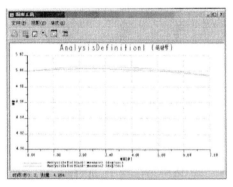

图4-34　前进时两运动轴的速度图

从图4-34可以看出，任一横坐标点对应的两纵坐标值基本是相同的，说明操纵前进旋转杆前进时，两旋转轴的转速基本相同的。

（六）仿真结果

对操纵装置进行仿真试验，操纵旋转杆，能实现两操纵杆在图4-33中的前进、后退、转弯、停止位置；由图4-34可以看出，前进时两旋转轴的转速基本相同，保证了双连柱塞泵对两行走马达供油量相同，行走马达和高地隙自走式多功能茶园管理机驱动轮连接一起，最终保证高地隙自走式多功能茶园管理机直线行走。

八、高地隙自走式多功能茶园管理机的布置及重心的测量

底盘后带作业机具，为了避免工作时底盘的重心后移，将发动机和驾驶员座椅并排放置在行走底盘上，并尽量前置。为了防止底盘倾翻，设计中充分考虑了主要部件的安装位置，保证重心在合理的位置。工作时，主要重量来自于发动机、人、刚架、行走装置和农具对底盘牵引力等，驾驶室和其他不重要的部件其重量轻，形状复杂，因此省略。

（一）重心计算原理

1. 重心与接地压力的关系

在行驶过程中，其重心位置是不断变化的，所以履带接地压力的分布也将受到影响，对于具有两条履带的机械来说，当工作重量与垂直外载荷所构成的合力在水平面上的投影，与履带接地段的几何中心相重合时，认为接地压力是均匀分布的，其值为：

$$p_{cp} = \frac{G}{2bL} \qquad\qquad (式\ 4\text{-}30)$$

式中，G：底盘重量；b：履带宽度；L：履带支承长度。

履带接地段的长度，可以根据下式求出：

$$L' = 3(\frac{L}{2} - e) \leqslant L \qquad\qquad (式\ 4\text{-}31)$$

此时，接地压力为：

$$p_{cp}' = \frac{\dfrac{G}{2}(1 + \dfrac{2c}{B})}{3(\dfrac{L}{2} - e)b}$$

$$p_{cp}' = \frac{\dfrac{G}{2}(1 - \dfrac{2c}{B})}{3(\dfrac{L}{2} - e)b}$$

两条履带的最大最小接地压力为：

$$p_{max}' = \frac{\dfrac{G}{2}(1 + \dfrac{2c}{B})}{3(\dfrac{L}{2} - e)b}$$

$$p_{min}' = 0$$

$$p_{max}' = \frac{\dfrac{G}{2}(1 - \dfrac{2c}{B})}{3(\dfrac{L}{2} - e)b}$$

$$p_{min}' = 0$$

2. 履带接地平面核心域

根据履带接地压力分析可看出，当 e 达到某一极限值以前，履带接地全部面积都不同程度的承受压力；但当 e 超过该极限值以后，则履带只有部分接地面积承受压力。履带接地平面的核心域，是履带接地段中心周围的一个区域。只有机器的中心在这个区域内，整个履带

的接地长度都能承受一定的载荷。但当重心越出这个区域时，履带接地段度只有一部分承受载荷，此时最大接地压力必将大幅度提高。

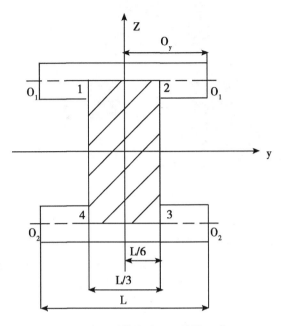

图4-35　履带接地平面的核心域

履带接地平面核心域（图4-35），主要是确定它的四条边界线。横向边界为两条履带的中心线。$o_1 \sim o_1$ 和 $o_2 \sim o_2$ 其纵向边界为横向边界垂直的两条平行线。

纵向边界可由下式求出：

$$a_y = \frac{r_{iz}^2}{e_0} = \frac{L^2}{12e_0} = \pm \frac{L}{2} \qquad （式4-32）$$

式中，r_{iz}：一履带接地几何平面对 Z 轴的惯性半径；e_0：核心域的纵向边界距中心线 Z 轴的距离。

由式4-32可得：

$$e_0 = \pm \frac{L}{6}$$

综上所述，履带接地平面的核心域是由两条履带纵向中心线，以及位于履带横向中心线左右各 $L/6$ 的两条平行线所组成的一个矩形，其边长为 $L/3$ 和 B。只要机械的重心在这个矩形内（1-2-3-4），则整个履带接地段均能不同程度的承受载荷。

设计履带机械时，要力求使机械在行驶状态和工作状态下，重心的投影能始终保持在核心域的边界以内。有些机种在工作状态下难以达到这个要求，但至少要在行驶状态下符合这个规律。

（二）高地隙自走式多功能茶园管理机重心的测量

高地隙自走式多功能茶园管理机横跨在茶树上，重心在垂直位置的高度很难解决。轨距可调范围 1 400~1 800mm，考虑在中间位置 1 600mm 的重心位置是否符合要求。

综合上面分析可得，高地隙自走式多功能茶园管理机在行走时，其重心位置应该在宽为 $L/3$，长度为轨距的矩形范围内。在本机中 L= 1 560mm，轨距为 1 600mm。因此，重心位置域为长为 1 600mm，宽度为 $\frac{1\,560}{3}=520$mm 的矩形区域内，重心只有在这个区域内才能符合要求。

图 4-36　虚拟样机

在 Pro/E 里对主要部件进行造型，由于发动机和人的三维模型太过于复杂，设定了简化的发动机和人体模型并定义其体积和重量。然后装配成虚拟样机如图 4-36 所示，同时建立测量重心的坐标系，坐标系原心距离地面的高度是 600mm，横向位置是在两履带轨距中心处，纵向位置在前后轮中心处。在 Pro/E 里检测整机的重心，对不同布置方案的重心进行对比，以确定最优安放位置。通过软件计算，得出重心相对于坐标系的位置如图 4-37 所示，$X = 1.23$，$Y = -120$，$Z = 1.85$，表明重心位置在矩形区域内，经换算得：

重心距地面高度：$h = 601.23$mm；

重心到最后一个支重轮承力中心的距离：$a = 478$mm；

重心偏离纵向对称面的偏移量：$e = 1.85$mm。

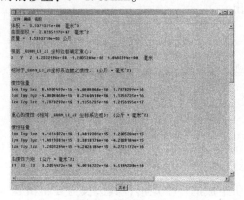

图 4-37　重心位置

根据上面的数据，可以算出上坡极限倾翻角 $\alpha_{\lim}$、下坡极限倾翻角 $\beta_{\lim}$ 和横向极限倾翻角 $\gamma_{\lim}$。

$$\alpha_{\lim} = \operatorname{arctg} \frac{a}{h} \qquad\qquad (式 4\text{-}33)$$

$$\beta_{\lim} = \operatorname{arctg} \frac{l - a}{h} \qquad\qquad (式 4\text{-}34)$$

$$\gamma_{\lim} = \operatorname{arctg} \frac{0.5B - e}{h} \qquad\qquad (式 4\text{-}35)$$

式中，l：最前与最后支重轮中心距离；B：履带轨距。

此处 $l = 716$mm，$B = 1\ 600$mm。

计算结果如表 4-6。

表 4-6　倾翻角度表

项目	α_{lim}	β_{lim}	γ_{lim}
数值	38.5°	21.6°	53°

国内茶园规范性差，即使同一茶区茶园坡度相差也很大，算出不同方向倾翻角，便于操作人员知道哪些田块适宜本高地隙自走式多功能茶园管理机行走，以防发生倾翻，保证行走安全性。

小结

本节对高地隙自走式多功能茶园管理机的行走装置、机架、传动系统、轮距可调机构、操纵装置进行了设计。为适应不同茶区的茶园，轮距设计具有可调性；对操纵装置进行了仿真试验；通过虚拟装配，定义各零、部件的密度，计算出高地隙自走式多功能茶园管理机的重心位置，判断其在矩形区域内；算出不同方向的倾翻角，操作人员通过得到的倾翻角判断适合本底盘行走的茶园，确保安全性。

第五节　机架有限元分析与优化

机架是行走底盘的骨架，为了保证放置在上面的发动机、泵运行的可靠性、耐久性和人的安全性，要求机架具有足够的强度。前面初次对机架进行设计，初次选择机架材料为方钢80×80×5，没有对其强度校核，因此，本节将对机架运用有限元分析方法，通过得到机架整体受力云图来查看最大处的应力大小，验证是否满足材料的屈服极限和抗拉强度，若不满足，对应力较大处进行加强，使其满足安全性要求；若强度富余，可进行优化，减少材料。

一、有限元理论

有限元法是一种很有效的计算方法，它能对工程实际中几何形状不规则、载荷和支承情况复杂的各种结构进行变形分析、应力分析和动态特性分析，这是经典的弹性力学的方法所不及的。有限元法的基本思想是：把一个连续的弹性体划分为有限多个节点处相互连接的、有限大小的单元组合体来研究。也就是用一个离散结构来代替原来的结构，作为真实结构的近似力学模型。所有的分析计算就是在这个离散的结构上进行。有限元法之所以能够解结构任意复杂的问题，并且计算结果可靠、精度高，其中原因之一，在于它有丰富的单元库，能够适应于各种结构的简化。对于结构分析而言，常见的单元类型包括梁单元、板单元、曲壳单元、管单元、弹簧单元、质量单元等。从而使我们能够非常方便的使用有限元模型来分析对象。

有限元分析过程

有限元分析过程如下。

（1）按虚功原理，建立单元节点力与单元节点位移的函数关系，即

$$\{F\}^e = [K]^e \{d\}^e \qquad\qquad (式4-36)$$

式中，$\{F\}^e$：一单元节点力列阵；$[K]^e$：一单元刚度矩阵；$\{d\}^e$：一单元节点位移

列阵。

（2）按静力等效原则把每个单元所施加的载荷向节点位移并求和，从而得到结构的等效点载荷列阵 $\{F_p\}^e$。

（3）根据每一节点的相关单元组集结构的总刚度系数 $[K]$，并建立整个结构的平衡方程：

$$\{F\} = [K]\{d\} \qquad\qquad (式4\text{-}37)$$

该平衡方程是一个线性方程组，其方程的个数等于结构的自由度数，即结构的节点数乘以节点的自由度数。在引入结构的约束信息，消除了结构总刚度矩阵 $[K]$ 奇异性后，便可以由线性方程组解出未知的节点位移 $\{d\}$。

（4）根据已知节点的位移计算各单元的应力。整个过程中，其难点在于线性方程组的求解，这是因为对于一个比较复杂的结构而言，其自由度数往往是成千上万，因此对计算机内存的容量以及计算能力有很高的要求，而一般价格低廉的微机的计算速度以及内存是非常有限的，不能满足要求。虽然工作站，甚至大型计算机可以完成这样的任务，但是价格太高，是一般实验室和个人没有办法满足的。另外，有限元解的正确性，与合理建立有限元模型和正确地处理边界条件以及约束信息都紧密相关。

二、机架的有限元分析

Pro/Mechanica 有限元分析的流程与其他 FEA 软件相同，总体上分三大部分：前处理、主分析计算和后处理。根据后处理信息，可以直接切换到 Pro/E 环境进行几何模型的修改。Pro/Mechanica 有限元分析流程见图4-38。

图4-38　有限元分析程序

（一）建立机架的几何模型

在 Pro/Engineer 下建立的实体模型如图4-39所示。滑动支架可以从如图最大位置处向左滑动 400mm。

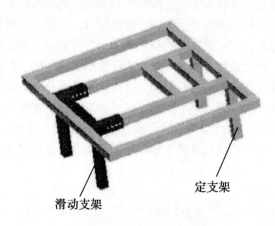

图4-39　机架实体模型图

对机架进行有限元分析时必须进行合理的模型简化，合理的模型简化不仅可以提高有限元分析效率，而且不会影响分析结果的准确性。进行简化时，在不影响零件基本特征和受力工况的情况下对其细小特征进行简化，如较小的倒角和圆角。滑动支架活动范围是 0～400mm，即滑动支架的可调范围。所以把滑动支架简化成固定支撑杆放在最大处，忽略焊接对传力带来的影响，将机架作为一个整体进行有限元分析，简化后的机架实体模型如图 4-40 所示。

图 4-40　简化后的机架实体模型

（二）定义材料属性

表 4-7　材料性能参数

材料属性	值	材料属性	值
屈服极限	345MPa	泊松比	0.27
强度极限	510～660MPa	弹性模量	210GPa
密度	7 827kg/m³		

机架是由方钢焊接而成，其材料性能参数见表 4-7。材料定义如图 4-41。

图 4-41　材料定义

（三）施加约束和载荷

对于有限元静力分析，必须限制模型的刚体位移，因此选择约束条件是必不可少的。由于 4 个支撑杆与行走装置接触处是被焊接固定的，所以将四个接触面的 6 个自由度完全固定；行走底盘工作，除有沿 y 正方向的确定载荷外（表 4-8），还有所带工作装置不确定的载荷，对不确定的载荷，考虑最大情况深松，深松给机架的载荷作用在2根后支撑杆上，假设沿 F_x 为-1 960N、F_Y 为1 960N、M_x 为-500N·m。施加载荷分布如图4-42所示。

表4-8　确定的载荷

名称	重量（N）	名称	重量（N）
发动机	2 499	人	784
齿轮泵	161.7	双连柱塞泵	279.3
深松机具	490		

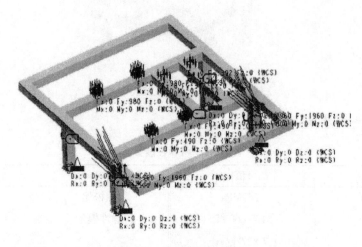

图4-42　机架的约束载荷

（四）网格划分

有限元网格划分是目前数值模拟中的一项关键技术，网格太密，会使求解变得复杂；太疏，又会影响求解精度。Pro/Mechanica 是基于 P 方法工作的，P 方法能比较精确的拟合几何形状，消除表面上微小凹面。这种单元的应力变形方程为多项式方程，最高阶次能够达到九阶，意味着这种单元可以非常精确地拟合大应力梯度。Pro/Mechanica 中四面体单元的计算结果比其他传统有限元程序中四面体的计算结果要好得多。首先单元以较低的阶次进行初步计算，然后在应力梯度比较大的地方和计算精度要求比较高的地方自动地提高单元应力方程的阶次，从而保证计算的精确度和效率。机架的网格划分为18 595个单元体，网格自动划分结果如图4-43所示。

（五）结果分析

从图4-44中可以看出模型的最大应力为105MPa（如图中右侧红色方格对应数值），并且从云图的彩色分布可以看出应力分布。此时的安全系数选取安全系数1.5，结果表明机架整体结构强度很富余，可以通过优化，使得机架在满足强度条件下节约材料。

三、机架的优化

（一）灵敏度分析

在建立模型过程中，要定义很多设计参数，如目标设计参数、物性参数等。当这些设计参数变化时，必然会对模型性能产生影响，如果这些设计参数都用于优化设计，必然导致计

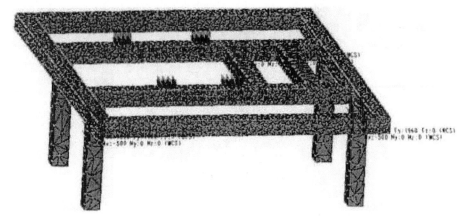

图4-43　机架网格划分结果

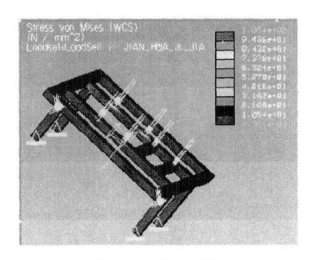

图4-44　机架应力云图

算量庞大。考虑到由于不同设计参数对模型性能影响程度的不一样，可以运行灵敏度分析，优选对设计模型性能影响最大的参数。本机机架是横跨在茶蓬上，需具有一定高度、宽度，所以高度、宽度尺寸变化空间不大。因此，可变尺寸仅有2个，机架前后方向的纵向尺寸 d_0 和钢材的截面尺寸 d_1（图4-23），下面对这两尺寸进行灵敏度分析。设置参数如图4-45，d_0 和 d_1 为变量尺寸，范围如下：800mm < d_0 < 1 300mm，40mm < d_1 < 90mm。

　　分析结果如图4-46和图4-47所示，可以看出随着尺寸的变化，机架应力变化明显，以此尺寸为变量进行优化设计是可以减少材料的。进一步考虑，机架所允许最大值 $[\sigma_s]/n_s$ =230MPa，查看图4-46和图4-47中接近230MPa周围的数据的横坐标值，可以缩小优化时的变量尺寸范围900mm< d_0 < 1 000mm，40mm< d_1 <60mm，以提高运算速度。

　　（二）优化设计

　　优化设计任务是保证机架的应力值不超过一定值前提下，使得机架用材少、形状合理，最大限度地减少应力集中。通过上面的灵敏度分析，已经确定了机架的应力对于 d_0 和 d_1 变化敏感。优化设计设置参数如图4-48所示。

　　目标：总质量（total_ mass）最小；

　　约束：最大应（max_ stress_ vm）不超过 $[\sigma_s]/n_s$ = 230MPa；

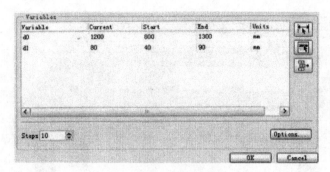

图 4-45 参数设置

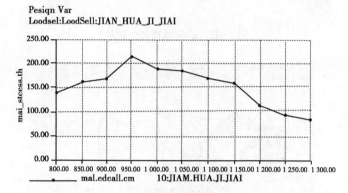

图 4-46 尺寸 d_0

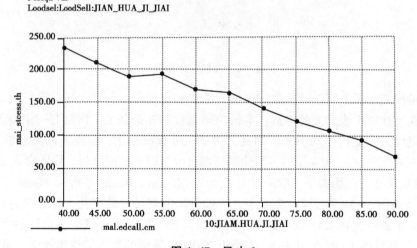

图 4-47 尺寸 d_1

参数 d_0 和 d_1。

优化结果如图 4-49 所示，当 $d_0 = 950$mm，$d_1 = 47$mm，机架承受的最大应力 208MPa，小于 230MPa 在安全范围内。方钢的规格中截面尺寸接近 47mm 是 50mm，所以机架材料选择方钢 50mm × 50mm × 5mm。随着尺寸的减小，所需钢材量减少，经计算机架质量减少 42.3%。

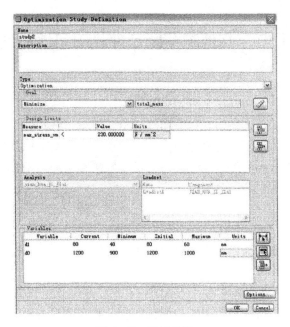

图4-48　设置参数

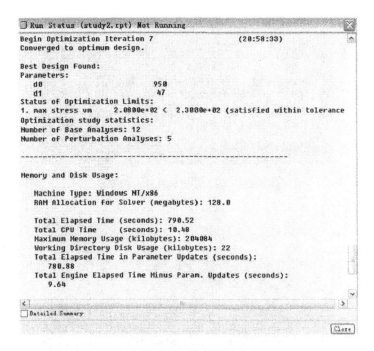

图4-49　优化结果

小结

本节运用有限元分析方法对机架校核，发现初次设计的机架强度有富余，有进一步优化的可能。对其进行了优化设计，优化结果表明，机架材料选择方钢 $50\text{mm}\times50\text{mm}\times5\text{mm}$，纵向尺才 $d_0 = 950\text{mm}$ 时，在应力允许范围内用钢材量最少。

第六节　高地隙茶园管理机田间性能试验

一、试验目的

本文研究的是高地隙自走式多功能茶园管理机，但单一的高地隙自走式多功能茶园管理机底盘试验难以体现整体性能，意义也不大，因此通过挂接配套机具进行田间性能试验来评定底盘是否符合设计要求。另外是编制通用底盘及挂接相应配套机具工作时的性能参数，为用户提供选择依据。

二、试验条件

由于地表状况及土质对深松和中耕有较大影响，因此，在试验时将主要影响因素，土壤硬度和土壤含水量进行了采集。

（一）茶园规格及茶树生长情况

试验前先记下茶园规格及茶树生长情况，用卷尺和直尺对茶树进行测量（图4-50），把测量结果记入表4-9中。

图4-50　测定茶树规格及生长情况

图4-51　测定土壤坚实度

表 4-9 茶园规格及茶树生长情况

地点：溧阳市千峰茶场 日期：2010 年 7 月 30 日

茶树品种	楮叶种		茶龄		38 年
栽植方式	条栽		行距		1.55m
修剪制度	一年一次		行间杂草情况		较少
前次耕作	2010 年 3 月		前次采茶		2010 年 4 月 5 日
纵向坡度	4°				
横向坡度	15°				
地头宽度及障碍	2.3m 无障碍				

	项目/点别	1	2	3	4	5	平均
树冠形状	蓬面高度	0.90	0.88	0.92	0.91	0.90	0.90
	蓬面宽度	1.30	1.45	1.75	1.6	1.55	1.53
	蓬间距	0.20	0.15	0.17	0.15	0.18	0.17

（二）土壤坚实度

试验中采用南京土壤仪器厂生产的 TE-3 型土壤坚实度仪对土壤坚实度进行测量（图4-51），测量结果记入表4-10 中。

表 4-10 土壤坚实度

地点：溧阳市千峰茶场 日期：2010 年 7 月 30 日

取样点	1	2	3	4	5	最大	平均
深度（0~20cm）坚实度（g/cm²）	17.2	20.0	21.5	13.5	13.5	21.5	17.14
深度（20~30cm）坚实度（g/cm²）	17.6	21.2	20.1	14.3	14.5	20.1	17.54

从表4-10 可以看出，20~30cm 层土壤硬度和 0~20cm 层土壤的硬度不是很大，这将使深松与中耕较容易。

（三）土壤含水率

在测区对角线上取五点，每一测点按 10cm 分层取样（最下层至地表的高度要大于测定的最大深松深度），每层取样量不少于 30g（去掉石块和植物残茬等杂质）装入土壤盒（图4-52），在 105℃ 恒温下，约烘 6h 到质量不变为止。然后取出放入干燥器中冷却到室温称重，并分别计算出分层和全层平均值。按下式计算土壤含水率

$$H_t(\%) = \frac{m_1 - m_2}{m_2 - m_0} \times 100 \qquad （式4-38）$$

式中，m_0：供干空 15 盒质量，g；m_1：空盒及土样烘干前质量，g；m_2：空盒及土样烘干后质量，g。

测量与计算结果填入表4-11 中。

图4-52 取土装入土壤盒

表4-11 土壤含水率

地点：溧阳市千峰茶场 日期：2010年7月30日

取样点	深度（cm）	盒号	湿重（g）	干重（g）	盒重（g）	含水率（%）
1	0~10	48	104.6	91.4	30.8	17.9
	10~20	152	104.4	91.8	30.1	17.0
	20~30	159	94.5	80.1	30.7	22.6
2	0~10	161	88.3	75.3	30.3	22.4
	10~20	23	80.8	61.3	29.5	38.0
	20~30	078	83.9	65.4	29.4	34.0
3	0~10	47	104.8	88.5	30.1	21.8
	10~20	65	87.0	71	31.1	28.6
	20~30	33	100.0	85.3	31.9	21.6
4	0~10	61	104.2	91.3	30.2	17.4
	10~20	26	101.7	81.5	30.5	28.4
	20~30	153	96.0	79.2	30.3	26.0
5	0~10	51	103.2	90.1	30.8	18.1
	10~20	55	95.5	80.5	29,7	22,8
	20~30	67	102.2	87.3	30.0	20.6
0~10cm平均含水率（%）				19.5		
10~20cm平均含水率（%）				27.0		
20~30cm平均含水率（%）				25.0		

从表4-11数据看出，此块土壤含水率相对一般的田块是低的，此块地为干基。

三、试验仪器

测试深松、中耕机具的规格及工作参数以及施肥机排肥能力和喷药时各喷头喷量，试验中所用到的主要测试仪器列于表4-12中。

表 4-12　主要试验仪器

序号	仪器名称	型号及产地	测量精度	数量
1	50m 皮尺	浙江测绘仪器公司	1mm	1
2	2m 钢卷尺	GW-366 浙江仪表仪器厂	1mm	2
3	标杆	自制		10
4	杆秤	SY70 浙江恒吕测量仪器厂	0～1g	1
5	土壤坚实度仪	TE-3 耶南京十壤仪器厂		1
6	取土环刀	Φ50×20 沧州亚觅试验仪器厂		3
7	土壤盒	Φ50×32 河北路仪仪器有限公司		15
8	200g/1000g 天平	上海海康屯+仪器厂	0～1g	各1
9	恒温箱	北京北方利辉试验仪器公司		1
10	秒表	实验荆浙江仪器厂	0.01s	1
11	0～30cm 耕深尺	浙江测绘仪器公司	1mm	2
12	0.3m×0.3m 取十金属框	自制		1
13	PCAS 水平尺	长沙平川科技有限公司	0.1 度	1
14	0～50L/min 流量测量仪	欧许检测仪器有限公司	0.1L/min	1
15	转速表	上海艾测电子科技有限公司	0.1r/min	1

四、试验内容

为使试验方案更合理、操作更规范，试验参照了国家、地方、行业等标准。试验主要内容如下。

1. 高地隙自走式多功能茶园管理机技术规格及工作参数测定

对高地隙自走式多功能茶园管理机（图 4-53）技术规格及技术参数测定，测量结果列于表 4-13。

图 4-53　高地隙自走式多功能茶园管理机

图 4-54 挂接深松机具作业

表 4-13 高地隙自走式多功能茶园管理机技术规格及工作参数

测定项目	数值	测定项目	数值	测定项目	数值
履带宽度（mm）	230	液压油箱体积（L）	70	原地左转弯半径（m）	1.15
行驶速度（km/h）	7.3	燃料油箱体积（L）	70	原地右转弯半径（m）	1.13
平均油耗（L/h）	5.4	外形尺寸长×宽×高（mm）	2 520×2 390×2 400	发动机功率（kW）	34

2. 深松机技术规格及工作参数

高地隙自走式多功能茶园管理机挂接深松机具进行作业（图4-54），在被测区内，对角线上取五点，用耕深尺或其他测量仪器测定。测出耕作沟底到地表面的垂直距离，即为深松深度，深松宽度测定时应与深度测点相对应。

测量出工作压力 P 和流量 Q，按下式计算功率。

$$N = PQ/60 \qquad\qquad (式 4-39)$$

式中，N：功率，kW；P：压力，MPa；Q：流量，L/min。

从表4-14数据看出，茶园深松深度24.9cm，符合标准15~25cm。

表 4-14 深松机具技术规格及工作参数

测定项目	测定值	测定项目					测定值
深松铲臂总宽（mm）	80	深松铲数量（个）					2
深松铲臂厚度（mm）	10	深松铲摆动频率（次/min）					227
铲尖长度（mm）	250	深松I产臂总长（mm）					770
铲尖宽度（mm）	130	功率（kW）					15.8
测定次数	1	2	3	4	5		平均
深松深度（mm）	240	265	235	250	255		249
深松宽度（mm）	200	230	200	200	205		207
机组工作速度（km/h）	1.96	1.89	2.03	2.00	2.02		1.98
生产率（hm²/h）	0.60	0.59	0.62	0.62	0.63		0.62

3. 中耕机具技术规格及工作参数

挂接中耕机具作业（图4-55），测量方法同深松机。测量结果列于表4-15中。

图4-55 中耕作业

图4-56 测量排肥量

表4-15 中耕机具技术规格及工作参数

测定项目	测定值					
旋耕盘数量（个）	2					
旋耕盘上旋耕刀数	3					
刀排列方式	圆周上等距排列					
功率（kW）	13.6					
测定次数	1	2	3	4	5	平均
旋耕刀高度（mm）	304	306	305	306	305	305.2
旋耕刀直线间距（mm）	257	255	254	255	255	255.2

（续表）

测定项目	测定值					
旋转直径（mm）	330	329	330	330	331	330
中耕耕深（mm）	135	135	120	105	130	125
中耕耕宽（mm）	390	420	380	350	380	384
机组：工作速度（km/h）	1.50	1.51	1.51	1.49	1.49	1.50
生产率（hm²/h）	0.46	0.44	0.45	0.47	0.46	0.46

从表 4-15 数据看出，中耕深度 12.5cm，符合标准 10~15cm。

4. 施肥机具排肥能力与稳定性测定

将排肥机构调至最大与最小排肥量的位置，分别测定其排肥量（图 4-56）。测前将排肥机构抬起，先空转 3~5 转，使化肥充满排肥器，测定时以正常作业速度开动排肥设备，称得每行排肥量及总排肥量，重复五次求平均值。

排肥稳定性测试是将排肥机构调到要求的施肥量时，测定计算总排肥量及各行排肥稳定性变异程度。

按照下式计算。

当 $n<30$ 时，式中分母取 $n-1$，当 $n>30$ 时，式中分母取 n；

$$\overline{X} = \sum X/n \qquad\qquad\text{（式 4-40）}$$

$$S = \sqrt{\frac{\sum (X - \bar{X})^2}{n - 1}} \qquad\qquad\text{（式 4-41）}$$

$$V = \frac{S}{\overline{X}} \times 100\% \qquad\qquad\text{（式 4-42）}$$

式中，X：每次排量，g；n：测定次数；$\overline{X}$：平均排量，g；S：标准差，g；V：变异系数，%。

测量结果列于表 4-16。

表 4-16　最大、最小排肥能力及各行排量一致性测定

肥料名称：复合肥　排肥器形式：外槽轮行距 1 420mm　　　　　行数：2

行次		最大排肥量（g/min）	最小排肥量（g/min）	中间排肥量（g/min）	平均排量（g/min）
右		818.9	369.5	528.4	572.3
左		796.2	389.4	512.9	566.2
每次两行总排量		1 615.1	758.9	1 041.3	1 138.5
每次两行平均排量		807.6	379.4	525.7	569.2
各行排量一致性	标准差 S, g		16.1		
	变异系数 V,%		1.9		
总排量稳定性	标准差 S, g		4.3		
	变异系数 V,%		0.7		
功率（kW）			2.6		

从表4-16数据看出，行间施肥量误差4.3%小于标准值5.0%，在允许的范围内。

5. 各喷头喷量与变异系数测定

图4-57 测量喷头喷量

表4-17 各喷头喷量和变异系数喷头间距736mm 喷头个数9

喷头	1 (kg/min)	2 (kg/min)	3 (kg/min)	各喷头总喷量 (kg/min)	各喷头平均喷量 (kg/min)
1	2.06	1.80	2.02	5.88	1.96
2	2.84	2.40	2.24	7.48	2.49
3	3.30	2.80	2.70	8.80	2.93
4	3.60	2.90	2.66	9.16	3.05
5	2.80	2.40	2.36	7.56	2.52
6	3.30	2.80	2.70	8.80	2.93
7	2.90	2.50	2.58	7.98	2.96
8	2.40	2.40	2.46	7.26	2.43
9	2.46	2.00	2.30	6.76	2.25
每次总喷量	25.66	22.0	22.02		
每次平均总喷量	2.85	2.4	2.4		
各喷头排量一致性 标准差 S, g	0.42	0.30	0.18		
各喷头排量一致性 变异系数 V,%	14.7	12.5	7.5		
功率 (kW)		3.2			

打开所有喷头，待喷头流量稳定，用塑料袋开始收集每个喷头喷出的液体并计时，然后乘量各喷头喷出的液体重量，并按下式计算各喷头单位时间流量。

$$X_i = \frac{A_i}{60} \times 100 \qquad\qquad (式 4\text{-}43)$$

式中，X_i：第个喷头单位时间流量；A_i：第个喷头测定时间内流量（g/s）；t：计时时间。

各喷头流量变异系数按式 4-43 计算。

从表 4-17 数据看出，各喷头喷量误差最大 0.42%小于标准值 5.0%，在允许的范围内。

五、试验结果

（1）履带式高地隙自走式多功能茶园管理机挂接相应机具在坡度 15°的茶园进行试验，人乘坐在底盘上，操作操纵装置，能控制其行走状态。

（2）选择通过平衡阀制动的小尺寸行走马达，不仅满足尺寸要求，同时能够实现制动和高、低速转换，即工作时，低速行驶；田间转移时，高速行驶；遇到行间距不同的茶园，可以通过调节轮距来适应该茶园行走。

（3）经测试底盘所提供的液压接口，深松时 15.8kW，中耕时 13.6kW，施肥时 3.6kW，喷药时 3.2kW，基本满足开始提出的功率分配要求。

小结

对高地隙自走式多功能茶园管理机挂接相应的机具进行田间性能试验，试验结果表明机具的工作性能达到预期要求，说明高地隙自走式多功能茶园管理机满足了挂接各种机具的工作要求。

第七节 高地隙自走式多功能茶园管理机的使用与维护

对于农业机械来讲，合理正确的使用，不仅可保证作业质量，提高生产效率，还能提高设备的使用寿命，可全面提高设备投入的综合效益。因此，本节专门从高地隙自走式多功能茶园管理机的性能参数、使用方法及效果、设备维护与保养等方面为大家逐一介绍。

一、性能参数

高地隙自走式多功能茶园管理机的主要性能参数如下。

（一）整机参数

行走速度（km/h）：作业时 1.5~2.5；不超过 5.0；转场时 10.0

整机尺寸（长×宽×高）（mm）：1 832×1 930×2 825

整机重量（kg）：1 500

转弯半径（mm）：1 500

爬坡角度：≤20°

适应作业角度：≤10°

龙门架离地间隙（mm）：1 000 以下可调

车乘定员（人）：1

（二）动力机

型号：CY490YC 柴油机

功率：37.5kW（约50马力）

启动方式：电启动

油箱容积（L）：70

发动机到驱动泵的速比：1

（三）行走部分

行走方式：履带式

履带型式：波形花纹

履带驱动轮直径（mm）：300

履带宽度（mm）：230

履带接地长度（mm）：1 260

履带接地压力（kg/cm^2）：0.258

履带中心距（mm）：1 500~1 800（可调）

动力传动方式：液压驱动型马达

液压驱动马达型号：whiteRE系列500540w3822AAAAA，2只

转弯操纵方式：分离与制动联合操纵杆式

行走变速方式：液压无级

（四）农机具部分

中耕装置：

作业机形式：立式旋耕式

中耕机组数：2

刀片排列形式：轴向圆柱面螺旋排列

刀片数量：每组4片

刀片传动方式：旋耕液压驱动马达

液压驱动马达型号：whiteWR系列255115A6312BAAAA

刀轴转速（r/min）：220以下无级变速

刀片回转半径（mm）：400

刀片耕深范围（mm）：≥120

肥料深施装置：

开沟器形式：箭式犁结构

排肥器形式：外槽轮式

排肥器数量（只）：2

施用肥料品种：化肥、颗粒型有机肥和复合肥

排肥量可调：

肥料箱容积（L）：140

动力传动方式：排肥器（药液泵）液压驱动马达传动

二、操作使用

高地隙自走式多功能茶园管理机开动前，应确定各操纵手柄处于"停止"或"切断"位置。

（一）启动和停止发动机

将发动机钥匙转至"START"位置，发动机即行启动，启动后将钥匙放开，钥匙则会自动回到"ON"位置；拉动油门，提升发动机转速至工作转速要求。如要停止发动机运转，则将发动机钥匙转至"OFF"位置，则发动机停止运转。

（二）前进、后退和停车

握住操纵系统的行走操纵手柄，将行走操纵手柄缓慢推向"前进"侧，茶园管理机则开始向前行走移动，行走操纵手柄愈接近"前进"侧，机器的行走速度愈快；握住行操纵走手柄，将其缓慢推向"后推"侧，则机器开始向后行走移动，行走手操纵柄愈接近"后退"侧，机器的后退速度愈快。机器前进和后退时，应随时注意观察机器前后面的地面或道路状况，及时避让障碍（图4-58）。

图4-58 茶园管理机操纵系统示意图

当茶园管理机需要调整行走方向或转弯时，双手握住行走操纵手柄，顺时针转动，机器向右转向；逆时针转动行走操纵手柄，机器向左转向。操作时应注意缓慢操作行走操纵手柄，特别是高速行驶中不得进行急速的转向操作，突然的方向转变会发生危险。

（三）配套机具安装

配套中耕除草机，采用立式旋耕方式，每台机组左右对称配置各一套。安装时，第一步，上支撑臂和下提升臂与机组的联结。将上支撑臂和下提升臂与机组联结，上支撑臂一端回转轴安装在机组上连接座轴承座内；下提升臂和机组的下连接座用销轴连接。上支撑臂和下提升臂的另一端，分别通过销轴连接纵提升板。安装完成后，用手抬升平行四连杆机构，应保证转动灵活，无卡滞和干涉现象。第二步，中耕除草机与纵提升板安装连接。中耕除草机组系通过上下两组半分式包箍以及联结螺栓和纵提升板安装连接，半分式包箍一端和纵提升板连接，另一端包卡在立式旋耕机空心轴外；安装的高度位置，应保证在提升油缸的行程范围之内，能够达到中耕作业所需要的耕深要求；安装时，应保证螺栓连接紧固。第三步，安装立式旋耕刀片，并安装旋耕驱动马达的油管。

配套施肥机的安装，首先用螺栓将施肥机安装在机组对应的两个安装座上，其次把肥料箱对应安装在排肥器安装架的上面，最后安装排肥管至施肥位置，并安装排肥驱动马达连接油管。应注意各联结螺栓应紧固，排肥管安装后要保证排肥顺畅，中间不得有较大弯曲等影响排肥通畅的现象。

（四）配套农具作业时的操作

认真检查机具的技术状态，确认技术状况良好。启动发动机，加油门使发动机转速达到1 800r/min以上，缓慢结合旋耕机操作手柄，使旋耕驱动马达工作，缓慢放下中耕机组，使立式旋耕刀片慢慢入土达到需要的中耕深度，然后加大油门，缓慢挂挡行走作业。若为施肥机，作业时则先向肥料箱中加入肥料，并准确调整施肥量。启动发动机，放下施肥机，使犁箭式深松器入土至需要施肥深度，同时开启排肥驱动马达，使施肥机工作，其他操作与中耕除草机相同。

停机时，首先要切断各驱动工作马达油路，使马达停止工作，然后操作液压油缸，提升整个作业机具至刀片或犁箭式深松器离开地面，并处在安全需要的一定距离，减小油门，最后手拉熄火拉线，使机器停机。

三、维护与保养

为了保证高地隙自走式多功能茶园管理机的正常使用，应该进行良好的维护与保养。

（一）作业前后的检查与维护与保养

高地隙自走式多功能茶园管理机作业前后的检查和维护与保养工作，在平坦的地方进行。通过查看燃油箱油量指示，确定燃油是否缺乏，缺乏时进行添加。要求每次作业结束后应将油箱加满，做到满箱燃油等待下次作业。要使用正规油品，并按安全操作规程进行加油。

使用前后应检查发动机的机油高度是否符合要求。检查时，在发动机停止运转一定时间后，拧松油尺，在油尺不拧入的情况下，拔出油尺，确认油面是否在刻度上限与下限之间，如不足，补给规定牌号的发动机机油。

机器启动前，应检查机器各部有无漏油现象，确认液压油输油软管有无损伤，确认液压油箱的油面是否处在油面指示的上限与下限之间，如发现漏油、损伤和液压油不足，应进行消除、更换和补足，并应使用规定油品。

发动机空气滤清器的污脏，会导致发动机性能的降低。打开空气滤清器的外盖，检查过滤部分的污染程度，及时进行清理和清洗，如污染过度则应更换过滤装置。

每次作业前后，均应检查立式旋耕刀片是否断裂与磨损，刀片和安装刀盘之间联结是否牢固，否则应进行更换或紧固。

每次作业结束均应清扫发动机、行走机构和整机各部附着的脏物、泥土和茶树枝叶，特别应注意清扫附着在各配线上的枝叶和脏物，防止断线和火灾的危险，并注意履带内夹存的异物、泥土和茶树枝条等，以保证履带的运行正常。

每次作业前后均应观察检查各联结部位是否有松动脱落，特别是固定销轴、开口销及挡圈等有无脱落，连接螺栓是否有松动，并按使用说明书要求对轴承、回转部位等加注润滑油或润滑脂。

（二）定期检查与维护与保养

定期检查与保养可有效防止机组事故和故障的发生，延长机器的使用寿命，故应十分重视。

每个作业季度均应对蓄电池状况进行检查。检查时，先拆下蓄电池的负极端，然后再拆下正极端，将蓄电池从机体上取下，放在平坦的地方，先对蓄电池进行全面清洁，然后检查和测定蓄电池的电解液液面高度是否在规定范围，不足时，补充蒸馏水至蓄电池液面指示的上刻度线，并清通蓄电池的排气孔。完成后，按先接正极端后接负极端的顺序将电源线接上。因为蓄电池电解液具有较强的腐蚀性，操作时要防止电解液溅至身体或衣服上。

定期检查确认各传动皮带是否脱落和断裂，与机架等有无发生干涉，如发现皮带发出异常声音或磨损严重,应立即更换。皮带在自然张紧状态下,用手指轻轻压皮带,应有5~10mm松弛度。

行走机构的导向轮,在机器行走中起到引导履带方向的作用,并且通过导向轮前后位置的调整,实现履带的正常张紧。若履带过紧,则消耗的动力增加,履带易老化;履带若过松,则会造成履带易脱落,为此应进行正确调整。调整的方法是,将整台管理机停放在平坦的地面上,松开导向轮调节螺栓,使导向轮位置向前或向后,履带的张紧度是否合适,通过检查中间支重轮与履带间的间隙来确定,最佳间隙值为10~15mm,调整和检查完毕,拧紧锁紧螺母。

(三)长期存放

高地隙自走式多功能茶园管理机作业季节结束需长期存放,要对整机进行清洗,清除及其各部黏着的泥土和油污,对各运动部位加注润滑油或润滑脂,将机器放置在通风干燥的场所。然后将燃油全部放完,并启动发动机,一直到燃油全部用完发动机熄火为止;卸下蓄电池,充电,存放在太阳照射不到的干燥处,并保持以后每一个月完全充电一次。

四、应用效果

在高地隙自走式多功能茶园管理机完成研制并进行小批量生产后,该机先后在江苏、安徽、浙江、湖南、湖北等产茶省试用,备受广大茶区的欢迎。同时,该机还在江苏等地选定专业茶场专门进行了机器性能测试,现将具体测定情况和测试结果分述如下。

(一)测试条件

测试于2010年7月在江苏省溧阳市千锋茶厂进行,测试用茶园位于路边不远,交通方便,可满足茶园管理机的方便进出。茶园条件基本符合该机工作要求。茶园茶树行距1.5m,茶蓬高度0.98m,茶蓬幅宽1.35m,茶园横向坡度12°,纵向坡度4°,属典型低山丘陵坡地类形,经测定土壤坚实度17.14kg/cm²,土壤含水率0~10cm为19.2%,10~20cm为31.5%,20~30cm为24.0%。地头回转地带经过人工适当整理,狭窄处进行了初步加宽,地头宽度为2.3m,茶园条件基本符合茶园管理机工作要求,可保证茶园管理机的地头转弯等操作。试验期间天气良好,机器运转正常。

(二)机器适应性

作业过程中对高地隙自走式多功能茶园管理机性能参数的测定情况见表4-18。

表4-18 茶园管理机主要性能参数测定表

测定项目	测定结果
外形尺寸(长×宽×高)(mm)	2 520×2 390×2 400
履带宽度(mm)	240
液压油箱体积(L)	70
燃油箱体积(L)	70
原地左转弯半径(m)	1.15
原地右转弯半径(m)	1.13
道路行驶速度(km/h)	7.3
平均耗油率(L/h)	5.4

测试和各地使用表明，该机行走稳定，转弯半径小，对茶园地形、土质、气候、茶园管理条件等有较好的适应性。在茶园横向坡15°左右，茶园中没有无法越过的沟坑等，茶树行距150cm、茶蓬高度小于100cm、行间修剪出约20cm的间隙通道的茶园中均可正常作业。该机宽度可以调整，在行距180cm的茶园中作业，性能当然更易发挥。该机可以实现原地转弯，在对现有茶园地头进行适当整理，使地头宽度达到2m左右，该机就可顺利回转和进行作业。该机采用液压传动，结构简单；使用履带式行走机构，稳定性好，履带高度、宽度较小，对茶树枝条损伤小。同时，该机整机结构配备合理，视野良好，操纵系统指示一目了然，操作简单方便，也易于调整保养，是一种适合在平地、低坡甚至缓坡茶园中使用的理想的茶园耕作机械。

（三）中耕除草作业效率

高地隙自走式多功能茶园管理机配套立式旋耕机进行中耕除草作业效率测定情况见表4-19。

从表中可以看出，该机中耕除草生产率最高可达每小时0.47hm²（7.05亩），最低为每小时0.44hm²（6.6亩），平均值为每小时0.46hm²（6.9亩），耕深可达12.5cm。作业过程中机器运行稳定，经测定中耕除草时的碎土率达95.7%，耕除后杂草掩埋覆盖率达98%，并且耕作深度达12cm以上，完全超过人工中耕除草耕作深度。使用茶区反映，应用该机进行中耕除草，可以显著延长茶园中耕和深耕的时间间隔；同时该机所使用的立式旋耕机，作业时能将行间中部土壤部分堆向两旁茶树根部，有对茶树培土的作用，利于茶树的生长。

表4-19　茶园管理机中耕除草作业效率测定表

测定次数	1	2	3	4	5	平均
旋耕盘个数（个）			2			
旋耕盘上旋耕刀数量（个）			3			
旋耕刀排列方式			圆周等距排列			
旋耕刀高度（mm）	304	306	305	306	305	305.2
旋耕刀直线间距（mm）	257	255	254	255	255	255.2
旋转直径（mm）	330	329	330	330	331	330
中耕耕深（mm）	135	135	120	105	130	125
中耕耕宽（mm）	390	420	380	350	380	384
机组工作速度（km/h）	1.50	1.51	1.51	1.49	1.49	1.50
生产率（hm²/h）	0.46	0.44	0.45	0.47	0.46	0.46

（四）深松施肥作业效率（表4-20）

茶园土壤深松和肥料深施，是茶园中最繁重的作业之一，人工作业十分费力费时。使用高地隙自走式多功能茶园管理机进行深松和施肥同时完成，最高生产率可达每小时0.63hm²（9.45亩），最低为每小时0.59hm²（8.85亩），平均可达每小时0.62hm²（9.3亩），深松深度可达30mm左右，十分有利于茶园土壤的疏松和改良，并且肥料深施于土壤中，避免了流失和浪费。同时，该机还可在中耕除草的同时进行肥料施用。该机的使用，使广大平地、低坡及部分缓坡茶区茶农从土壤深松和肥料深施这样繁重的体力劳动中解脱出来，劳动生产率显著提高。

表 4-20 茶园管理机土壤深松和施肥作业效率测定表

项目	值				
深松铲数量（个）	2				
深松铲摆动频率（次/min）	227				
施肥方式	与深松同时进行				
肥料种类	化肥、颗粒有机肥或复合肥				
施肥量（kg/亩）	0~550 可调				
测定次数	1	2	3	4	5	平均
深松深度（mm）	290	295	315	310	305	303
深松宽度（mm）	200	230	200	200	205	207
机组工作速度（km/h）	1.96	1.89	2.03	2.00	2.02	1.98
生产率（hm²/h）	0.60	0.59	0.62	0.62	0.63	0.62

（五）装备试验检测情况

1. 试验目的

试验目的如下：试验检测高地隙茶园管理机运行稳定性，行驶速度、最小转弯半径等，配套中耕机的耕深、耕宽，深松机深松深度、宽度，植保设备喷头流量、各喷头变异系数，以及施肥设备施肥量，各行变异系数等数据；评定其设计指标和实测数据差距及作业质量是否达到规定的产品设计要求；考察茶园高地隙管理机及其配套农机具实用性能和推广价值。

2. 试验时间、地点与条件

试验于 2010 年 7 月 30—31 日在江苏省溧阳市千峰茶场进行，试验用茶园位于该茶场场部路边，交通方便，横向坡度 12°，纵向坡度 4°，地头宽度 2.3m（部分狭窄处已经过人工清理），无障碍，适合高地隙履带自走式茶园管理机地头转弯等操作。茶树行距平均 1.55m，蓬面高度 0.98m，宽度 1.35m。试验点属典型的低山丘陵坡地类型，土壤坚实度：17.14kg/cm²；土壤含水率：0~10cm 为 19.2%，10~20cm 为 31.5%，20~30cm 为 24%；土质较肥沃，是一块理想的试验用茶园。试验期间天气晴好。样机工作状态良好，以上试验条件符合试验方法的规定和要求（图 4-59 至图 4-65）。

3. 试验结果和分析

在试验点先后进行了中耕除草、深松、施肥、喷雾作业的性能测试，重点对高地隙履带自走式茶园管理机的各项作业性能、作业质量、生产率以及主要技术经济指标等进行了测定（表 4-21 至表 4-30）。从整个试验工作可以得知以下结论。

（1）较好的适应性。该机对地形、土质、气候、茶园管理等条件有较好的适应性。在茶树高 1 000mm、蓬面宽 1 500mm、茶蓬间距 150mm 左右，横向坡度小于 20°的茶园都可以正常作业，有较好的适应能力。仅在茶树种植不规范，地头过小、高差过大以及茶园中间有岔行的情况下，机组通过有困难。

（2）具有较高的生产率。在试验中，该机中耕除草生产率最高可达到 0.47hm²（7.05亩）/h，最低为 0.44hm²（6.6 亩）/h。

图 4-59　试验地块条件

图 4-60　高地隙履带自走式茶园管理机在试验测试

图 4-61　中耕除草作业

深松作业生产率最高可达到 0.63hm² （9.45 亩）/h，最低为 0.59hm² （8.85 亩）/h。施肥作业是在中耕除草或深松作业的同时进行，施肥量可在 0~550kg/亩范围调整。植保喷雾作业的生产率达 0.99km² （14.85 亩）/h。因此，该机的生产效率远高于人工作业和一般小型机具。

图 4-62　施肥作业

图 4-63　喷雾量测试

图 4-64　作业效果测试

（3）作业性能稳定。中耕除草时的碎土率达 95.7%，埋草覆盖率达 97%；深松作业时深度达 295~315mm，有利于茶树根系的发达；肥料在中耕除草或深松的同时深施入土，有效避免了肥料的流失；一次性高效宽幅的喷雾作业，雾化均匀，可以实现大面积及时有效地防治病虫害，大大改善了人工防治效率低、劳动强度大、安全性差的状况。

图 4-65　植保作业

（4）样机工作可靠、操作方便。该试验样机液压驱动马达选用进口原件，汽油机动力启动性能较好，运转平稳，整机配套结构合理，各种功能性配套机具的工作部件工作可靠，操纵机构指示直观、操作简便，调整保养也比较方便。

4. 试验中发现的问题和不足

由于目前大部分茶园种植时没有考虑到适应机械化作业的要求，存在茶行不规范，尤其是地头转弯无余地和岔行现象，影响机具正常作业。虽然机具的工作幅宽可以调整，但每一行都作调整，影响生产效率；该机施肥和植保喷雾是共用一只液压马达，作业状态变换时，需要重新拆装。现有中耕工作部件也需进一步完善。这些问题都要在下一步解决和改进提高。

5. 试验结论

田间性能试验和测试结果表明，高地隙履带自走式茶园管理机及配套机具，实现了跨茶蓬作业，可满足不同茶树高度和不同行宽的作业要求；通过简单拆卸和安装，可配套采茶、修剪、植保、中耕、施肥等机具；可以作为茶园多种管理作业的高地隙通用平台；行走系统和配套机具采用全液压驱动和无级变速技术，机具复式作业，可一次完成多种作业任务；设备工作性能稳定、可靠，操作方便、灵活；由于该机采用无污染或少污染技术，可以满足无公害茶园建设的要求。

表 4-21　高地隙管理机主要技术规格及工作参数测定表

测定项目	测定值
外形尺寸：长×宽×高（mm）	2 520×2 390×2 400
履带宽度（mm）	240
液压油箱体积（L）	70
燃料油箱体积（L）	70
原地左转弯半径（m）	1.15
原地右转弯半径（m）	1.13
道路行驶速度（km/h）	7.3
平均油耗（L/h）	5.4

表4-22 植保设备工作参数测定表

测定项目	测定值
喷头个数（个）	9
喷头间距（mm）	736
喷杆长度（mm）	5 890
喷杆直径（mm）	22
药液箱体积（L）	200
喷药行驶速度（km/h）	2.2
喷施效率（hm^2/h）	0.99

表4-23 旋耕机主要技术规格及工作参数测定表

测定次数	1	2	3	4	5	平均
旋耕盘数量（个）			2			
旋耕盘上旋耕刀数量（个）			3			
旋耕刀排列方式			圆周上等距排列			
旋耕刀高度（mm）	304	306	305	306	305	305.2
旋耕刀直线间距（mm）	257	255	254	255	255	255.2
旋转直径（mm）	330	329	330	330	331	330
中耕耕深（mm）	135	135	120	105	130	125
中耕耕宽（mm）	390	420	380	350	380	384
机组工作速度（km/h）	1.50	1.51	1.51	1.49	1.49	1.50
生产率（hm^2/h）	0.46	0.44	0.45	0.47	0.46	0.46

表4-24 深松机主要技术规格及工作参数测定表

测定次数	1	2	3	4	5	平均
深松铲数量（个）			2			
深松铲摆动频率（次/min）			227			
深松铲臂总长（mm）			770			
深松铲臂总宽（mm）			80			
深松铲臂厚度（mm）			10			
铲尖长度（mm）			250			
铲尖宽度（mm）			130			
深松深度（mm）	290	295	315	310	305	303
深松宽度（mm）	200	230	200	200	205	207
机组工作速度（km/h）	1.96	1.89	2.03	2.00	2.02	1.98
生产率（hm^2/h）	0.60	0.59	0.62	0.62	0.63	0.62

表 4-25　土壤坚实度表

取样点		1	2	3	4	5	最大	平均
		坚实度（kg/cm²）						
深度（cm）	0~20	17.2	20	21.5	13.5	13.5	21.5	17.14

表 4-26　土壤含水率表

取样点	深度（cm）	盒号	湿重（g）	干重（g）	盒重（g）	含水率%
1	0~10	48	104.6	91.4	30.8	17.9
	10~20	152	104.4	91.8	30.1	17.0
	20~30	159	94.5	80.1	30.7	22.6
2	0~10	161	88.3	75.3	30.3	22.4
	10~20	23	80.8	61.3	29.5	38.0
	20~30	78	83.9	65.4	29.4	34.0
3	0~10	47	104.8	88.5	30.1	21.8
	10~20	65	87.0	71	31.1	28.6
	20~30	33	100.0	85.3	31.9	21.6
0~10cm 深度平均含水率（%）			19.2			
10~20cm 深度平均含水率（%）			31.5			
20~30cm 深度平均含水率（%）			24.0			

表 4-27　茶树规格及茶树生长情况

茶树品种	楮叶种		茶龄		38
栽植方式	条栽		行距		1.55m
修剪制度	一年一次		行间杂草情况		较少
前次耕作	2010 年 3 月		前次采茶		2010 年 4 月 5 日
纵向坡度	4°				
横向坡度	12°				
地头宽度及障碍	2.3m 无障碍				

树冠形状	项目/点别	1	2	3	4	5	平均
	蓬面高度	0.90	1.10	0.98	0.96	0.95	0.98
	蓬面宽度	1.30	1.45	1.75	1.6	1.55	1.53
	蓬间距	0.20	0.15	0.17	0.15	0.18	0.17

表 4-28　碎土记录表

取样点	总种（kg）	碎土情况			
		<4cm		>4cm	
		重量（kg）	占总重（%）	重量（kg）	占总重（%）
1	6.02	5.80	96	0.22	4
2	5.43	5.20	96	0.24	4
3	5.47	5.20	95	0.27	5
碎土率（%）		95.7			

表 4-29　最大、最小排肥能力及各行排量一致性测定

肥料名称：复合肥　　　　　　　　排肥器形式：外槽轮
行距：1 420mm　　　　　　　　　　行数：2

行次	最大排肥量（g/min）	最小排肥量（g/min）	中间排肥量（g/min）	平均排量（g/min）
右（g/min）	818.9	369.5	528.4	572.3
左（g/min）	796.2	389.4	512.9	566.2
每次两行总排量（g/min）	1615.1	758.9	1041.3	1138.5
每次两行平均排量（g/min）	807.6	379.4	525.7	569.2
各行排量一致性　标准差 S（g）		16.1		
各行排量一致性　变异系数 V（%）		1.9		
总排量稳定性　标准差 S（g）		4.3		
总排量稳定性　变异系数 V（%）		0.7		

表 4-30　植保设备各喷头喷量、变异系数测定

喷头间距 736mm　　　　　　　　喷头个数 9

喷头	1（kg/min）	2（kg/min）	3（kg/min）	每次各喷头总喷量（kg/min）	每次各喷头平均喷量（kg/min）
1	2.06	1.80	2.02	5.88	1.96
2	2.84	2.40	2.24	7.48	2.49
3	3.30	2.80	2.70	8.80	2.93
4	3.60	2.90	2.66	9.16	3.05
5	2.80	2.40	2.36	7.56	2.52
6	3.30	2.80	2.70	8.80	2.93
7	2.9	2.50	2.58	7.98	2.96

（续表）

喷头	1 （kg/min）	2 （kg/min）	3 （kg/min）	每次各喷头 总喷量 （kg/min）	每次各喷头 平均喷量 （kg/min）
8	2.40	2.40	2.46	7.26	2.43
9	2.46	2.00	2.30	6.76	2.25
每次总喷量	25.66	22.0	22.02		
每次各喷头 平均喷量	2.85	2.4	2.4		
各喷头排量 一致性　标准差 S（g）	0.42	0.30	0.18		
变异系数 V（%）	14.7	12.5	7.5		

（六）技术经济指标

通过试验与检测，本研究成果的技术经济指标达到了项目规定的要求，部分技术性能指标超过了国外先进技术的指标，具体技术指标如下。

底盘配套总动力：　　34kW 柴油机
行走方式：　　　　　履带式
适应坡度：　　　　　≤20°
中耕耕深：　　　　　10～30cm
中耕耕宽：　　　　　20～60cm
施肥速度：　　　　　≥2 000m/h
中耕、深松速度：　　≥3 000m/h
除草：　　　　　　　≥4 000m/h
肥料品种：　　　　　有机肥、复合肥
有机肥施肥量：　　　100～250kg/亩
复合肥施肥量：　　　20～50kg/亩
施肥深度：　　　　　10～30cm
除草率：　　　　　　≥98%
喷幅：　　　　　　　≥6 m
药箱容积：　　　　　≥200L
喷雾量变异系数：　　≤15%

第八节　高地隙茶园管理机效益分析

一、经济效益分析

（一）高地隙茶园多功能管理机管理成本

高地隙茶园多功能管理机可配套中耕、深松、喷雾、施肥等农具横跨茶蓬驶入茶园，完成茶园管理操作。高地隙茶园多功能管理机管理成本主要由设备折旧成本、驾驶员工资和柴油消耗组成。以茶园中耕为例，其生产过程中成本分析如下。

1. 设备折旧成本

按"平均年限折旧法"计算高地隙茶园多功能管理机设备成本。高地隙茶园多功能管理机按 10 万元/台计算。折旧年限按 10 年计算。按照现行财务制度的规定，一般固定资产的净残值率在 3%~5%，因此预计净残值为 100 000×5% = 5 000 元。则每年折旧额为：

固定资产价值-预计净残值：100 000-5 000

年折旧额 = 95 000 元。

预计折旧年限：10 年

以每年工作 100 天，以每天耕作 86 亩计算，每年工作 100 天×86 亩 = 8 600 亩，则设备折旧费用每亩需 95 000 元÷8 600 亩 = 11 元/亩。

2. 柴油消耗成本

每小时高地隙茶园多功能管理机工作面积：

据测算，在中耕作业中，管理机行走速度为 1.5km/h，茶树行距以 1.5m 计算，则每小时可中耕 2.25 亩。以每天 10h 计，则每天可培土 2.25×10 = 22.5 亩。

每小时柴油消耗量及费用：

据测算高地隙茶园多功能管理机每小时耗油 5.4L。柴油价格以 6.2 元/L 计算，则每小时需柴油 5.4L/h×6.2 元/L = 33.48 元/h。

每亩柴油消耗量及费用：

每小时可作业 2.25 亩，每小时耗油 5.4L，则每亩耗油 5.4L÷2.25 亩 = 2.4L/亩。柴油价格以 6.2 元/L 计算，则每亩需柴油 2.4L/h×6.2 元/L = 14.88 元/亩。

3. 驾驶员工资

驾驶员每天工资以 80 元计算，每天可作业 22.5 亩，则每亩需支付驾驶员工资 80÷22.5 = 3.56 元/亩。

总费用为：设备折旧成本+驾驶员工资+柴油消耗 = 11 元/亩+14.88 元/亩+3.56 元/亩 = 29.44 元/亩。

（二）人工操作成本

人工中耕工作强度大，工资仍以每天 120 元/天计算，人工操作每天可中耕 0.8 亩，则每亩需支付人工费用 120÷0.8 = 150 元/亩。

由上述计算不难看出，采用高地隙茶园多功能管理机管理每亩需成本 29.44 元/亩，而人工需 150 元/亩。机械管理成本仅占人工成本的 12.9%，与传统人工管理相比，每亩下降 150-29.38 = 120.62 元，下降幅度达 80%。据统计，全国现有茶园面积 4 000 多万亩，保守估计，其中 1 000 万亩用于机械化管理，则仅此一项每年每亩可节约管理成本 1 000 万亩×120.62 元/亩 = 12.06 亿元。由此可见，采用机械化管理将大幅降低茶叶生产成本，具有非常显著的经济效益。

（三）高地隙茶园多功能管理机设备生产厂的直接经济效益

该项目研究过程中，高地隙茶园多功能管理机设备生产厂所生产的样机实际成本为每台 8.2 万元，试用销售平均价为每台 10 万元，每台盈利 1.8 万元，据茶叶生产企业的求货信息分析，该机通过鉴定并正式投入生产后，年需求量为 200~300 台，随着大批量正式投产后，生产成本还会下降，按样机生产盈利情况计，生产企业年盈利可达 360 万~540 万元，其生产利润是极其显著的。

二、社会效益分析

(一) 促进了茶叶机械化生产技术的研发和推广

茶叶机械化生产应结合茶园地块大小以及地形地貌，适当地选用大、中、小型茶园作业设备，加大茶园管理机械的研发力度，研制或改装一些适合生产实际的茶园作业机械，积极鼓励技术研发单位研制一些代替手工作业的经济适用的小型器械。本项目开发的高地隙茶园管理机，立足实际，边研制、边试验、边改进且边推广，成功研制和推广了一批和高地隙茶园管理机配套的小型农机具，如中耕机、修剪机、深松机、喷药机、施肥机等，使茶叶生产大部分环节基本实现了机械化或半机械化。高地隙茶园管理机的成功研发有力地推动了茶园机械化生产技术的发展。

(二) 为茶叶生产方式的改进提供了技术支撑

茶叶是我国的主要经济作物之一，种植茶叶已成为增加农民收入和财政税收的重要组成部分。据统计，目前我国茶叶生产成本在 9 000~11 000元/t，其中用工成本没有完全计算在内。导致茶叶生产成本较高的主要原因除了化肥、农药、地膜和煤炭等烟用物资成本较高之外，土地租金和聘用劳力的投入也在逐渐增加。为了降低劳动强度、改善生产条件、提高生产效率及满足扩大茶园生产规模的需求，迫切要求改进生产方式，实行茶园机械化生产作业。因此，开发和推广茶园生产机械具有十分重要的应用价值。高地隙茶园管理机各项技术成果的取得，不仅仅为广大茶农解决了后顾之忧，降低了成本，更为我国茶叶生产方式的改进提供了技术支撑。

(三) 改变制茶工人的劳作方式，减轻了劳动强度

高地隙茶园管理机为乘用型，中耕、除草、施肥、修剪等操作均由驾驶员在驾驶室里操作，劳动强度较低。不仅不用在繁杂的场所下作业，而且可实现除草、施肥、修剪等标准操作，提高作业质量。由此，高地隙茶园管理机的研发，极大地改善了茶农的劳动条件，减轻了劳动强度。

(四) 实现茶叶规模化种植，促进产业发展

茶叶适度规模种植是推进茶叶产业现代化的前提和基础。随着农村产业结构的不断调整和城镇务工人员的增加，农村土地流转现象普遍，给茶叶种植规模的扩大创造了有利的条件。大户种植、大型茶场、茶叶生产合作社和茶叶加工专业化公司等新型的茶叶生产组织模式在河南省、山东省、安徽省、湖北省和湖南省等地陆续出现，这些组织模式对于实现茶叶机械化作业具有较好的促进作用。随着农村劳动力逐步向城镇转移，发展适度规模种植是今后茶叶生产发展的必然选择，也是实现茶叶田间机械化作业的前提条件。同时，高地隙茶园管理机工作效率高，管理成本低，为茶叶规模化种植提供了坚实的基础。

三、生态效益分析

高地隙自走式多功能茶园管理机进行茶园田间管理，实现了大型化、复式作业，不仅提高了生产效率，而且提高了肥料的利用率，减少了化肥和农药的需求量，对减少茶叶的农药污染和重金属残留，有显著的改善作用。同时进行肥料深施，包括有机肥的深施，可以减少微生物的滋生源，从而减少茶叶微生物的污染问题，可减小生产活动对茶园环境的损害，进而提高茶叶质量。

小结

本章从高地隙自走式多功能茶园管理机课题的研发背景、研究过程、田间试验、机器性能、使用与维护、使用效益等方面进行了详细阐述，特别对高地隙自走式多功能茶园管理机的液压系统、行走底盘等系统与结构的研究设计过程进行了详细说明。高地隙自走式多功能茶园管理机首次实现了茶园大型机械化作业，大幅提升了茶园生产效率，对我国茶园生产机械化的发展具有巨大的推动作用。

第五章 低地隙多功能茶园管理机

低地隙多功能茶园管理机由农业部南京农业机械化研究所，自 2011 年起，在国家茶叶产业技术体系的组织和支持下，主要是针对平地、缓坡茶园作业研发的行间自走式作业机械，具有中耕、深耕、施肥、修剪、植保等作业功能。本章就其研发设计过程进行详细的论述。

第一节 概 述

一、研究背景

（一）茶园耕作技术

茶园耕作是土壤管理的一项重要内容，也是茶园生产管理中的一项重要作业。茶树是深根植物，主根有很强的向地性。在深厚的土壤中，可垂直深入土层 2~3m，一般成龄茶树主根垂直分布可达 1m 以上。加之茶园经过多次采摘后的践踏，土壤板结严重，茶园一般每年在秋冬期间，要进行一次深耕。深耕的作用是改良土壤的理化性质，加深土壤耕作层，增加土壤孔隙度，增加蓄水切断土壤毛细管，提高保水的能力。深耕还能促使土壤风化，加强土壤中矿物质氧化和分解，使一些不溶性养分转化为水溶性有效养分，为茶树根系所吸收利用。深耕的同时将杂草翻埋减少病虫害，增加土壤有机质，提高土壤肥力。

随着科技进步，人们对茶园耕作的认识和掌握有了新的进展。尤其是 20 世纪六七十年代提出的茶园免耕法，大大丰富了茶园耕作技术的内涵。茶园免耕法有茶园土壤不裸露、土壤物理性质要求高、茶园土壤践踏少等一系列配套措施，而我国绝大多数地区的茶园由于种植环境和采摘条件的影响不适应免耕法，因而在每年采茶结束后要进行土壤深耕，以期提高茶叶品质和产量。人们对茶园土壤耕作技术的种类有众多不同观点，比较认可的一种观点是将茶园土壤耕作分为种植前的土壤深翻和种植后的浅耕与深耕。茶园种植前深翻一般为 50~80cm，浅耕的深度一般情况下不超过 15cm，深耕一般多在 15cm 以上，有的可以超过 30cm或者更深。

（二）茶园耕作面临的困境

近年来，随着国家对农业发展的重视，茶叶生产管理也逐步进入人们的视野，但是同时也伴随着出现了一系列的问题。在茶园管理环节尤其是茶园耕作这一环节不能合理有效地开展，导致茶叶产量和品质得不到提高，茶叶生产成本更是居高不下。

（1）在我国，传统的茶园的种植模式是以家庭为单位分散种植为主，并且大多数茶园是种植在地形、地势比较复杂的丘陵地区。这些地区的茶园生产规模小，地势和土壤复杂多变，树种和栽培模式多种多样，茶园的基础设施标准化程度低，导致不能进行机械化耕作，不得不依靠人力作业，因此有些茶园甚至常年不进行耕作。

（2）随着我国城市化进程的加快和人口老龄化问题的日益严重，愿意进行茶园生产管理的人越来越少，并且是以老年人居多。这些人因为体力等原因，种植的茶园基本上不进行深耕作业。同时农村大量青壮年劳动力外出务工，劳动力的紧缺导致茶园耕作管理时的成本急剧增加，茶农就会减少茶园耕作次数或者不耕作。

（3）在茶叶生产管理过程中，人们更多注重的是茶叶采摘和加工环节，对茶园耕作管理尤其是茶园深耕的重视不足。加之茶园耕作后产生的效果不如其他农作物耕作产生的效果明显，这使得很多茶农都不太重视茶园耕作这一环节。

（4）随着科学技术的发展，我国的农业机械化水平也得到不断的提高，但是茶园机械化管理发展的基础差、发展速度缓慢。现阶段大多数茶园耕作机械都是在其他农业机械的基础上改良而成，国内专门用于茶园耕作的机械比较少，而国外的茶园耕作机械又因价格或动力等原因不适用国内的茶园耕作，这也使得茶园耕作得不到有效开展。

（三）困境解决方法

随着茶叶生产的供需两旺和劳动力的日益缺乏，引进先进茶园生产管理机械，改善茶园作业条件，对茶园耕作管理机械进行合理整合配套，建立茶园机械化生产模式，实现茶园生产全程机械化是改善茶园生态环境、形成科学循环的可持续发展模式、提高茶园生产效率、提高茶叶产量和品质、降低劳动力投入、降低生产成本的有效途径，是提高我国茶园市场竞争力的必要手段。

二、茶园耕作机械的研究现状

（一）国外茶园耕作机的研究现状

国外最早开展机械化茶园耕作管理的国家是前苏联。20世纪30年代，前苏联的全苏山地拖拉机研究所设计研究出可以在茶行间行走的跨行式自动底盘拖挂机具，用于茶园的耕作管理，以后又研制出跨行式耕耘机。

国外研究茶园耕作机械最多并且基本实现茶园耕作管理机械化的国家是日本。日本早在1955年，采用手扶拖拉机改装，进行茶园的耕作作业。1961年以后，开始设计研制平地使用的茶园专用拖拉机，有驱动型手扶拖拉机、牵引型手扶拖拉机、小型履带式拖拉机，这些机具可以用于茶园浅耕、除草、施肥、深耕等茶园综合作业。70年代后期，日本研制出MCF-2乘用型茶园施肥中耕机，该机是一种在履带后面拖挂两套卧式旋耕机的园施肥中耕机。随后又相继研制出F-15型开沟机、JR-8A型自走式深耕机、C-1型手提式深耕机、KR-3型浅耕机等茶园专用耕作管理机。

近年来，日本在茶园耕作机械的研发中做了大量的工作。落合刃物工业株式会社研制出落合JR-10A型（图5-1a）、MC-12型（图5-1b）自走式小型茶园深耕机。落合JR-10A型自走式小型茶园深耕机作业原理类似人工铁耙挖掘，以汽油机为动力，使耙体完成挖土动作。该机机体宽度较小，轻便灵活，可顺利进入茶园作业，耕作深度可达25cm以上，但是该机在土壤坚硬的茶园中应用不甚理想。

此外，以印度、斯里兰卡、肯尼亚、越南等为主的茶叶生产国也较早开展茶园耕作机具研制，茶园耕作管理机械得到飞速发展。虽然国外的茶园耕作机械发展水平比较高，但目前在我国因茶园土壤条件和栽培方式的差异，这些机械不适应我国的茶园生产和推广应用。

（二）国内茶园耕作机的研究现状

传统的茶园耕作管理基本依靠人工劳作或畜力耕犁，不仅费时费工，而且耕作质量很难达到要求。由于工作效率不高，很难按季节完成茶园的耕作作业。20世纪50年代，我国有

图5-1　两种小型日本茶园深耕机

些茶叶种植区开始使用半机械化畜力农具进行茶园的耕作管理作业，如畜力五齿中耕器、畜力双行茶园施肥器等。70年代以后，安徽、江苏、浙江、云南、广东等地对农用拖拉机进行改革，先后把工农-10型、东风-12型等型号的手扶拖拉机和旋耕机相配在茶园进行耕作作业，但因体型大，重心偏高，在山区、丘陵茶园中应用稳定性差，难以推广。1976年农业部南京农业机械化研究所与绍兴农场研制出三组锄齿旋转式深耕机，实践表明，该机耕作深度能够达到25cm以上，土块大小适中，对茶树根系损伤较少。但这种深耕机振动较大，结构不完善，工作可靠性较差，零件磨损严重，使用寿命较低。1980年浙江省机械科学研究所、嘉善拖拉机厂和绍兴市茶厂等单位共同研制出C-12型茶园中耕机，这是我国茶园耕作第一款有推广意义的茶园专用动力机。

80年代，我国各省开始研制小型茶园耕作管理机。1980—1985年先后鉴定了合肥手扶拖拉机厂的CH12型和湖北茶机总厂的ISC-780型茶园耕作机，由于成本高、茶园硬件设施条件差问题，均没能得到大面积推广应用。20世纪90年代中期，在引进消化吸收日本小型耕作机的基础上，浙江新昌东辉机械厂成功研制出ZCJ-150型小型手扶茶园耕作施肥机，该机是当时我国自行研制的较理想的小型茶园耕作机型。

近年来，在消化、吸收日本耕耘机、意大利FALC公司制造的挖掘机和国内样机的基础上，农业部南京农业机械化研究所（2013）发明了一种可挂接茶园深耕机，该机仿照人工掘地动作进行工作，工作可靠性和稳定性都得到了提高，同时可方便快速与动力机进行安装和拆卸。可挂接茶园深耕机的曲柄和摆杆组成一个四连杆机构，是四连杆机构在农用机械的又一个应用。其他类型的深耕机还有如王兆群等（2008）发明的一种旋刨茶园深耕机旋刨刀、吴伯让等（2011）设计的自推式双轴深耕机、梁有为（2012）发明的深耕机等。国内的几种茶园耕作机具如图5-2所示。

可挂接茶园深耕机通过齿轮变速箱与牵引机具挂接，进行耕作作业。牵引机具的工作效率也影响着茶园深耕机的工作效率。从动力的传动方式来划分，牵引机具分为皮带传动和直联式传动。国外没有皮带传动拖拉机，只有直联传动拖拉机，其设计和制造水平也比较高。据资料显示，单缸直联轮式拖拉机的动力性能和经济性能普遍好于同功率的皮带轮式拖拉机，但是市场售价普遍高于皮带轮式拖拉机。前几年，我国应用较为广泛的是通过皮带传送的履带式茶园深耕机。牵引机具的发动机经皮带传送给牵引机具进而再通过齿轮变速箱传送给撬翻式茶园深耕机（图5-3）。随着社会的发展和茶农购买力的提高，近几年直联式茶园深耕机也得到一定的推广应用。例如自行式节能深耕机、盐城市盐海拖拉机制造有限公司生产的履带式（茶园、果园）管理机系列（图5-4a）、江苏常发农业装备股份有限公司生产的常发系列单缸直联轮拖拉机（图5-4b）等直联式机型应用较为广泛。

图 5-2　四种不同茶园耕作机

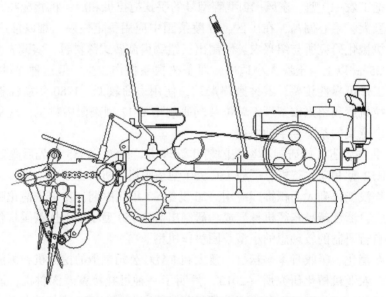

图 5-3　皮带传动履带茶园深耕机

图 5-4　直联式拖拉机

（三）我国茶园耕作机械存在的问题

我国虽然是茶的故乡，但是茶叶机械尤其是茶园耕作机械的研究起步较晚，目前整体茶园机械化耕作水平比日本、阿根廷等发达国家低，茶园耕作自动化和智能化更是为零。就国内茶园耕作机械的发展情况来看，还面临着很多问题。首先，我国的茶园种植方式不规范，茶园规模化、专业化、标准化程度较低，未能形成像日本那样的标准化茶园种植模式，不利于茶园耕作机械研究工作的开展，进而导致开发的机具适应能力差，不能得到大面积推广和应用。其次，茶园耕作机械与茶叶种植农艺脱离，农机与农艺专家之间缺乏交流，茶园种植和栽培管理模式与茶园耕作机械装备不能相互配套，问题突出，使得茶园耕作机械装备的研发缺乏针对性与适应性。最后，科研经费投入不足，科研力度不够，加之我国的知识产权保护难等原因，真正进行茶园耕作机械基础研究的企业和科研单位比较少。这些问题也是进一步造成我国茶园耕作机械发展缓慢的重要原因。

三、研究目的和意义

我国的茶叶种植地域辽阔，截至 2014 年全国茶叶种植面积已达 4 112 万亩，并呈现上升趋势，但是茶园耕作管理得不到有效开展。国内茶园深耕机械不满足市场需求，而国外的小型茶园深耕机又因动力、价格等原因不适应我国茶园种植环境，实际上往往达不到茶园深耕 25cm 左右的要求，不得不依靠人工挖掘。据绍兴县茶场、金华石门农场等反映，每年要请大量临时工进行深耕、施肥等作业。绍兴茶场统计，深耕每亩需花 3~4 工，金华石门农场由于地硬需花 10 工左右。然而，随着城市化进程的加快、农村大量青壮年劳动力外出务工、人口老龄化等因素导致人工成本过高，增加了茶叶的生产成本。因此各个茶叶种植区都迫切要求用机械来代替繁重的体力劳动，以降低生产成本，提高耕作管理效率和质量。两种国产茶园深耕机与人工深耕对比如表 5-1 所示。

本文通过研究撬翻式茶园深耕机，经多次试验和仿真分析，获得试验数据和最佳工作参数，为其他类型的茶园深耕机的研制提供理论参考，从而对茶园耕作管理机械化研究领域起到促进作用，提高我国的茶园耕作机械的国际竞争力。

表 5-1　两种国产茶园深耕机与人工深耕对比

项目	C12 型机作业	ZGJ-150 型机作业	人工作业
耕深（cm）	15~25	10~15	10~15
耕幅（cm）	50~60	35~45	40~50
小时工效（亩）	1.72	0.80	0.04
亩成本（元）	0.68	0.45	4.50

四、主要研究内容和技术路线

（一）主要研究内容

本文根据我国茶园深耕机发展的实际情况，充分利用国内外已有研究工作基础，以撬翻式茶园深耕机为试验对象，通过正交试验确定影响功耗、碎土率的主要因素以及主要影响因素的显著性水平；利用回归分析建立前进速度、曲柄转速和耕作深度与试验指标功耗、碎土率之间的函数关系，找出在现有条件下撬翻式茶园深耕机的最佳工作参数。并对得到的最佳工作参数，进行试验验证，以期为茶园深耕机的研制开发提供理论依据。主要研究内容分为以下几个方面。

（1）低地隙、窄宽幅、履带式通用底盘设计。根据茶园农艺及地形地貌的特点，自主研发低地隙、窄宽幅（小于 80cm）、作业半径小、稳定性好、动力配置合理、爬坡性能好的履带式通用底盘，实现茶园农艺与农机的有效结合以及装备牵引力与动力输出功率的合理调节与分配，实现通用底盘能够在茶行单行间作业行走。

（2）茶园管理配套机具设计。根据茶园管理的作业要求，设计与通用底盘相配套的适应茶园作业的中耕施肥机、深耕机、植保机、吸虫机、修剪机、采摘机，实现茶园管理作业全程机械化。

（3）机具接口及模块化设计。构建液压式前置接口平台以及齿轮直联与双点液压悬挂单点旋转的后置接口平台，实现不同作业部件的模块化配置，作业功能自由组合，通过关键部件合理配置模块化设计，实现茶园一机多能作业。

（4）针对茶园人工施肥作业效率低、劳动强度大和肥料利用效率低下的问题，创新研发了与专用动力平台相配套的外悬挂双螺旋搅龙式深施肥机、三圆盘深开沟施肥机和双排链式复合开沟施肥机，可保证肥料深施且均匀分布，满足了茶树、果树不同生长时期对肥料的需求。

（5）集成数字化电控液压悬挂技术，实现自动耕深调节。根据土壤不同坚实度，利用自身重力，机具自动升降，解决茶园耕深的无级和有级控制，避免重复作业，实现作业深度的精确智能控制。

（6）研制多向仿形喷杆喷雾机具，研究茶树冠形进行针对性喷雾技术和适宜于茶树的变喷量精确对靶喷雾系统。根据茶树冠形进行针对性喷雾技术的研究，优化喷头结构及其喷雾压力、流量等运行参数，实现适宜的雾滴尺寸分布和提高雾滴沉积均匀性，以最大限度地减少农药的浪费，降低农药对环境的污染，降低环境污染和提高病虫害防治效率。

（7）优化设计茶园修边机的动力和切刀总成及其传动机构，实现对灌木两侧进行同时修剪，并可以根据需要，同时调节修剪宽度和两侧修剪角度。

（8）研究茶园不同地形的坚实度、团粒结构、有机质含量，确定合理的耕作施肥一体化作业方式。

（9）对撬翻式茶园深耕机的机构组成、工作原理、现有工作参数及其评价指标进行简单的介绍。建立茶园深耕机的运动模型，进行理论分析和仿真分析，得到前进速度、曲柄转速、耕作深度对指标的影响。

（10）建立撬翻式茶园深耕机土槽试验台。试验台的前进速度和输出的曲柄转速可调，扭矩和转速可以采集、显示及实时保存。

（11）进行撬翻式茶园深耕机的土槽试验。通过正交试验和二次回归正交组合试验，分析前进速度、曲柄转速、耕作深度等试验因素对功耗、碎土率等试验指标的影响规律。

（12）对试验结果进行分析，对撬翻式茶园深耕机的工作参数进行优化，得到最优方案下的工作参数组合，并对其进行试验验证。

（二）重点解决的关键问题

（1）"低地隙茶园多功能作业机械"由茶园机械化作业专用动力平台以及与其配套的深耕、中耕除草、开沟施肥、负压捕虫、风送喷药、双侧修剪机等作业机具组成。该专用动力平台具有幅宽窄、爬坡性能好、通过性强等特点，实现了一机多用。

（2）针对茶园土壤板结、质地坚硬、有机质含量低等特点，创新性提出了"针式耕作"方式，设计了与专用动力平台相配套的曲柄回转式深耕机，通过优化设计杆件尺寸、机器前进速度与曲轴转速比以及三对针齿初始角位移，有效提高了耕作效率、降低了针齿摆幅，避免了漏耕、重耕等问题。

（3）针对传统的农药喷雾治虫方式，创新研制了与专用动力平台配套的负压捕虫设备。通过双行茶蓬上方扇形捕虫口气泵后方所产生的压力降，可有效捕捉单位面积内的害虫，作业效率和治虫效率高，无环境污染。

（4）针对茶园人工施肥作业效率低、劳动强度大和肥料利用效率低下的问题，创新研发了与专用动力平台相配套的外悬挂双螺旋搅龙式深施肥机、三圆盘深开沟施肥机和双排链式复合开沟施肥机，可保证肥料深施且均匀分布，满足了茶树、果树不同生长时期对肥料的需求。

（5）针对单侧修剪作业效率低、劳动强度大和无法对灌木两侧同时修剪等问题，设计了一种可同时对灌木两侧进行修剪、且可以同时调节修剪宽度和两侧修剪角度的与专用动力平台相配套的双侧修剪机，该机可在不同树形的茶园中使用。

其中，"针式耕作"方式达到国际领先水平。外悬挂双螺旋搅龙式深施肥技术、深圆盘开沟技术、双排链式复合开沟技术、负压捕虫技术、双侧修剪技术以及低地隙履带式专用动力平台集成技术达到国际先进水平。

（三）预期效果

项目完成后，各关键设备的适应性、经济性和可靠性符合茶园作业的农艺要求和国家农业机械化技术相关规定。

底盘配套总动力：8.8~13.2kW 柴油机

行走方式：履带式

行走速度：2.1~8.07km/h

中耕效率：0.3~0.6hm^2/h

肥料覆盖率：≥95%

深松深度：≥120mm

修剪效率：≥0.2hm^2/h

喷施速度：≥0.25hm^2/h

（1）低地隙茶园多功能作业机及其成套装备的外悬挂双螺旋搅龙式深施肥机、三圆盘深开沟施肥机、双排链式复合开沟施肥机、负压捕虫机、双侧边修剪机、风送植保机、喷杆式植保机、深耕机、旋耕施肥机各一台套，共计9种功能配套装备。中耕除草、深松侧边修剪、喷药、施肥作业效率均比人工作业提高10倍以上。

（2）经试验，在茶园机械化生产中应用该成果，节本增效效果显著，作业成本均比人工作业节约30元/亩。

（四）技术路线

本文采用调查研究、理论分析和试验验证等方法，具体技术路线图如图5-5所示。

小结

本节综述了国内外茶园耕作机的发展背景和历史、发展现状以及我国现阶段茶园机械化耕作存在的问题，从课题来源、选题目的及意义等方面阐述项目的发展潜力及意义，并且分析了该研究可能产生的经济效益和社会效益，最后简单说明本文的研究内容和技术路线。

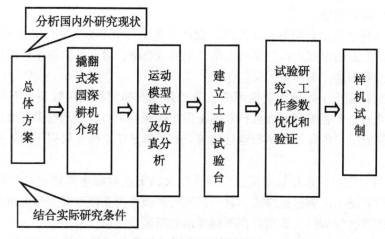

图 5-5 技术路线图

第二节 低地隙多功能茶园管理机的原理与功能特点

低地隙多功能茶园管理机，由农业部南京农业机械化研究所与盐城市沿海拖拉机制造有限公司联合研制，2012 年正式投产使用。该机考虑到茶园土壤耕作不同负荷情况，除使用 11.0kW（15 马力）柴油机作动力外，还可换装 8.8kW（12 马力）柴油机作动力，且发动机采用了电启动，操作方便。采用橡胶履带，行走更为稳定，安装等也极为方便。流线型罩壳设计，既美观，又便于机器在茶园中通行。金马-15 型已配套中耕施肥用的旋耕机和挖掘式深耕机，并在旋耕机上方设置了肥料箱及送肥机构，施肥均匀，效果好。整机外形美观，行走稳定，操作方便。试验表明，其可在坡度为 15° 的茶园内稳定工作，在短距离通过茶园埂坡，横坡 20°、纵坡 30° 亦可越过。作业性能较以往设备显著提高。

一、工作原理

（一）基本工作原理

低地隙多功能茶园管理机整机为一个履带拖拉机，机身窄，行间作业，动力通过机械液压混合的方式传递至行走底盘（机械传动）、机具动力输出接口（机械传动）、机具提升机构（液压传动）。作业机具挂接接口与通用动力输出接口位于机身尾部，可快速更换深耕、旋耕、施肥、修剪等作业机具，根据不同种类作业，机具的位置（高度）可通过液压提升机构来调节；其实现了一机多用，主机可重复利用，从而大大降低了使用成本。

（二）方案确定

低地隙多功能茶园管理机基本结构如图 5-6 所示，包括具有前后驱动轮和支撑轮的履带式底盘，该底盘的前部上方安置整机发动机，后部布置驾驶座椅，中部——发动机和座椅之间安置驾驶操作装置。座椅之下安装后部悬挂执行机构——旋耕机（也可以根据需要安装施肥机、植保机、修剪机等）的液压提升器 7，该液压提升器之下安装具有输入轴和输出轴的传动箱 8。发动机 1 的主动轴通过皮带传动 2 与传动箱 8 的输入轴传动连接，该传动箱的输出轴与液压提升器 7 的驱动泵传动连接。发动机 1 和座椅 6 之间的一侧还装有控制转向离合及制动的操纵把手 3。具体而言，在输出轴上设置操纵把手 3 控制整机的转向及制动，并通过控制传动箱 8 中输入轴与输出轴的离合，从而控制驱动泵的运行，达到控制悬挂执行机构 9 升降工作状态的目的。

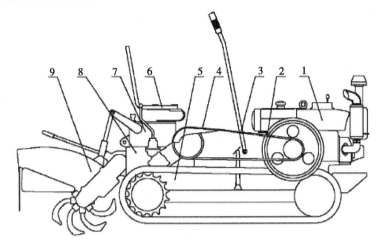

图 5-6　低地隙多功能茶园管理机的结构图

1. 发动机；2. 带传动机构；3. 操纵杆；4. 履带；5. 履带底盘；
6. 座椅；7. 液压提升器；8. 传动箱；9. 旋耕机具

　　本实施例采用履带式底盘作为行走驱动的承载，降低了茶园管理机的重心，提高了其田间作业的稳定性和爬坡能力，减少了能源的消耗，同时减轻了劳动强度。由于合理设计了主动轴、输入轴、输出轴的传动关系，减少了传动箱上拨叉杆的数量，因此容易保证传动箱各部分的位置精度和尺寸精度，使其结构紧凑，控制操纵手即可通过控制齿轮泵，使提升液压器带动悬挂执行机构提升或在重力作用下下降，改变作业深度。此外，传动箱一侧的端盖处留有备用输出轴，以备在有特殊功能需求时使用。

图 5-7　低地隙多功能茶园耕作机

二、结构和功能特点

　　低地隙多功能茶园管理机作为茶园中一种专用的履带式茶园耕作机型（图 5-7），并且采用行间行走的作业形式，其主要结构和性能特点突出。首先其具有多功能性，可以满足茶园中耕、深耕、开沟施肥和病虫害防治等多种茶园作业的需求。其次，行走稳定性好，转弯半径小，转向性能可靠，操作方便，可适应行距 1.5m、坡度在 15° 以下的茶园中作业。再次，农具安装、挂接和更换方便，提升、下降、操作以及耕作深度控制灵活和准确。最后，零部件尽可能与国家定型拖拉机和农机具定型产品通用，"三化"程度高。

（一）性能参数

1. 整机参数

型号金马-15型（图5-8）

型式履带式

茶园内作业方式钻入行内作业

理论速度（km/h）

前进：Ⅰ		0.90
	Ⅱ	1.61
	Ⅲ	2.61
	Ⅳ	3.58
	Ⅴ	6.07
	Ⅵ	9.30
倒退：Ⅰ		0.65
	Ⅱ	2.46

轨距（mm） 580

轴距（mm） 1 045

最小离地间隙（mm） 140

整机重心高度（mm） 337

结构重量（kg） 700

配重（kg） 80

外形尺寸（mm）

长（不带农机具） 1 900

宽 800

高（不带棚架） 1 220

2. 发动机

型号 S195

额定功率（马力） 12

额定转速（r/min） 2 000

汽缸直径×活塞行程（mm） 95×115

重量（kg） 130

启动方式手摇

3. 传动系统

小皮带轮外径（mm）（手扶原142） 155

三角皮带规格 B1956

离合器 干式，双片长结合摩擦片式

变速箱 齿轮传动（3+1）×2组成式

转向机构 牙嵌与制动器联动式

制动器 双片盘式

最终传动 直齿圆柱齿轮

4. 机架与系行走机构

机架形式	刚性悬架
履带材质	橡胶
履带宽度（mm）	150
每边支重轮数	5

履带张紧机构调整形式丝杆螺母调整

5. 工作装置

（1）液压提升系统。

液压提升系统形式	分置式
提升油泵形式	CB306 齿轮泵
分配器形式	手动三位转阀
安全阀开启压力（kg/cm²）	80

（2）动力输出。

纵向快速（r/min）	308
慢速（r/min）	245
侧向（r/min）	1 305

6. 配套农机具

（1）深耕机。

耕深（mm）	150～250
耕宽（mm）	800
生产率（亩/h）	1.5～2.5

（2）中耕机。

耕深（mm）	60～250
耕宽（mm）	600
生产率（亩/h）	3～5

（二）功能特点

归纳起来，与现有技术相比，本机具有如下优点。

（1）重量轻、体型小、重心低、性能可靠、爬坡性能强，十分适宜于丘陵地区的茶园使用。

（2）避免了大型液压型茶园管理机通过性差、价格昂贵、操作复杂的弊端，实用性强、操作简便。

（3）造型独特，外形流畅，可布置遮阳棚，解决了微耕机、手扶拖拉机劳动强度大、易伤枝伤叶等问题。

（4）设有独立液压提升机构，可通过提升臂对悬挂执行机构进行提升和自重下降的调控，从而使旋耕、施肥、植保的不同状态易调整。

（三）配套农机具

低地隙多功能茶园管理机可配套深耕、中耕除草、开沟施肥、病虫害防治等机具，同时还可配备茶树修剪机和采茶机，进行茶树修剪和采茶作业。上述机具虽然大多进行过试配和计划进行研制，但是投入茶园使用并且较为成熟的是深耕机和中耕机。

1. 中耕机

低地隙多功能茶园管理机配套使用的中耕机，作业目的是松土和除草，耕深一般要求8~10cm，故采用旋耕机形式。通过对比试验，旋耕机采用了仿日本中耕机使用的小型弯犁刀，使用表明，耕作时犁刀刃口滑切作用较强，碎土和除草性能较好，并且与其他犁刀相比，不易缠草。犁刀的安装采用"双孔"结构，安装尺寸和方式与手扶拖拉机一样，必要时可更换使用一般手扶拖拉机的犁刀。该机也可使用普通手扶拖拉机旋耕刀，但其回转半径较大，要对限深板作相应调整。中耕机耕作的茶园，也要注意耕作时的除草高度，一般应掌握中耕除草的除草高度控制在草深10cm以下。作业过程中，如发现犁刀缠草，要及时进行清除，以保证作业质量。

2. 深耕机

低地隙多功能茶园管理机配套使用的深耕机，与日本的茶园深耕机械一样，采用铁耙掘地原理的挖掘式深耕机。挖掘部件就是三只两齿铁耙，或者称为深耕锹，相隔120°安装在深耕机曲轴上，耕作机的动力经过传动箱带动曲轴转动，在曲柄的作用下，由曲轴轴颈带动连杆，使三只锹体交错入土，入土深度可达20~25cm。深耕机和中耕机均采用了托架式限深装置，使耕深保持稳定，并将深耕机或中耕机的重量及耕作时所引起的振动，由限深装置的托架传给了土壤，显著改善了对耕作机底盘的影响。深耕机和中耕机的传动箱，带动曲柄选装的转速有两挡可供选择，以配合耕作机不同前进挡次，保持耕作垡块大小和碎土的一致性。

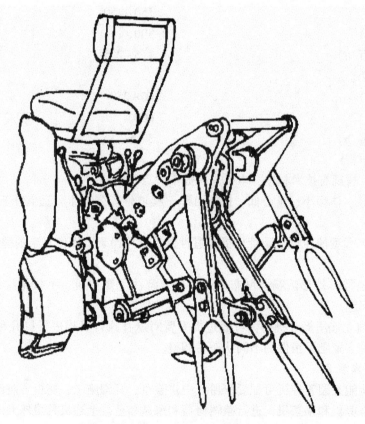

图 5-8　金马-15 型配套挖掘式深耕机

（四）低地隙多功能茶园管理机的应用效果

1. 茶园作业质量

中耕除草采用中耕机，疏松土壤和灭草性能良好，耕后地表平整，耕深可达 8~10cm，耕宽可达 60cm，覆盖宽度可达 80cm，土壤蓬松度达 50% 左右，耕后杂草基本被除光并被埋入土中。由于使用 S195 型柴油机，在土壤较板结的茶园中作业亦可获得较满意的中耕作业质量。

耕深可达 25cm，耕宽可达 70cm，对茶树根系损伤小，土垡大小适中，测定结果表明，小于 4cm 和 4~12cm 的垡块占 70% 左右，可满足茶园深耕农艺质量要求。

2. 作业效率和经济性

低地隙多功能茶园管理机的作业效率和经济性生产查定情况如表 5-2，2 000 亩大面积试验结果表明，平均生产率为 3.5 亩/h 左右，以每天工作 8h 计算，每天可中耕茶园 28 亩左右，而试验茶场的人工中耕除草的劳动定额为每天 0.7 亩/天，这样机耕功效为人工的 40 倍左右。实际使用表明，每 400~500 亩茶园，配备 1 台低地隙多功能茶园管理机，即可满足茶园中耕除草和深耕作业的需要。

3. 可靠性

可靠性试验数据见表 5-3。从表中可知，中耕和深耕的可靠性系数均值 96% 以上，平均可靠性系数为 97.55%，说明机器作业稳定可靠。

表 5-2　低地隙多功能茶园管理机生产率和经济性查定情况

测定项目		结果		
机号和配套农具		1 号+中耕机		2 号+深耕机
行驶档次		Ⅱ档	Ⅲ档	Ⅰ档
行驶速度（km/h）		1.72	2.80	1.00
作业面积（亩）		3.57	8.65	1.70
耕深（cm）		9.5	8.0	18.0
耕宽（cm）		61	60	70
作业时间	总工时（分）	63	96	50
	纯工时（分）	58.3	90.0	47.0
	时间利用率（%）	92.5	93.8	94.0
	生产率亩（h）	3.55	5.40	2.04
燃油耗	耗油量（kg）	1.6	2.5	1.0
	小时耗油（kg/h）	1.59	1.56	1.20
	亩耗油（kg/亩）	0.45	0.29	0.50
每次掉头平均时间（s）		18	17	33

注：深耕按试验单位平时实际要求确定深度

表5-3 低地隙多功能茶园管理机可靠性系数考核表

项目		测定结果			
样机编号		1号		2号	
作业内容		中耕	深耕	中耕	深耕
作业时间		407.25	200.00	416.00	201.25
故障时间		8.17	3.17	13.41	5.58
发动机	次数	1	1	2	1
	时间	0.67	0.33	0.92	5.00
底盘	次数	4	2	9	无
	时间	2.58	2.84	8.17	
农具	次数	5	无	3	2
	时间	4.92		4.84	0.58
可靠性系数（%）		97.99	98.42	96.72	97.23
平均可靠性系数（%）		98.13		96.92	

第三节 撬翻式茶园深耕机分析与评价研究

一、撬翻式茶园深耕机的总体结构

（一）整机结构

撬翻式茶园深耕机的总体结构由牵引机具履带式拖拉机和撬翻式茶园深耕机两大部分组成（图5-9）。履带式拖拉机由传统的皮带传动演变为动力性能和经济性能更为优越的直联

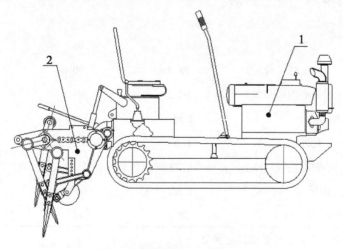

图5-9 撬翻式茶园深耕机整机结构图
1. 履带式拖拉机；2. 撬翻式茶园深耕机

式传动。直联式履带拖拉机的底盘传动系统比皮带传动式的较为复杂，其他结构差异较小。直联式履带拖拉机的发动机将动力输送给底盘传动系统，传动系统经内部的齿轮等的传动，通过一个动力输出轴将动力输送给拖拉机后面的挂接箱（图5-10），最后挂接箱通过六个螺栓与撬翻式茶园深耕机的齿轮变速箱连接，连接箱里的齿轮和齿轮变速箱的齿轮经啮合进一步将动力传递给撬翻式茶园深耕机，完成茶园的深耕作业。

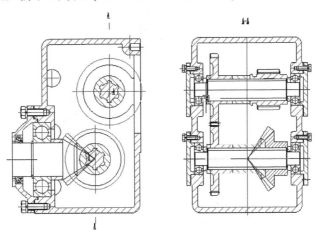

图5-10 挂接箱结构简图

（二）撬翻式茶园深耕机的结构

撬翻式茶园深耕机由起支撑作用的机架和置于机架之上的齿轮变速箱、曲轴、齿轮传动箱、限深装置、摇杆、锄齿等部件组成。总体结构如图5-11所示。曲轴由主轴颈和通过曲

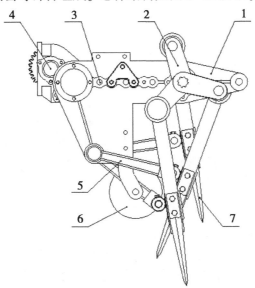

图5-11 茶园深耕机结构示意图
1. 机架；2. 曲轴；3. 齿轮传动箱；4. 齿
轮变速箱；5. 摇杆；6. 限深装置；7. 锄齿

轴臂与主轴颈连接的连杆轴颈组成。国内同类型的茶园深耕机的曲轴都采用整体式结构，这种结构加工比较困难，要用专用机床，而且三个连杆结构不能统一。而撬翻式茶园深耕机采

用装配式曲轴（图5-12），中间轴通过销进行连接，这种形式结构简单，而且三个连杆结构在制作工艺和尺寸等方面都得到统一，方便加工制造、装配。锄齿是由两个独立的小挖锄经螺栓连接而成（图5-13），下窄上宽的形状更容易入土，并且减少土壤对其的作用阻力。

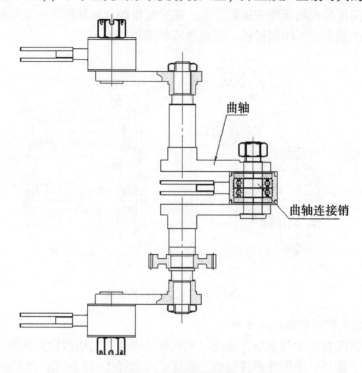

图 5-12 装配式曲轴简图

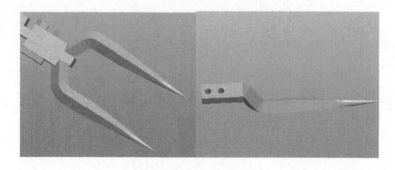

图 5-13 锄齿结构简图

（三）撬翻式茶园深耕机的工作原理

撬翻式茶园深耕机的曲柄、摇杆、连杆、机架组成三组曲柄摇杆机构，连杆的一端固定有朝下方延伸的锄齿。深耕作业时，牵引机具通过的齿轮变速箱带动机曲柄摇杆机构完成类似人工掘地的动作。工作时，锄齿与地面成一定角度入土，然后深入土中，切开土壤，至最深位置时向后撬起土垡，并向后上方抛掷。三组工作锄齿，相互成120°角交替完成入土、撬土、出土交替动作。工作原理结构简图如图5-14所示。

二、撬翻式茶园深耕机的工作参数

撬翻式茶园深耕机作为履带式拖拉机配套动力机具的一种，是通过齿轮箱挂接在履带拖

图5-14 工作原理结构简图

拉机上进行茶园耕作管理作业，因而其前进速度、曲柄转速与履带拖拉机的配套动力有关。现阶段国内生产的用于茶园深耕作业的履带式拖拉机配套动力一般为20kW左右，有的甚至超过30kW。采用盐城市盐海拖拉机制造有限公司生产的盐海-502Y履带式茶园管理机作为撬翻式茶园深耕机的动力牵引机具，其主要工作参数如表5-4所示。

表5-4 茶园深耕机的主要工作参数

项目	数值
配套动力（kW）	19.7
工作时的前进速度（m/s）	0.2~0.5
曲柄转速（r/min）	120~220
耕作深度（mm）	70~250
耕作宽幅（mm）	560

三、茶园深耕机的评价指标

现阶段我国并没有成文的用来评价茶园深耕机性能的技术标准，大多数情况下是参考旋耕机（GB/T 5688—2008）来进行茶园深耕机的性能评价。由旋耕机械的技术标准可知旋耕机械主要进行作业性能测定、功率消耗测定、技术经济指标测定。旋耕机械的作业性能测定主要包括耕作深度及其稳定性、耕作宽度及其稳定性、碎土质量、植被覆盖率、土壤膨松度及松软度等；技术经济指标主要指生产率和油料消耗率。因而撬翻式茶园深耕机也可以采用上述评价指标。

综合考虑茶园深耕的要求和撬翻式茶园深耕机基本已为成熟产品的特性，而生产效率很大程度上取决于牵引机具的牵引力和前进速度，因而这里将功耗和碎土质量作为撬翻式茶园深耕机耕作生产的评价指标。

茶园深耕机的功率消耗和旋耕机的功率消耗组成类似，主要由切土功率消耗、抛土功率消耗、深耕机前进功率消耗、传动部分功率消耗及克服土壤水平反力的功率消耗等组成。由于茶园深耕机的理论研究较少，撬翻式茶园深耕机的功率消耗没有明确的公式来计算，但可以参考旋耕机的功率消耗经验公式：

$$N = 0.1K \cdot a \cdot V \cdot B \qquad （式5-1）$$

式中，N：旋耕机的功率消耗，kW；K：旋耕比阻，N/cm^2，可查表；a：耕作深度，

cm；V：机组前进速度，m/s；B：耕作宽幅，m。

从上式可以看出，影响功率消耗的主要因素为机组的前进速度、耕作深度和耕作宽幅。此外，旋耕刀齿的类型、旋耕刀的排列方式、刀辊直径、刀辊转速、切土进距、切土角等因素，也是影响旋耕机作业质量和功耗的主要因素，但是对这些因素对作业质量和功耗的影响程度并没有做具体的说明与解释。对于已经基本成熟的撬翻式茶园深耕机，其耕作宽幅、锄齿的类型和排列方式、曲柄的长度等因素已经确定，但机器的前进速度、曲柄的转速、耕作深度等因素可以人为调节。因而本文在不考虑生产效率的前提下，着重研究前进速度、曲柄的转速、耕作深度等因素对撬翻式茶园深耕机功耗和碎土质量的影响程度，从而确定茶园深耕机的最佳工作参数。

另外，由于撬翻式茶园深耕机的前进速度和曲柄转速可以任意组合，不同的速度组合可以产生不同的效果，重耕漏耕现象是其中效果之一。但是，由于在实际茶园深耕作业中，重耕漏耕量一般较小，且其重要程度远远低于功耗、碎土质量、生产效率等指标，人们往往忽略其对茶园深耕机和作业质量的影响。由于茶园深耕机在工作时，重耕漏耕量测量比较复杂、困难，因而我们只对其进行理论推导和简单的测量，以找出前进速度和曲柄转速的最佳配比关系，为撬翻式茶园深耕机的挂接箱和齿轮传动箱的设计提供理论依据。

综上所述，本研究以功耗、碎土质量作为撬翻式茶园深耕机的主要性能评价指标，给出功耗、碎土质量最优时前进速度、曲柄转速和耕作深度的最佳工作参数；以重耕漏耕量作为次要指标，找出当重耕漏耕量最小时，前进速度和曲柄的转速的配比关系。

小结

本节以国内生产的茶园深耕机为研究对象，阐述了撬翻式茶园深耕机的机构组成，分析了其工作原理，并介绍了现有牵引机具驱动下撬翻式茶园深耕机的工作参数。通过分析，阐述了撬翻式茶园深耕机的工作评价指标及其影响因素，为下面深耕机的仿真分析和试验做好准备工作。

第四节　撬翻式茶园深耕机耕作模型分析

一、机具受力分析

翻式茶园深耕机所受的外力可以分为主动力和被动力两大部分，而被动力主要是由主动力所产生的。主动力包括牵引力、发动机的输入动力经一系列传动系统传至曲轴上的驱动力和机器的重力。由主动力所引起的被动力有土壤对锄齿的工作阻力，限深轮的滚动阻力，土壤对机器的反作用力及杆件的惯性力等。机具在三组锄齿分别处于刚入土、进入土壤最深处、刚出土状态下的简化受力图如图 5-15 所示。

牵引力 P 是牵引机具前进时对茶园深耕机所产生的作用力，作用点可以简化看作是在深耕机的齿轮连接箱支点 A 上。驱动力实际上是力传动过程中曲轴产生的转矩 M_0 所带来的。它一方面使三组曲柄作等速旋转运动，同时带动连杆进行运动，另一方面它带动锄齿克服土壤的阻力进行耕作作业。三组曲柄连杆机构在尺寸、重量等方面都一样，且它们之间相互成120°角进行交替运动，因而力矩 M_0 给三个曲柄与连杆连接点 1、2、3 的力相等，由式 5-2 得，三个连接点所受的力 Q_1、Q_2、Q_3 均为 $M_0/3R$，R 为曲柄的长度。当撬翻式茶园深

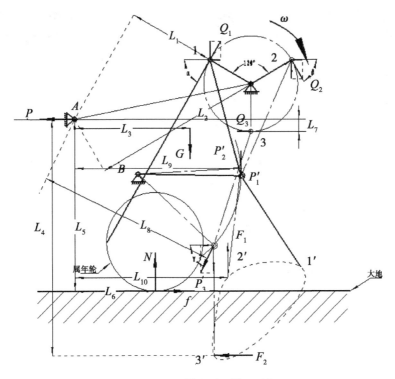

图 5-15　深耕机受力情况分析

耕机在某一个档位进行深耕作业时，可以近似认为机器的前进速度和曲柄转速都不变，所以三组曲柄在理论上是做匀速圆周转动。因而曲柄重心上只有法向加速度 a_n，而没有切向加速度 a_t，由式 5-3 得法向加速度在曲柄重心处产生的离心惯性力 P 大小为 ma_n，m 为曲柄的质量。机器的重力 G 可以看做作用在重心 M 上，大小与机具的重量有关。

$$F = \frac{M}{L} \qquad (式5-2)$$

式中，F：物体所受的作用力，N；M：力矩，N·m；L：力臂，m。

$$F = ma_n = mr\omega^2 \qquad (式5-3)$$

式中，F：物体做匀速圆周运动时所受的力的大小，N；m：物体的重量，kg；a_n：物体做匀速圆周运动时的法向加速度的大小，m/s；r：物体做匀速圆周运动时的旋转半径，m；ω：物体做匀速圆周运动时角速度的大小，rad/s。

撬翻式茶园深耕机深耕时，由于整个锄齿的形状上下不一、所处的深度不同，导致土壤对三组锄齿的工作阻力的大小及方向随着曲柄转动而不停地变化，分析起来比较复杂。本文中做了简化处理，可以近似的看作土壤对锄齿的工作阻力 f 作用在锄齿在土中长度的 1/2 处，方向与运动方向一致。由于锄齿与土壤接触面很小，因此这里忽略了土壤对锄齿的摩擦阻力。锄齿在切土、抛土时所受的土壤反作用力很大，不能忽视。

撬翻式茶园深耕机的连杆作平面运动，有一个作用在连杆重心上的一个惯性力及惯性力偶。它们可以简化为与作用线偏移一个距离的总惯性力 P 来代替。当曲柄在 1、2 点位置时，所对应的锄齿分别处于刚入土、刚出土状态下，两者所受的惯性力可以近似看作与水平面垂直且重合。限深轮上作用有机器自身重量和工作阻力引起的垂直力 N 以及滚动阻力 f。

由于这些力的大小、方向随着土壤性质、转速、耕作深度等因素变化而不断地变化，而且它们又是一个空间力系，三组锄齿不在同一垂直面上，所以这样复杂的变化力系很难进行精确的分析计算。现仅以三组曲柄在图 5-15 所示 1、2、3 位置，三组锄齿分别处于入土、撬土、出土状态时，简单分析在垂直面内各力的相互关系和变化规律（为分析方便，下面都不计曲柄惯性力）。

由图 5-15 分析可得，在水平方向上机具受力平衡情况为：

$$P + F_2 + Q_3 + P'_3\cos\gamma = Q_1\cos\alpha + Q_2\cos\beta + 2f \qquad (式5-4)$$

其中，$Q_1 = Q_2 = Q_3$。

由上式可见，能使机器前进的力除了牵引力 P 外，还有锄齿撬土时土壤给机器的反作用力 F_2 及部分惯性分力，它们只要克服限深轮的滚动阻力和部分曲柄上的驱动分力即可。而根据资料和实践可知，限深轮的滚动阻力和曲柄上的驱动分力相对而言比较小，所以撬翻式茶园深耕机不需要很大的牵引力；相反，当土壤给耕作部件的反作用力很大时，甚至可以推动机器进行前进运动。

在垂直方向上机具受力平衡情况为：

$$G + P'_3\sin\gamma + Q_2\sin\beta = Q_1\sin\alpha + 2N + P'_1 + P'_2 + F_1 \qquad (式5-5)$$

从上文分析中可以看出，上式中只有机具的重力 G 是固定的，其余的量都是在随时变化的。

对机具的摆动支点 A 进行转矩分析得：

$$GL_3 + Q_2L_2 + Q_3L_7 + F_2L_4 + P'_3L_8 = 2NL_6 + 2fL_5 + F_1L_{10} + (P'_1 + P'_2)L_9 + Q_1L_1$$

$$(式5-6)$$

上式左边是绕 A 点作顺时针方向转动的力矩，右边则是绕 A 点作逆时针方向转动的力矩。在理想的条件下，在任何瞬间，机具绕 A 点旋转时的力矩都相等，但实际上除了机具自身重力不变化以外，其余各个力的大小、方向都随时随刻在变化，因而上式等号基本不成立，导致机具也时时绕 A 点上下振动。

除垂直面平衡外，水平面内也存在平衡问题。由于三组锄齿是交替完成深耕工作，所以受力各不相同，水平面内机器是处在不平衡状态。当深耕机所处的不平衡状态过大时，就会导致变速箱与底盘连接螺栓、箱体及其他有关零件受到损害。尤其是机具在垂直面上的顺时针转动力矩和逆时针转动力矩差别较大时，会引起机具剧烈跳动。

二、机具运动分析

（一）运动轨迹分析

撬翻式茶园深耕机的运动轨迹可以分为静轨迹和动轨迹两种。静轨迹是指当深耕机不做前进运动，只有锄齿旋转时，产生的运动轨迹。以摆杆的旋转中心为原点建立直角坐标系（图 5-16），x 轴正向和茶园深耕机前进方向相反，y 轴正向垂直向上。设撬翻式茶园深耕机曲柄的旋转角速度为 ω，曲柄与 x 轴正向所成的角度为 β，连杆与 x 轴负向所成的角度为 γ，茶园深耕机的锄齿端点的运动方程推导如下。

曲柄回转中心 A 点的坐标方程为：

$$\begin{cases} x_A = L_2\cos\alpha \\ y_A = L_2\sin\alpha \end{cases} \qquad (式5-7)$$

曲柄端点 B 的坐标方程为：

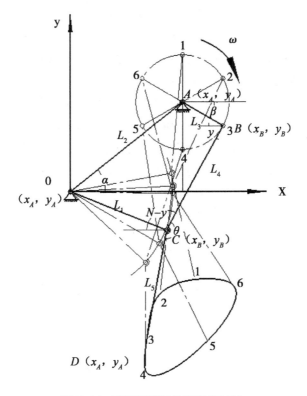

图 5-16　茶园深耕机的直角坐标系

$$\begin{cases} x_B = x_A + L_3\cos(\beta + \omega t) \\ y_B = y_B + L_3\sin(\beta + \omega t) \end{cases} \qquad （式5-8）$$

摆杆与锄臂的连接点 C 的坐标方程为：

$$\begin{cases} x_C = x_B - L_4\cos\gamma \\ y_C = y_B - L_4\sin\gamma \end{cases} \qquad （式5-9）$$

锄齿端点 D 的坐标方程为：

$$\begin{cases} x_D = x_C + L_5\cos(\theta - \gamma) \\ y_D = y_C - L_5\sin(\theta - \gamma) \end{cases} \qquad （式5-10）$$

将式5-7、式5-8、式5-9带入式5-10后整理得，锄齿端点 D 的运动轨迹方程为：

$$\begin{cases} x_D = L_2\cos\alpha + L_3\cos(\beta + \omega t) - L_4\cos\gamma + L_5\cos(\theta - \gamma) \\ y_D = L_2\sin\alpha + L_3\sin(\beta + \omega t) - L_4\sin\gamma - L_5\sin(\theta - \gamma) \end{cases} \qquad （式5-11）$$

设曲柄回转中心 A 距地面的距离为 H，则锄齿端点的耕作深度为：

$$h = |y_D| - (H - y_A) \qquad （式5-12）$$

由式5-7、式5-11整理得：

$$h = |L_2\sin\alpha + L_3\sin(\beta + \omega t) - L_4\sin\gamma - L_5\sin(\theta - \gamma)| - H + L_2\cos\alpha$$

$$（式5-13）$$

设茶园深耕机随牵引机具的前进速度为 v，由图5-17、式5-7可知，点 A 的运动方程为：

$$\begin{cases} x_A = L_2\cos\alpha - vt \\ y_A = L_2\sin\alpha \end{cases} \qquad (式5-14)$$

将式 5-14 带入式 5-8、式 5-9、式 5-10、式 5-11 后整理得，撬翻式茶园深耕机做前进运动时，锄齿端点 D 的运动轨迹方程为：

$$\begin{cases} x_D = L_2\cos\alpha + L_3\cos(\beta + \omega t) - L_4\cos\gamma + L_5\cos(\theta - \gamma) - vt \\ y_D = L_2\sin\alpha + L_3\sin(\beta + \omega t) - L_4\sin\gamma - L_5\sin(\theta - \gamma) \end{cases} \qquad (式5-15)$$

由于角度 γ 是随着时间 t 和曲柄角速度 ω 变化的，并且它们之间的关系比较复杂，所以本文对其进行简化处理。假设角度 γ 与时间 t、角速度 ω 的关系为 $\gamma = f(t, \omega)$，则由速度的定义及物理意义可知，对锄齿端点 D 的运动轨迹方程进行时间 t 的一次求导即为端点 D 的速度。所以点 D 在任意时刻 t 的速度变化规律为：

$$\begin{cases} v_{Dx} = \dfrac{dx_D}{dt} = -L_3\omega\sin(\beta + \omega t) - v + L_4\sin\gamma \cdot \dfrac{\partial f(t, \omega)}{\partial t} + L_5\sin(\theta - \gamma) \cdot \dfrac{\partial f(t, \omega)}{\partial t} \\ v_{Dy} = \dfrac{dy_D}{dt} = L_3\omega\cos(\beta + \omega t) - L_4\cos\gamma \cdot \dfrac{\partial f(t, \omega)}{\partial t} + L_5\cos(\theta - \gamma) \cdot \dfrac{\partial f(t, \omega)}{\partial t} \end{cases}$$
$$(式5-16)$$

假设：

$$g_1(t, \omega) = L_4\sin\gamma \cdot \dfrac{\partial f(t, \omega)}{\partial t} + L_5\sin(\theta - \gamma) \cdot \dfrac{\partial f(t, \omega)}{\partial t} \qquad (式5-17)$$

$$g_2(t, \omega) = L_4\cos\gamma \cdot \dfrac{\partial f(t, \omega)}{\partial t} + L_5\cos(\theta - \gamma) \cdot \dfrac{\partial f(t, \omega)}{\partial t} \qquad (式5-18)$$

由加速度的定义及物理意义可知，再次对端点 D 速度的变化方程进行对时间 t 的求导，即为端点 D 的加速度。点 D 在任意时刻 t 的加速度变化规律为：

$$\begin{cases} a_{Dx} = -L_3\omega^2\cos(\beta + \omega t) + \dfrac{\partial g_1(t, \omega)}{\partial t} \\ a_{Dy} = -L_3\omega^2\sin(\beta + \omega t) - \dfrac{\partial g_2(t, \omega)}{\partial t} \end{cases} \qquad (式5-19)$$

若直接由式 5-16、式 5-19 进行对锄齿端点 D 的速度和加速度分析，由于角度 γ 与时间 t、角速度 ω 的关系 $\gamma = f(t, \omega)$ 未知，因而上述两式不能明确速度、加速度的变化规律。从前文可知，锄齿是在曲柄带动下进行的运动，因而分析曲柄端点 B 速度、角速度等参数可以间接得到锄齿端点 D 的参数变化情况。

曲柄做匀速圆周旋转运动，曲柄端点 B 的运动轨迹如图 5-17 所示。经分析可知，B 点的运动在水平方向和垂直方向上各有两个临界状态。当曲柄端点运动到 1、3 位置时，曲柄端点 B 只有垂直方向上的速度，水平方向上的速度为零；同理，当曲柄端点运动到 2、4 位置时，曲柄端点 B 只有水平方向上的速度，垂直方向上的速度为零。在运动到圆周最低点时，端点 B 在垂直方向上没有速度，因而此时锄齿端点 D 在垂直方向上的速度为零，达到最大耕深。由于锄齿上臂和锄齿下臂成一定的角度连接，并且锄齿端点的运动是机具前进和曲柄带动旋转的运动合成，因而锄齿端点在 y 轴上的分速度变化规律与曲柄端点变化规律稍有区别，它们的运动轨迹相似但是达到极值的时间可能不同；但是锄齿端点在 y 轴上的分加速度变化规律与曲柄端点的变化规律有较大区别。

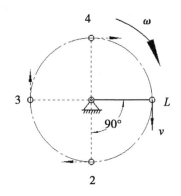

图 5-17　曲柄的四种临界状态

（二）最大耕作深度的规划求解

Microsoft Excel 是微软公司的办公软件 Microsoft Office 的组件之一，它提供了强大的数据分析处理功能，利用它们可以实现对数据的排序、分类汇总、数据透视、筛选以及规划求解等操作。这里利用 Excel 工具表的规划求解功能对撬翻式茶园深耕机的最大理论耕作深度进行求解。

将撬翻式茶园深耕机的各个杆件参数带入式 5-13 可知，茶园深耕机的耕深表达式为：

$$h = |115.5837 + 130\sin(\beta + \omega t) - 355\sin\gamma - 325\sin(161.5° - \gamma)|$$
$$- 560 + 372.4787$$

（式 5-20）

将上式右边部分分别输入不同的 Excel 单元格内，利用 Excel 工具表的规划求解功能进行最大耕作深度的求解，设置目标单元格等于最大耕作深度，并根据茶园深耕机的各个杆件长度参数和各个角度取值范围，进行约束条件的添加设置，最后进行求解。进行规划求解后得到最大耕作深度为 260.2543mm，即在约束条件范围内，撬翻式茶园深耕机的最大耕作深度为 260mm。

（三）重耕漏耕的分析

若对锄齿端点 D 在 x 轴上的分位移进行分析，由式 5-15 可以看出，X_D 是关于 v、ω、γ、t 的三角函数关系式，由三角函数的性质可知，在一定时间内某个数值的位移可以出现多次。当某一个位移量出现的次数过多时，表示锄齿多次运动到此位置，即锄齿端点在此处进行多次重复运动，产生重耕现象（图 5-18）；当次数小于一定数值时，表示锄齿端点在此处没有进行完全耕作，此时在该工作条件下产生漏耕现象（图 5-19）；当次数等于某一数值，且锄齿前进的最大位移量等于下一周期抛土时后退的最大位移量时，恰好既不发生漏耕现象也不发生重耕现象，视为在该工作条件下的理想耕作状态（图 5-20）。

由图 5-16 和式 5-15 可知，锄齿端点 D 在 x 轴位移的运动方程与角度 γ 有关，而 γ 为一个与 ω、t 有关的未知变量，因而直接对其进行分析时比较困难。由前文可知，锄齿是在曲柄带动下做旋转运动，曲柄的运动规律可以在一定程度上反映出锄齿的运动规律。本文为了简化研究锄齿的重耕漏耕运动规律，可以近似的认为曲柄端点的重耕漏耕量即为撬翻式茶园深耕机的重耕漏耕量。

参考图 5-16，以曲柄的旋转中心 A 为原点，机具的前进运动方向为 x 轴正向，耕作方向为 y 轴正向建立坐标系 xAy，如图 5-21 所示。假设曲柄与大地垂直时为茶园深耕机的理

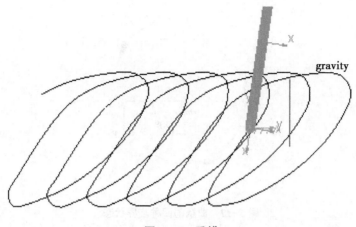

图 5-18　重耕

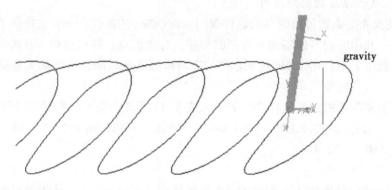

图 5-19　漏耕

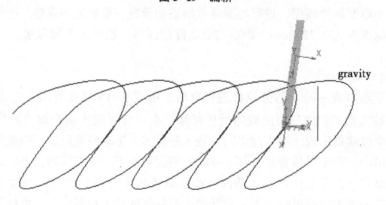

图 5-20　理想耕作状态

想初始状态，牵引机具的前进速度为 v，曲柄的角速度为 ω，撬翻式茶园深耕机由 A 点运动到 A_1 点时，曲柄所转的角度为 δ，曲柄 AB 的长度为 R，则点 B 的运动方程为：

$$\begin{cases} x_B = vt + R\sin\delta \\ y_B = R\sin\delta \end{cases}$$ 　　　　（式 5-21）

在图 5-21 中，点 1 为第一个旋转周期时最大的前进位置，点 2 为第二个旋转周期时曲柄后转时的最大后退位置，则重耕漏耕量 S 可以近似的认为 $S = x_{B1} - x_{B2}$。在点 1 位置时曲柄

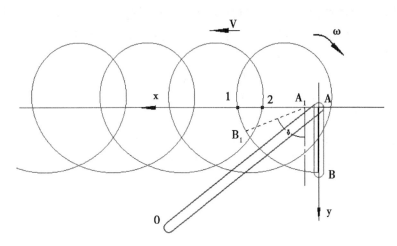

图 5-21　曲柄端点的运动轨迹

所转的角度为 $\delta_1 = \pi/2$，所用的时间为 $t_1 = 1/4n$；在点 2 位置时曲柄所转的角度 $\delta_2 = 7\pi/2$，所用的时间 $t_2 = 7/4n$。将 $R = 130mm$、δ_1、δ_2、t_1、t_2 带入式 5-21 和 S，统一单位整理后得茶园深耕机曲柄的重耕漏耕量 S 为：

$$S = x_{B1} - x_{B2} = 260 - \frac{90\,000v}{n} \qquad （式 5-22）$$

式中，S：曲柄的重耕漏耕量，mm；v：撬翻式茶园深耕机的前进速度，m/s；n：曲柄的旋转速度，r/min。

由式 5-22 可知：当 $S>0$，即 $x_{B1}>x_{B2}$ 时，茶园深耕机的曲柄产生重耕现象；当 $S<0$，即 $x_{B1}<x_{B2}$ 时，茶园深耕机的曲柄产生漏耕现象；当 $S=0$，即 $x_{B1}=x_{B2}$ 时，茶园深耕机的曲柄既不产生重耕现象也不产生漏耕现象，此时达到理想状态。当 $S=0$ 时，由式 5-22 整理可得，曲柄不产生重耕漏耕时，机器的前进速度和曲柄的转速之间的理想配比关系为：

$$\frac{v}{n} = \frac{13}{45\,000} \qquad （式 5-23）$$

由于曲柄和锄齿成一定角度连接，当前进速度和曲柄转速满足上式时，锄齿可能产生少量的重耕和漏耕。由于土壤具有一定的黏结性，可以相互黏结在一起，因而实际茶园耕作中可以允许产生少量的重耕和漏耕。我们可以近似的认为，当机具的前进速度和曲柄转速满足式 5-23 时，撬翻式茶园深耕机不产生重耕漏耕。

三、撬翻式茶园深耕机的仿真分析

由于撬翻式茶园深耕机的结构比较复杂，并且茶园深耕机的三组锄齿是交替入土、抛土、出土，在 ANSYS 有限元分析软件中实现其运动比较复杂，因而本文暂时只对深耕机进行 ADAMS 的运动学分析。

（一）建立几何模型

虽然机械系统动力学自动分析软件 ADAMS 并不是一款专业用于三维绘图的软件，它只具备简单的三维建模功能，但是对于一些结构比较复杂的机械，在不影响其研究结果的情况下，可以利用 ADAMS 进行简单的建模分析。

从上文所述中可以看出，撬翻式茶园深耕机的工作原理是三组曲柄四连杆机构，在 AD-

AMS 环境中按机具的各杆件尺寸进行简化建模。由于本文只研究其运动的变化规律，因而简化机构没有质量，单位、栅格、重力等仿真环境设置都为软件自带的默认参数（Darina Hroncova, et al., 2012; Tomasz Nabaglo, et al., 2013）。

建立简化机构后对其进行约束添加，本简化模型主要用到旋转副（Joint：Revolute）、固定副（Joint：Fixed）、移动副（Joint：Translational）等约束。其中锄齿上臂和锄齿下臂的固结采用固定副，零件间的铰接采用旋转副，机架与大地（Grand）采用移动副。

对曲柄添加旋转驱动（Rotational Joint Motion），设置曲柄的转速；对机架添加移动驱动（Translational Joint Motion）设置机架的前进速度。添加约束和驱动后，软件仿真的工作界面如图 5-22 所示。

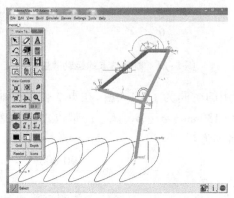

图 5-22　ADAMS 仿真工作界面图

（二）仿真与结果分析

设置仿真终止时间（End Time）为 10，仿真工作步长（Step Size）为 0.01，系统进行运动学仿真，可得锄齿端点的运动变化规律曲线图。

1. 曲柄和锄齿端点 y 轴速度、加速度对比

图 5-23 表明，曲柄在 y 轴上的分速度的运动是正、余弦运动规律；锄齿端点在 y 轴分

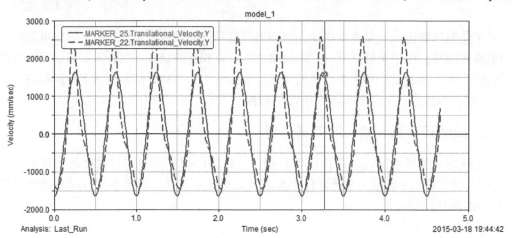

图 5-23　速度对比

速度的运动稍有波动，但是形状类似于正、余弦运动规律，两者的波形大致相同。但当曲柄 y 轴上分速度达到极值时，锄齿端点的速度未能达到极值。从图 5-24 可以看出，曲柄 y 轴

上分加速度运动仍然是正、余弦运动规律，但锄齿端点在 y 轴分加速度的波形波动比较大。说明理论分析模型和仿真模型基本吻合，二者相互验证。

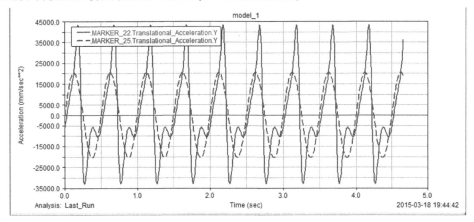

图 5-24　加速度对比

2. 最大耕作深度

从图 5-25 中可以得到，在前进速度、转速一定的条件下，锄齿端点在 y 轴上的分位移的最小值为：Min=-248.7089mm。最小值为负值说明是锄齿端点在仿真系统中 MARKER—22 点建立的坐标系 y 轴方向与入土方向相反。由图中的最小值可以看出，锄齿入土的最大垂直距离为 248.7089mm，即最大耕深为 24.87089cm（约为 25cm）。前文用 Excel 规划求解计算出的最大耕作深度为 260mm，仿真模拟结果与规划求解结果之间的误差约为 4.343%，可以认为两个模型对耕作深度的分析相等。

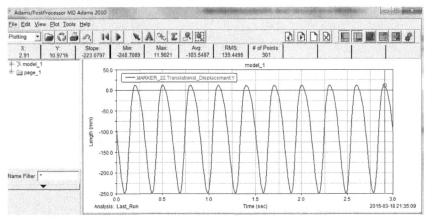

图 5-25　耕作深度的仿真结果

3. 锄齿端点在 y 轴上的分运动分析

为了更好地研究锄齿端点在 y 轴上的分位移、分速度、分加速度三者之间的关系，将两两其放在一个图中进行比较分析，如图 5-26、图 5-27、图 5-28 所示。

由图 5-26 可以得到，当锄齿端点运动到最大的耕作深度位置时，锄齿端点的 y 轴分速度恰好为 0，并且两者的波形都与正、余弦的波形相似；图 5-26 表明锄齿端点的 y 轴分速度为 0 时，其加速度未能达到极值，并且加速度的波形有较大的波动。这是由于曲柄通过锄臂带动锄齿运动，锄臂与锄齿又成一定的角度连接，因而致使锄齿端点的速度、位移运动轨迹与曲柄运动类似，都成正、余弦的波形，但是 y 轴上的分加速度波动较大。

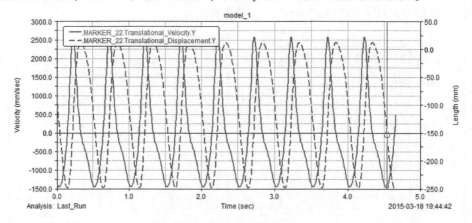

图 5-26　位移和速度

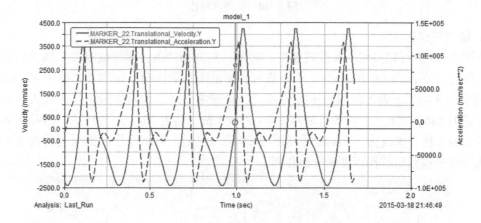

图 5-27　速度和加速度

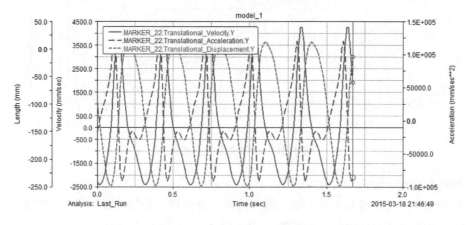

图 5-28　位移、速度、加速度

4. 重耕、漏耕的分析

从前文分析可知，当撬翻式茶园深耕机在理想状态下既不产生重耕现象也不产生漏耕现象时，机器的前进速度和曲柄的转速之间的配比关系满足式 5-23。当前进速度分别为

0. 20m/s、0. 35m/s、0. 50m/s 时，由式 5-23 可以计算出曲柄对应的转速分别为 69. 23r/min、121. 15r/min、173. 08r/min。为了研究三组速度满足式 5-23 的配比关系时，曲柄和锄齿是否产生重耕漏耕现象和产生重耕漏耕现象时重耕漏耕量的大小，现对上述三组前进速度与曲柄转速的配比进行仿真验证。

为了研究方便，本文假设当前进速度 v 为 0. 20m/s、曲柄转速 n 为 69. 23r/min，耕作深度为 25cm 时，设为工作条件 I。在 ADAMS 仿真软件按上述工作参数进行设置仿真后，曲柄端点和锄齿端点的运动轨迹如图 5-29 所示。从图中的运动轨迹可以看出，在此条件下，

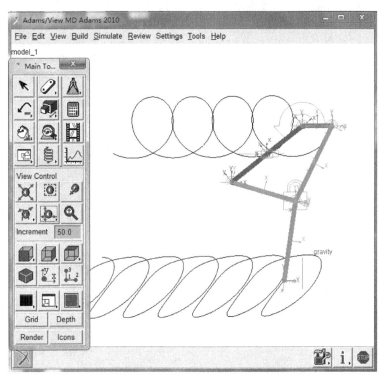

图 5-29　I 条件下的运动轨迹图

锄齿产生一定的漏耕量。当曲柄端点运动到图 5-21 所示的点 1 位置时，该点的 x 坐标为在 $-347. 842 \sim -345. 956$（如图 5-30 中的序号 44、45 所对应的 X 值）范围内，当曲柄端点运动到图 5-21 所示的点 2 位置时，该点的 x 坐标为 $-346. 015$（如图 5-30 中的序号 174 所对应的 X 值），可见两者坐标值之间有差距但是相差不大，这是因为前进速度和曲柄转速虽然按照 $v/n=13/4\ 500$ 进行的配比，但是在前进速度一定时，求出的曲柄转速是一个无穷小数，因而四舍五入取值后曲柄转速变小，这导致两点的坐标值有一定差距。但是可以认为此时曲柄端点既不产生重耕现象也不产生漏耕现象。当锄齿端点运动到相同水平位置时，由图 5-31 中的序号 1、2 和序号 112 所对应的 X 坐标值可以看出，该条件下的漏耕量小于 12mm。

当前进速度 v 为 0. 35m/s、曲柄转速 n 为 121. 15r/min，耕作深度为 25cm 时，设为工作条件 II。在 ADAMS 仿真软件按上述工作参数进行设置仿真后，曲柄端点和锄齿端点的运动轨迹如图 5-32 所示。从图中的运动轨迹可以看出，在此条件下，锄齿产生一定的漏耕。当曲柄端点运动到图 5-21 所示的点 1 位置时，该点的 x 坐标约为 $-347. 4405$（如图 5-33 中的序号 26 所对应的 X 值），当曲柄端点运动到图 5-21 所示的点 2 位置时，该点的 x 坐标约为

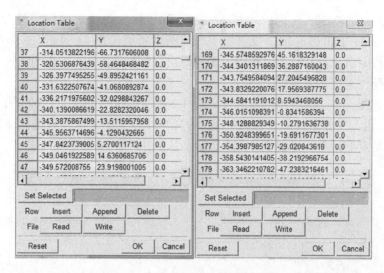

图 5-30　Ⅰ 条件下的曲柄端点坐标

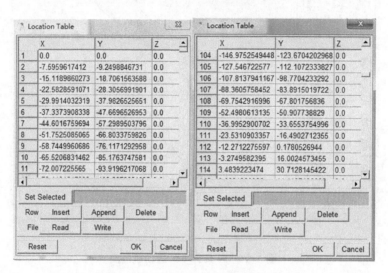

图 5-31　Ⅰ 条件下的锄齿端点坐标

-346.5019（如图 5-33 中的序号 100 所对应的 X 值），两者相差不大，此时曲柄端点既不发生重耕也不发生漏耕。当锄齿端点运动到相同水平位置时，由图 5-32 中的序号 2 和序号 63（图 5-34）所对应的 X 坐标值可以看出，该条件下的漏耕量约为 10mm。

　　当前进速度 v 为 0.50m/s、曲柄转速 n 为 173.08r/min，耕作深度为 25cm 时，设为工作条件Ⅲ。曲柄端点和锄齿端点的运动轨迹如图 5-35 所示。从图中的运动轨迹可以看出，在此条件下，锄齿产生一定的漏耕。当曲柄端点运动到图 5-21 所示的点 1 位置时，该点的 x 坐标为-519.999（如图 5-36 中的序号 53 所对应的 X 值），当曲柄端点运动到图 5-21 所示的点 2 位置时，该点的 x 坐标为-520.000（如图 5-36 中的序号 105 所对应的 X 值）。此时曲柄端点既不发生重耕也不发生漏耕。当锄齿端点运动到相同水平位置时，由图 5-37 中的序号 1、2 和序号 45、46 所对应的 X 坐标值可以看出，该条件下的漏耕量小于 20mm。

　　综合三种工作条件的仿真结果与分析可以看出，当撬翻式茶园深耕机的前进速度和曲柄

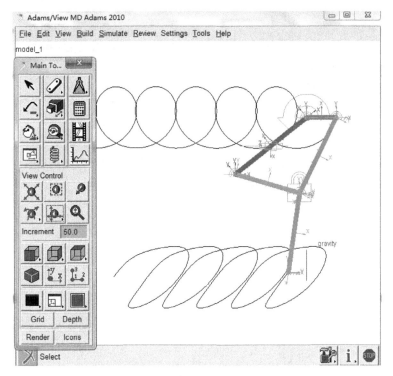

图 5-32 Ⅱ条件下的运动轨迹图

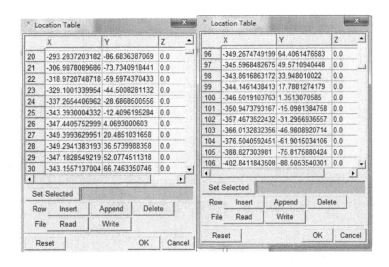

图 5-33 Ⅱ条件下的曲柄端点坐标

转速配比关系为 $\dfrac{v}{n} = \dfrac{13}{4\,500}$ 时，锄齿产生少量的漏耕量，漏耕量的范围为 $10\sim20\text{mm}$。符合茶园耕作的实际生产要求，与前文中的理论分析一致。因而我们可以认为，撬翻式茶园深耕机在理想工作条件下既不产生重耕现象也不产生漏耕现象的前进速度与转速配比关系为：

$$\frac{v}{n} = \frac{13}{4\,500}。$$

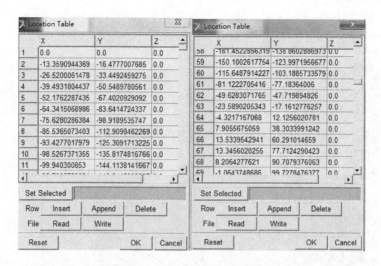

图 5-34　Ⅱ 条件下的锄齿端点坐标

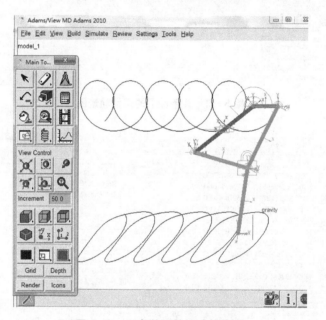

图 5-35　Ⅲ 条件下的运动轨迹图

小结

本节对撬翻式茶园深耕机进行了简单的理论受力分析，对深耕机在工作时处于不平衡状态进行了初步探讨。为了深入了解深耕机锄齿的运动规律，建立了运动模型，对最大耕作深度和曲柄转速与前进速度的配比关系进行了理论分析。运用 ADAMS 仿真软件对撬翻式茶园深耕机进行了运动学仿真分析，仿真结果与理论计算结果基本吻合。结果表明，撬翻式茶园深耕机的最大耕作深度可以达到 25cm；当 $v/n = 13/4\,500$ 时，茶园深耕机产生 $10\sim20$mm 的漏耕量，可以近似的认为在此条件下深耕机既不产生重耕现象也不产生漏耕现象。

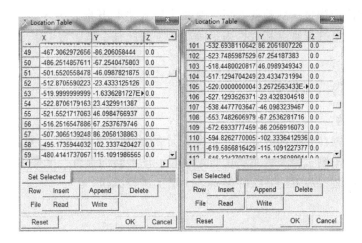

图 5-36　Ⅲ条件下的曲柄端点坐标

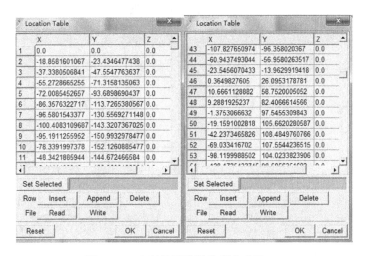

图 5-37　Ⅲ条件下的锄齿端点坐标

第五节　撬翻式茶园深耕机试验台的设计

根据茶园管理机作业质量评价技术规范和茶园管理机械化技术规程（DB34/T 530—2005），评价茶园深耕机性能的指标有耕作深度及其稳定性、碎土质量、耕前耕后的地表平整度、功率消耗、生产率等。因而功率消耗和碎土质量是衡量撬翻式茶园深耕机性能的重要指标，但是如果采用茶园深耕机直接进行田间试验来获取功耗参数时，存在着试验重复性差、试验数据采集困难和所采集的数据精度不高等问题。为了更好地研究撬翻式茶园深耕机的作业性能和获取用于进一步分析的高精度性能参数，本文设计了土槽深耕试验台进行模拟茶园的深耕作业，从而更为方便有效地获取最佳深耕参数。

一、试验台的功能组成分析

根据撬翻式茶园深耕机的评价指标和工作参数的要求，试验台要具备耕作功能和数据测控功能。耕作功能是指试验台可以带动撬翻式茶园深耕机完成一边随机具前进，一边进行深耕作业；数据测控功能是指试验台能提供对整个装置进行开启、关闭以及有关速度的控制，并且能够对试验数据进行监测和数据采集等功能。因此整个试验台可以分为机械系统和测控系统两大部分。

二、试验台的机械系统

（一）整体结构

考虑到试验装置在土槽内的安装，本文设计的试验装置其结构示意图如图 5-38 所示。撬翻式茶园深耕机土槽试验装置主要由行走装置、动力转向装置、撬翻式茶园深耕机三大部分组成。整个试验装置放置于直线往复式的土槽上进行试验。

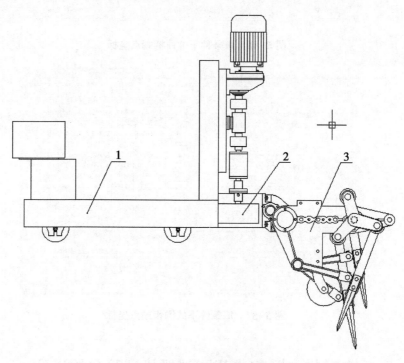

图 5-38 试验装置示意图
1. 行走装置；2. 动力转向装置；3. 撬翻式茶园深耕机

行走装置包括行走电机、机架等。试验台的行走装置实现整个试验装置的行走，通过测控系统可对其前进速度进行调节，以便于研究机具的前进速度对功耗的影响。动力转向装置是将耕作电机输出的垂直方向上的动力转化为水平的输出动力，带动茶园深耕机工作。动力转向装置结构图如图 5-39 所示。

（二）技术参数

该试验装置可以用于研究不同工况下撬翻式茶园深耕机的土壤耕作性能指标。其主要技术参数如表 5-5 所示。

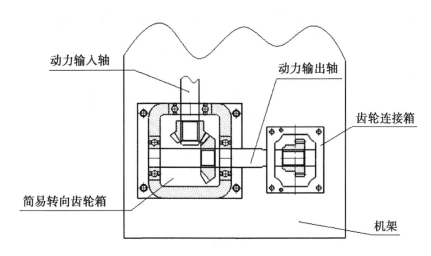

图 5-39　动力转向装置结构示意图

表 5-5　土槽试验装置的主要参数

参数	数值
配套动力 P（kW）	15
转速 n（r/min）	0~350，可调
耕作深度 h（cm）	0~25，可调
试验台前进速度 v/（m/s）	0~1，可调
整体尺寸（长×宽×高）/（mm×mm×mm）	2 500×1 400×1 390
装置质量（m/kg）	520

试验装置的两台电动机都采用上海杰速特种电机厂生产的 YVP 系列变频调速三相异步电动机，这种电动机具有调速范围宽、振动小、高速、能输出恒功率之特性。表 5-6 为行走电机和耕作电机的性能参数。

表 5-6　电动机的性能参数

电机名称	电机型号	额定功率（kW）	额定转速（r/min）	额定转矩（N·m）
耕作电机	YVP160L-4	15	1 500	95.5
行走电机	YVP160M-4	11	1 500	70

三、试验台的测控系统

(一) 工作原理

试验装置的测控系统主要由电机控制系统、数据采集系统和安装有 LabVIEW 编写的测控软件的上位机等组成，其试验平台结构框架图如图 5-40 所示。电机控制系统通过输出的模拟信号控制变频器的输出，实现对整个试验装置前进速度和转速的调节控制；扭矩转速传感器将频率信号经 F/V 转换模块转化为电压信号，实现数据采集系统对转速、扭矩的采集；

上位机通过安装的 LabVIEW 应用程序控制试验装置的行走和耕作、实现试验数据的显示和保存。

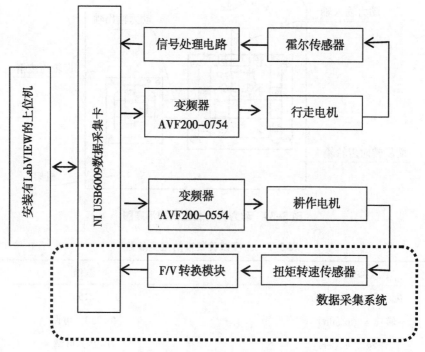

图 5-40　试验平台结构框架图

（二）数据采集卡

本试验装置的测控系统采用深圳博瑞图电子科技有限公司生产的 NI USB6009 数据采集卡。它一方面通过向继电器输出高低电平信号来控制变频器，从而实现行走电机和耕作电机的启停、正反转、电机转速的调节；另一方面，数据采集卡对 F/V 转化模块输出的电压信号进行读取、采集并输送到上位机上进行数据的实时保存。数据采集卡各端的端子分别与继电器连接，连接图如图 5-41 所示。

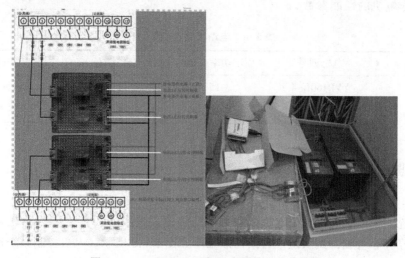

图 5-41　NI USB6009 与继电器的实物连接图

（三）扭矩转速传感器

本试验装置采用蚌埠传感器系统工程有限公司生产的 JN-DN 扭矩转速传感器来获取撬翻式茶园深耕机深耕作业时的转速和扭矩。扭矩转速传感器的性能参数如表 5-7 所示。

表 5-7　扭矩转速传感器的性能参数

项目	数值	项目	数值
量程	0~300N·m	频率信号输出	5~15kHz
灵敏度	1±0.2mv/V	信号占空比	（50±20）%
扭矩示值误差	<±0.5%F·S	静态超载	120%
频率信号输出	5~15kHz	断裂负载	200%
重复性	<±0.2%F·S	绝缘阻抗	>500MΩ
非线性	<±0.25%F·S	输出阻抗	1kΩ±3Ω
回差	<0.2%F·S	使用温度	0~60℃
零飘（24h）	<0.5%F·S	负额定扭矩	5kHz±10Hz
零点温漂	<0.5%F·S/10℃	正额定扭矩	15kHz±10Hz
电源电压	24VDC/500mA	零扭矩	10kHz±10Hz

（四）LabVIEW 测控程序

LabVIEW 是由美国国家仪器（NI）公司研制开发的一种编程语言程序。该程序用图标代替文本行，在测试测量、控制、仿真和快速开发等领域应用广泛。

由土槽试验装置的设计要求可知，LabVIEW 编写的程序要实现行走电机、耕作电机的启停和转速调节以及数据的采集、显示、保存等重要功能。因而测控程序在编制时，可以分为电机转速调节程序和数据采集、显示、保存程序等两大部分。在电机转速调节程序中，通过模拟输出电压来控制频率输出，从而实现对行走电机和耕作电机转速的控制，进而实现试验装置的前进速度和撬翻式茶园深耕机的曲柄转速的调节；在数据采集、显示及保存程序中，程序将输入信号转化为相应的电压信号，通过扭矩转速传感器和数据采集卡实现转速和扭矩的采集。最后软件将采集到的转速、转矩等数据以 Excel 文本格式保存在计算机上，该程序中设置的采样频率为 100Hz。电机转速调节程序，数据采集、显示及保存程序，软件的操作界面分别如图 5-42、图 5-43、图 5-44 所示。

四、功率测量原理

本文是通过测量试验装置的转矩和转速来间接测量试验装置的功率，功耗计算公式：

$$P = \frac{T \times n}{9549} \qquad （式 5-24）$$

式中，P：功率，kW；T：转矩，N·m；n：转速，r/min。

由上式可以看出，只要测量出撬翻式茶园深耕机的输入转矩和输入转速，便可以确定深耕机的功率消耗情况。扭矩转速传感器可以将弹性轴所受到的应变信号经压/频转换等处理电路转化为相应的频率信号，进而得到转矩和转速。测量原理图如图 5-45 所示。

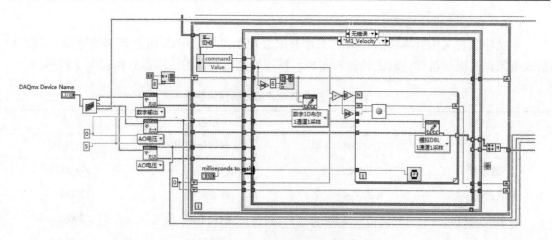

图 5-42　电机转速调节程序

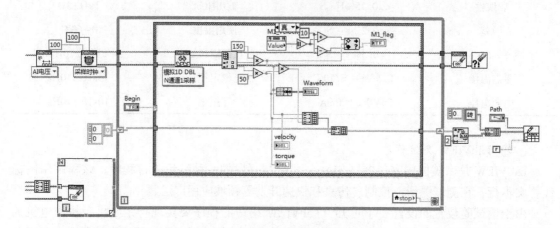

图 5-43　数据采集、显示及保存程序

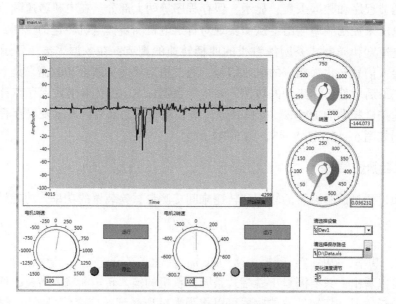

图 5-44　软件的操作界面

图 5-45　测量原理图

小结

为了方便研究撬翻式茶园深耕机的耕作性能，在考虑到试验所用土槽基本条件的情况下，本文设计了一款撬翻式茶园深耕机土槽试验装置，并对该试验装置的机械系统、测控系统的相应技术参数进行了细致地介绍。该试验装置能实现撬翻式茶园深耕机在前进速度为 $0 \sim 1$m/s，曲柄转速为 $0 \sim 350$r/min，耕作深度为 $0 \sim 25$cm 范围内任意组合进行土壤耕作试验。此外，LabVIEW 软件的应用，更能精确、方便、可靠地获取所需的试验数据。

第六节　土壤耕作优化试验研究

一、试验准备

本文试验在江苏大学的室内土槽中完成。土槽为固定式水泥结构，长 17m，外宽 2m，土槽内装有从茶园中获取的土壤，如图 5-46 所示。此外，为了模拟经多次踩踏后的茶园土壤环境，每次试验时，土槽内的土壤都进行如下整土处理。

（1）试验前进行人工翻土，并且将板结的土块敲碎，均匀适量洒水。

（2）按每层土壤 $5 \sim 6$cm 进行土壤分层压实，每次铺完后用 60kg 的自制石磙来回碾压多次。

（3）将洒水、压实后的土壤用塑料薄膜覆盖好，放置 20 个小时，保证土槽中土壤的水分充分渗透均匀。

图 5-46　试验现场

由于不同土壤的坚实度和含水率，对茶园深耕机产生的反作用力不同，进而导致功耗和碎土率不同。坚实度和含水率较大的土壤，对锄齿的作用力较大，导致功率消耗较大，碎土率较小；反之，坚实度和含水率较小的土壤，对锄齿的作用力较小，进而功率消耗较小，碎土率较大。因而试验开始之前，先对整理好的土槽土壤进行坚实度与含水率的测量。在土槽测区的内对角线上取 5 点，每点按 0~10cm、10~20cm、20~30cm 分层进行测定，并分别算出分层和全层平均值。其中全层平均值作为土壤的物理参数。

土槽土壤坚实度用杭州迈煌科技有限公司生产的 MH-JSD 型土壤紧实度速测仪进行测量。5 个测试点的土壤全层平均坚实度如表 5-8 所示。

表 5-8　五个测试点的坚实度

位置	A	B	C	D	E	平均值
坚实度	0.51MPa	0.43MPa	0.45MPa	0.40MPa	0.53MPa	0.464MPa

旋耕机械试验方法（GB/T 5688.3—1995）规定用烘干法测量土壤的含水率时，其测点与土壤坚实度的测点相对应。每层取不少于 30g 的土样（去掉石块和植物残体等杂质），装入铝盒后称重，放在 105℃ 恒温烘箱中烘烤约 6h，一直到质量不变为止。然后取出放入干燥器中冷却到常温称重，并分别计算出分层和全层的平均土壤含水率，以全层的平均土壤含水率作为该点的含水率。5 个测试点的土壤全层平均含水率如表 5-9 所示。

表 5-9　五个测试点的含水率

位置	A	B	C	D	E	平均值
含水率	24.07%	25.09%	26.02%	25.08%	25.32%	25.12%

由以上数据可以看出，试验土槽土壤的坚实度为 0.464MPa，含水率为 25.12%。土槽土壤与茶园土壤的坚实度和含水率差别不大，符合试验方法的规定和要求。因而可以进行撬翻式茶园深耕机的耕作试验。

二、试验结果测定方法

（一）功耗的测定

由前文可知，由于茶园深耕机的研究相对较少，到目前为止没有可以用来计算撬翻式茶园深耕机功耗的经验公式，若根据旋耕机的功耗经验计算公式，结果可能存在一定的误差，并且公式中没有曲柄转速这一项，得不到曲柄转速对茶园深耕机功耗的影响程度。本文采用扭矩转速传感器进行扭矩、转速的采集，从而通过式 5-25 进行撬翻式茶园深耕机功耗的计算。

（二）碎土质量测定

碎土质量是衡量耕整地机械性能评价指标之一。根据耕整机的试验方法（JB/T 9803.2—1999）的规定，在已耕地上取 0.5m×0.5m 面积内的全耕层土样，称其总重量后进行土块大小的筛分。土块大小按其最长边分成小于 4cm、4~8cm、大于 8cm 三个等级。用小于 4cm 的土块的质量占总质量的百分比作为碎土率。按式 5-25 计算撬翻式茶园深耕机的碎土率。

$$C = \frac{G_s}{G} \times 100\% \qquad\qquad （式 5-25）$$

式中，C：全耕层碎土率，%；G_s：全耕层最长边小于 4cm 土块质量，kg；G：0.5m×0.5m 面积内全耕层土块总质量，kg。

　　茶园耕作作业与其他田间耕作作业要求不同，茶园深耕作业对碎土质量的要求不高，土垡大小合适即可，并且撬翻式茶园深耕机后面没有挡土罩进行土块的撞击、破碎，因而撬翻式茶园深耕机的碎土率比旋耕机等机具的碎土率低。

　　（三）重耕漏耕量的测定

　　撬翻式茶园深耕机重耕漏耕量是指在工作过程中，在同一纵垂直面内锄齿完成相邻两个旋转耕作动作，锄齿重复耕作或没有进行耕作的距离。由于锄齿是在地表以下进行土壤的耕作，因而这一段距离要在地表以下测量，而现有的测量工具不能完成此项测量，实际测量时采用以下所述方法进行重耕漏耕量的测量。

　　当试验装置以一定的速度进行前进运动，同时撬翻式茶园深耕机的曲柄以一定的转速进行旋转耕作作业，测量锄齿完成一次耕作入土点和出土点之间的距离记为 S_1，锄齿完成 N 次完整入土、出土耕作动作时，锄齿所前进的距离记为 S_2，则撬翻式茶园深耕机的重耕、漏耕量 S_0 为：

$$S_0 = \frac{S_2 - NS_1}{N - 1} \qquad （式5-26）$$

　　现对 S_0 进行重耕、漏耕情况的分析：当 $S_0 > 0$ 时，说明在此前进速度、曲柄转速的条件下，茶园深耕机发生漏耕现象，若 S_0 较大，会产生较大的土垡，严重降低耕作质量；当 $S_0 < 0$ 时，说明在此前进速度、曲柄转速的条件下，茶园深耕机发生重耕现象，若 $|S_0|$ 较大，说明茶园深耕机的锄齿有一段时间在做重复耕作作业，碎土质量虽然提高，但是，有一定的功耗浪费在重复作业中；当 $S_0 = 0$ 时，说明在此情况下，撬翻式茶园深耕机既不产生重耕也不产生漏耕，既能保证茶园耕作质量，又可以减少功率消耗。由于土壤具有黏结性，可以相互牵连在一起，因而可以允许产生少量的漏耕。综上所述，在实际生产中，$|S_0|$ 越小，说明撬翻式茶园深耕机的重耕漏耕量越小，前进速度和曲柄转速的配比越合理。

三、仿真试验的验证

　　本文在第四节中开展了耕作深度为 25cm 时，前进速度 0.20m/s、曲柄转速 69.23r/min，前进速度 0.35m/s、曲柄转速 121.15r/min，前进速度 0.50m/s、曲柄转速 173.08r/min 三组条件下的仿真模拟试验，经过仿真得到在三组前进速度和曲柄转速条件下茶园深耕机的重耕漏耕量为 10~20mm。为了验证仿真结果的正确性，本节利用土槽试验装置进行重耕漏耕量的测定。

　　为了使曲柄转速调节方便，试验时曲柄转速分别调至 69r/min、121r/min、173r/min，其余的条件与仿真试验相同。进行三组实验的验证，每组试验结果分别按前面章节中介绍的方法进行 3 次测量，3 次的平均值作为该组试验条件下的重耕漏耕量。结果如表 5-10 所示。

表 5-10　试验与仿真结果对比

试验组号	前进速度 v（m/s）	曲柄转速 n（r/min）	耕作深度 h（cm）	仿真结果（mm）	试验结果（mm）	误差（mm）
1	0.20	69	25	12（漏）	23.7（漏）	11.7
2	0.35	121	25	10（漏）	12.3（重）	22.3
3	0.50	173	25	20（漏）	27.3（漏）	7.3

由表 5-10 可以看出，试验结果和仿真结果之间的误差最大为 22.3mm，最小为 7.3mm。这是由于一方面试验时测量位置在地表表面，而实际应该在地表以下进行测量，另一方面，用测量工具读数时产生一定的误差，人为因素导致误差较大。但是由于土壤的黏结性，锄齿撬翻土壤时会附带一部分土壤；因而可以认为，当撬翻式茶园深耕机的前进速度和曲柄转速配比关系为 $v/n = 13/4\ 500$ 时，茶园深耕机既不产生重耕现象也不产生漏耕现象。

四、正交试验

为了研究撬翻式茶园深耕机的前进速度、曲柄转速、耕作深度等因素对功耗、碎土率的影响，本节进行正交试验以确定各因素对茶园深耕机指标的影响程度。

（一）试验方法与试验结果

本试验以撬翻式茶园深耕机的功耗、碎土率作为试验指标，以前进速度、曲柄转速、耕作深度作为试验因素。根据试验装置参数的调节范围和撬翻式茶园深耕机的工作参数，确定试验因素与水平如表 5-11 所示。试验选用 $L_9\ (3^4)$ 正交表进行安排试验，试验指标按前面章节所介绍的方法进行测量。试验方案及结果如表 5-12 所示。

表 5-11　试验因素与水平

水平	因素 A	因素 B	因素 C
	v（m/s）	n（r/min）	h（cm）
1	0.20	120	15
2	0.35	150	20
3	0.50	180	25

表 5-12　正交试验结果

试验号	A	B	空列	C	功耗 P（kW）	碎土率（%）
1	1	1	1	1	4.01	61.2
2	1	2	2	2	5.96	65.4
3	1	3	3	3	7.25	69.8
4	2	1	2	3	6.87	52.3
5	2	2	3	1	4.23	54.4
6	2	3	1	2	6.21	58.5
7	3	1	3	2	5.78	45.4
8	3	2	1	3	7.04	49.2
9	3	3	2	1	4.37	53.5

（二）试验结果分析

1. 功耗试验结果与分析

对表 5-12 的功耗试验结果进行分析，极差分析如表 5-13 所示；功耗方差分析如表 5-14；以 x 坐标轴表示因素水平，y 坐标轴表示试验指标功耗，绘制的功耗趋势图如图 5-

47 所示。

表 5-13　功耗试验结果极差分析表

指标		A	B		C
功耗 P/kW	K_1	17.19	16.66	17.26	12.61
	K_2	17.31	17.23	17.2	17.95
	K_3	17.22	17.83	17.26	21.16
	k_1	5.73	5.55	5.75	4.20
	k_2	5.77	5.74	5.73	5.98
	k_3	5.74	5.94	5.75	7.05
	极差 R	0.04	0.39	0.02	2.85
	因素主次			$C>B>A$	
	优方案			$C_1B_1A_1$	

表 5-14　功耗方差分析表表

变异来源	SS	df	MS	F	显著性
因素 A	0.0026	2	0.0013	3.25	
因素 B	0.0698	2	0.0349	87.25	*
因素 C	12.4358	2	6.2179	15 544.75	**
误差 e	0.0008	2	0.0004		
总和	12.7618	8			

其中，$F_{0.05}$ (2, 2) = 19.00，$F_{0.01}$ (2, 2) = 99.00

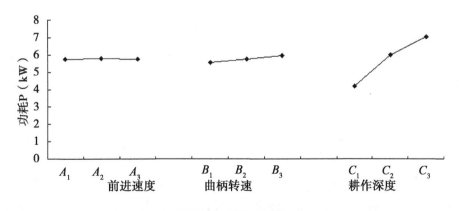

图 5-47　功耗趋势图

通过对功耗试验结果表 5-13 极差分析可以看出，各因素对功耗指标影响的重要性的主次顺序依次为：耕作深度、曲柄转速、前进速度；由表 5-14 方差分析可以得出，在 0.05 水平上，因素 C 对功耗有极显著影响，因素 B 对功耗有显著影响，而因素 A 对功耗的影响不显著。由图 5-47 功耗趋势图可以看出，当耕作深度增加时，功耗急剧增加；当曲柄转速增加时，功耗增加的幅度没有耕作深度增加的幅度大；当前进速度增加时，功耗增加的幅度不大。综合极差分析、方差分析和功耗趋势图可以看出，耕作深度和曲柄转速是影响功耗的主要因素，前进速度对功耗的影响不显著。此时，功耗最小的最优组合为：$A_1B_1C_1$，即当前进速度为 0.2m/s、曲柄转速为 120r/min、耕作深度为 15cm，功率消耗最小，功耗最小值为 4.01kW。

2. 碎土质量试验结果与分析

对表 5-15 中的碎土率试验结果进行分析，极差分析如表 5-15 所示；碎土率的方差分析如表 5-16 所示；以 x 坐标轴表示因素水平，y 坐标轴表示试验指标碎土率，绘制的碎土率趋势图如图 5-48 所示。

表 5-15 碎土率试验结果极差分析表

指标		A	B		C
碎土率（%）	K_1	196.4	158.9	168.9	169.1
	K_2	165.2	169	171.2	169.3
	K_3	148.1	181.3	169.6	171.3
	k_1	65.47	52.97	56.30	56.37
	k_2	55.07	56.33	57.07	56.43
	k_3	49.37	60.60	56.53	57.10
	极差 R	16.10	7.63	0.77	0.73
	因素主次		$A>B>C$		
	优方案		$A_1B_3C_3$		

表 5-16 碎土率方差分析表

变异来源	SS	df	MS	F	显著性
因素 A	399.86	2	199.93	432.348	**
因素 B	87.807	2	43.9035	94.722	*
因素 C	0.987	2	0.4935	1.065	
误差 e	0.927	2	0.4635	1.065	
总和	489.581	8			

其中，$F_{0.05}(2, 2) = 19.00$，$F_{0.01}(2, 2) = 99.00$

通过对碎土率试验结果表 5-15 极差分析可以看出，各因素对碎土率指标影响的重要性的主次顺序依次为：前进速度、曲柄转速、耕作深度；由表 5-16 方差分析可以得出，在 0.05 水平上，因素 A 对碎土率有极显著影响，因素 B 对碎土率有显著影响，而因素 C 对碎土率的影响不显著。由图 5-48 碎土率的趋势图可以看出，当前进速度增加时，碎土率急剧减小；当曲柄转速增加时，碎土率增大，但增大的幅度小于前进速度增加时碎土率减小的幅度；当耕作深度增加时，碎土率的变化幅度不大。综合极差分析、方差分析和碎土率的趋势图可以看出，前进速度和曲柄转速是影响碎土率的主要因素，耕作深度对碎土率的影响不显

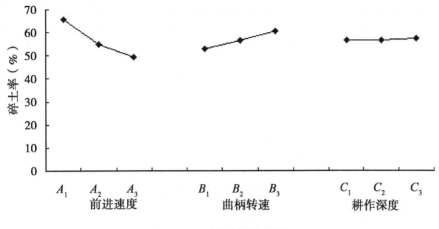

图 5-48　碎土率的趋势图

著。碎土率最大的最优组合为：$A_1 B_3 C_3$，即前进速度为 0.2m/s、曲柄转速为 180r/min、耕作深度为 25cm，此时碎土率最大为 69.8%。

由以上分析可知，对于功耗和碎土率两个指标，三个因素对它们的影响程度不同，所以将三个因素和两个指标影响的重要性的主次顺序统一起来是不可行的。还需要用其他方法进行最优方案的选取。

3. 综合评分法的试验结果与分析

（1）评分模型的建立。综合评分法是根据各个指标的重要程度，对试验结果进行分析，给每个试验评出一个分数，作为这个试验的总分数，然后根据这个总分数，进行较好试验方案的确定。试验指标功耗以小为优，碎土率以大为优，因而构建无量纲评分值模型如下：

$$\begin{cases} z_i = w_x \cdot \dfrac{x_i - \max x}{\min x - \max x} + w_y \cdot \dfrac{y_i - \min y}{\max y - \min y} \\ w_x + w_y + 1 \end{cases} \qquad （式5-27）$$

式中，x_i：第 i 组水平组合下的功耗值；y_i：第 i 组水平组合下的碎土率；w_x：功耗指标的权重；w_y：碎土率指标的权重。

在不考虑生产效率的条件下，功耗的重要性要高于碎土率的重要性，因而本文确定功耗指标的权重 w_x 为 0.6，碎土率指标的权重 w_y 为 0.4。

（2）评分值试验结果与分析。根据建立的评分模型进行计算，正交试验评分值的结果与极差分析如表 5-17 所示；评分值的方差分析如表 5-18 所示；各因素对评分值影响的趋势图如图 5-49 所示。

表 5-17　评分值的极差分析表

试验号	A	B	空列	C	综合分
1	1	1	1	1	0.859
2	1	2	2	2	0.567
3	1	3	3	3	0.400

（续表）

试验号	A	B	空列	C	综合分
4	2	1	2	3	0.183
5	2	2	3	1	0.706
6	2	3	1	2	0.407
7	3	1	3	2	0.272
8	3	2	1	3	0.101
9	3	3	2	1	0.666
k_1	0.609	0.438	0.456	0.744	
k_2	0.432	0.458	0.472	0.415	
k_3	0.346	0.491	0.459	0.228	
极差 R	0.263	0.053	0.016	0.516	
因素主次			$C>A>B$		
优方案			$C_1A_1B_3$		

表 5-18　评分值方差分析表

变异来源	SS	df	MS	F	显著性
因素 A	0.1074	2	0.0537	268.5	**
因素 B	0.0043	2	0.00215	10.75	
因素 C	0.4088	2	0.2044	1022	**
误差 e	0.0004	2	0.0002		
总和	0.5209	8			

其中，$F_{0.05}(2, 2) = 19.00$，$F_{0.01}(2, 2) = 99.00$

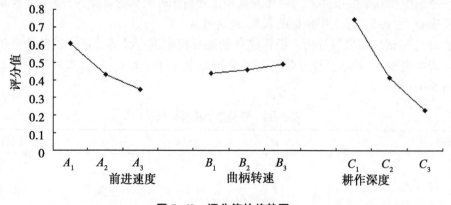

图 5-49　评分值的趋势图

通过对评分值进行极差分析可知，因素对综合评分值指标影响的重要性的主次顺序依次为：耕作深度、前进速度、曲柄转速；由方差分析可知，在 0.05 水平下，因素 A、C 对综合评分值有极显著影响，而因素 B 对评分值的影响不显著；由评分值的趋势图 5-49 可以看出，当耕作深度增加时，评分值急剧减小；当前进速度增加时，评分值也减小，但减小的幅度没有耕作深度增加时评分值减小的幅度大；当曲柄转速增加时，评分值有小幅度的增加。综合评分试验结果和分析可以看出，前进速度和耕作深度是影响评分值的主要因素，曲柄转速对评分值影响不显著。这是由于在评分过程中功耗所占的权重大，耕作深度对功耗的影响极为显著所导致的。评分值最高的优方案为：$A_1B_3C_1$，即前进速度为 0.2m/s、曲柄转速为 180r/min、耕作深度为 15cm。由于正交试验没有进行最优方案这一组合试验，因而在此组合条件下不能确定功耗和碎土率的大小。

五、二次回归正交试验

为了进一步研究撬翻式茶园深耕机的前进速度、曲柄转速和耕作深度对功耗、碎土率的影响，本文采用二次回归正交组合方法进行设计试验，并通过对试验结果的分析，得到前进速度、曲柄转速、耕作深度与功耗、碎土率之间的函数关系。

（一）因素水平编码

试验有前进速度、曲柄转速、耕作深度三个因素，进行全面试验（全实施），则二水平全面试验的次数为 8。设定零水平试验次数为 1，星号臂长度 γ 需满足如下关系式：

$$r = \sqrt{\frac{\sqrt{(m_c + 2m + m_0)m_c} - m_c}{2}} \qquad （式 5-28）$$

式中，m：试验因素数；m_0：零水平试验次数；m_c：二水平试验次数。

计算可知星号臂长度 γ 为 1.215。

前进速度 x_1 的变化范围为 0.20~0.50m/s，即前进速度 $x_{-1\gamma}$ 的下限为 0.2m/s，上限 $x_{1\gamma}$ 为 0.5m/s，其算术平均值作为 x_1 的零水平 x_{10}，$x_{10} = 0.35$m/s。因素 x_1 的变化间距为 $\Delta_1 = \dfrac{x_{1\gamma} - x_{10}}{\gamma}$，计算可得 $\Delta_1 = 0.123$。

对因素 x_1 的各个水平进行线性变换，得到水平编码分别为：

上水平 $x_{12} = x_{10} + \Delta_1 = 0.35 + 0.123 = 0.473$

下水平 $x_{22} = x_{10} - \Delta_1 = 0.35 - 0.123 = 0.227$

同理，按照上述方法可以计算出曲柄转速 x_2、耕作深度 x_3 所对应的水平编码。各因素的水平编码值如表 5-19 所示。

表 5-19　因素水平编码表

规范变量 z_j	自然变量 x_j		
	x_1 (m/s)	x_2 (r/min)	x_3 (cm)
上星号臂 γ	0.50	180	25
上水平 1	0.473	174.691	24.115
零水平 0	0.35	150	20
下水平 -1	0.227	125.309	15.885
下星号臂 $-\gamma$	0.2	120	15
变化间距 Δ_j	0.123	24.691	4.115

（二）正交组合设计

在试验因素 m=3 时，查询二次回归正交组合设计表可知，本设计选用 L_8（2^7）的正交表进行变换，二水平试验次数为 8，星号试验次数为 6。假设前进速度 v、曲柄转速 n、耕作深度 h 所对应的规范变量分别为 z_1、z_2、z_3，则变换后的试验方案如表 5-20 所示。

表 5-20　试验方案

试验号	z_1	z_2	z_3	前进速度 v（m/s）	曲柄转速 n（r/min）	耕作深度 h（cm）
1	1	1	1	0.47	174.691	24.115
2	1	1	-1	0.47	174.691	15.885
3	1	-1	1	0.47	125.309	24.115
4	1	-1	-1	0.47	125.309	15.885
5	-1	1	1	0.227	174.691	24.115
6	-1	1	-1	0.227	174.691	15.885
7	-1	-1	1	0.227	125.309	24.115
8	-1	-1	-1	0.227	125.309	15.885
9	1.215	0	0	0.50	150	20
10	-1.215	0	0	0.20	150	20
11	0	1.215	0	0.35	180	20
12	0	-1.215	0	0.35	120	20
13	0	0	1.215	0.35	150	25
14	0	0	-1.215	0.35	150	15
15	0	0	0	0.35	150	20

根据表 5-20 设计撬翻式茶园深耕机试验的三元二次回归正交组合设计表。根据三元二次回归正交试验的试验要求，将二次项 z_1^2、z_2^2、z_3^2 分别进行中心化，得到 z'_1、z'_2 以及 z'_3，使用下式对二次项的每个编码进行中心化处理：

$$z'_{ji} = z_{ji}^2 - \frac{1}{n}\sum_{i=1}^{n} z_{ji}^2 \ (j=1,\ 2,\ 3,\ \cdots,\ 15;\ i=1,\ 2,\ 3) \qquad （式5-29）$$

由于实验条件的限制，表 5-20 所示的前进速度、曲柄转速和耕作深度的数值调节比较困难，因而本试验将其简化处理，即撬翻式茶园深耕机的前进速度和曲柄转速调节到小数点后一位，耕作深度是对其取整后进行试验。中心化处理后的三元二次回归正交组合设计编码表及试验结果如表 5-21 所示。

表 5-21 三元二次回归正交组合设计编码表与试验结果

试验号	z_1	z_2	z_3	$z_1 z_2$	$z_1 z_3$	$z_2 z_3$	z'_1	z'_2	z'_3	功耗 P (kW)	碎土率 C (%)
1	1	1	1	1	1	1	0.270	0.270	0.270	7.49	54.2
2	1	1	-1	1	-1	-1	0.270	0.270	0.270	4.47	54.9
3	1	-1	1	-1	1	-1	0.270	0.270	0.270	6.91	46.8
4	1	-1	-1	-1	-1	1	0.270	0.270	0.270	4.21	47.1
5	-1	1	1	-1	-1	1	0.270	0.270	0.270	7.36	70.3
6	-1	1	-1	-1	1	-1	0.270	0.270	0.270	4.38	70.8
7	-1	-1	1	1	-1	-1	0.270	0.270	0.270	6.93	61.9
8	-1	-1	-1	-1	1	1	0.270	0.270	0.270	4.01	62.3
9	1.215	0	0	0	0	0	0.747	-0.730	-0.730	5.96	49.2
10	-1.215	0	0	0	0	0	0.747	-0.730	-0.730	5.82	65.4
11	0	1.215	0	0	0	0	-0.730	0.747	-0.730	6.21	58.5
12	0	1.215	0	0	0	0	-0.730	0.747	-0.730	5.72	52.3
13	0	0	1.215	0	0	0	-0.730	-0.730	0.747	7.13	54.6
14	0	0	-1.215	0	0	0	-0.730	-0.730	0.747	4.23	54.4
15	0	0	0	0	0	0	-0.730	-0.730	-0.730	5.91	54.7

（三）回归方程的建立

1. 回归方程的模型

在进行二次回归正交组合设计时，假设有 m 个试验因素（自变量）x_j（$j = 1$，2，3，$\cdots$，m），试验指标为因变量 y，则二次回归方程的一般形式为：

$$y = a + \sum_{j=1}^{m} b_j x_j + \sum_{k<j} b_{kj} x_k x_j + \sum_{j=1}^{m} b_{jj} x_j^2 , \quad k = 1, \ 2, \ \cdots, \ m-1 \ (j \neq k)$$

（式 5-30）

其中，a、$\{b_j\}$、$\{b_{kj}\}$、$\{b_{jj}\}$ 为方程的回归系数。

2. 试验指标回归方程的建立

利用 Excel 工具表分析工具库中的"回归"工具，对表 5-21 中的功耗 P 进行回归分析。回归分析结果如表 5-22 所示。

表 5-22 功耗的回归分析结果

变量	系数	标准误差	t Stat	P-value	Lower 95%	Upper 95%	下限 95.0%	上限 95.0%
a	5.792	0.045	127.488	5.632E-10	5.675	5.909	5.675	5.909
z_1	0.065	0.054	1.204	0.282	-0.073	0.202	-0.073	0.202
z_2	0.192	0.054	3.572	0.016	0.054	0.329	0.054	0.329

（续表）

变量	系数	标准误差	t Stat	P-value	Lower 95%	Upper 95%	下限 95.0%	上限 95.0%
z_3	1.370	0.054	25.550	1.715E-06	1.232	1.508	1.232	1.508
z_1z_2	-0.012	0.063	-0.192	0.856	-0.175	0.151	-0.175	0.151
z_1z_3	-0.040	0.063	-0.625	0.559	-0.203	0.123	-0.203	0.123
z_2z_3	0.069	0.074	0.932	0.039	-0.121	0.258	-0.121	0.258
z'_1	-0.034	0.083	-0.407	0.700	-0.246	0.179	-0.246	0.179
z'_2	0.017	0.083	0.206	0.845	-0.196	0.230	-0.196	0.230
z'_3	-0.176	0.083	-2.126	0.009	-0.389	0.037	-0.389	0.036

由表 5-22 中的偏回归系数的"t Stat"和"P-value"可知，偏回归系数 b_3、b'_3 所对应的 P-value<0.01，偏回归系数 b_2、b_{23} 对应的 P-value 在 0.01 和 0.05 之间，所以因素 x_3 对试验指标功耗有非常显著的影响，因素 x_2 对试验指标功耗有显著影响，这与前文分析结论一致。由式 5-30 可知，规范变量与试验指标功耗的回归方程表达式为：

$$y_1 = 5.792 + 0.192z_2 + 1.370z_3 + 0.068z_2z_3 - 0.176z_3^2 \quad （式 5-31）$$

根据设定的编码公式及中心化处理公式，将规范变量 z 回代为因素 x 可得：

$$y_1 = -4.6859 - 0.0053x_2 + 0.7016x_3 + 0.0005x_2x_3 - 0.0109x_3^2$$

$$（式 5-32）$$

同理，利用 Excel 工具表分析工具库中的"回归"工具，对表 5-21 中的碎土率进行回归分析。回归分析结果如表 5-23 所示。

表 5-23　碎土率的回归分析结果

变量	系数	标准误差	t Stat	P-value	Lower 95%	Upper 95%	下限 95.0%	上限 95.0%
a	57.176	0.357	160.262	1.795E-10	56.259	58.092	56.252	58.092
z_1	-7.462	0.421	-17.720	1.050E-05	-8.545	-6.379	-8.544	-6.379
z_2	3.596	0.421	8.538	0.00036	2.513	4.678	2.513	4.678
z_3	-0.174	0.421	-0.414	0.696	-1.257	0.908	-1.256	0.908
z_1z_2	-0.244	0.498	-0.490	0.045	-1.523	1.037	-1.525	1.037
z_1z_3	-0.044	0.498	-0.089	0.933	-1.325	1.237	-1.325	1.237
z_2z_3	0.127	0.579	0.219	0.836	-1.361	1.613	-1.360	1.613
z'_1	2.635	0.650	4.056	0.0097	0.965	4.305	0.965	4.305
z'_2	1.349	0.650	2.076	0.042	-0.321	3.019	-0.321	3.019
z'_3	0.740	0.650	1.138	0.3065	-0.931	2.410	-0.930	2.410

根据表 5-23 中偏回归系数的"t Stat"和"P-value"可知，偏回归系数 b_1、b_2、b'_1 所对应的 P-value<0.01，偏回归系数 b'_2、b_{12} 对应的 P-value 在 0.01 和 0.05 之间，所以因素

x_1、x_2 对试验指标碎土率有非常显著的影响，两因素的交互作用 x_1x_2 也对指标碎土率有显著影响，因素 x_3 对试验指标碎土率无显著影响，与前文分析结果一致。由式 5-30 可知，规范变量与试验指标碎土率的回归方程表达式为：

$$y_2 = 57.1756 - 7.4623z_1 + 3.5955z_2 - 0.2441z_1z_2 + 2.6355z_1^2 + 1.3491z_2^2$$

（式 5-33）

根据设定的编码公式及中心化处理公式将规范变量 z 回代为因素 x 可得：

$$y_2 = 120.5654 - 170.8942x_1 - 0.4899x_2 - 0.07x_1x_2 + 172.287x_1^2 + 0.0022x_2^2$$

（式 5-34）

假设功耗和碎土率评分后的方程为 Y，则由式 5-27、式 5-33、式 5-34 可知，目标函数 Y 的表达式为：

$$Y = 0.6 \times \frac{y_1 - 7.49}{4.01 - 7.49} + 0.4 \times \frac{y_2 - 46.8}{\max(C) - 46.8}$$

（式 5-35）

评分模型的约束条件为：

$$
\begin{aligned}
0.2 &\leqslant x_1 \leqslant 0.5 \\
120 &\leqslant x_2 \leqslant 180 \\
15 &\leqslant x_3 \leqslant 25 \\
0 &< y_1 \leqslant 15
\end{aligned}
$$

（式 5-36）

利用 Excel 2003 工作表中的"规划求解"工具进行目标函数 Y 的最大值求解，求解后的结果为：$x_1 = 0.22145$，$x_2 = 177.8239$，$x_3 = 15.23187$，$Y = 0.895$，即当前进速度为 0.22m/s，曲柄转速为 177.82r/min，耕作深度为 15.23cm 时，达到评分最大，此时评分值为 0.89483。这与前文分析所得到的前进速度 0.20m/s、曲柄转速 180r/min、耕作深度 15cm 的最优方案差别较小。因而为了使研制的试验装置参数调节方便，可以近似的认为当前进速度为 0.22m/s，曲柄转速为 178r/min，耕作深度 15cm 为撬翻式茶园深耕机在理想条件下的最优工作参数。

六、优化参数的试验验证

将撬翻式茶园深耕机土槽试验装置的工作参数分别调至前进速度为 0.22m/s、曲柄转速为 178r/min、耕作深度为 15cm，进行三次重复验证试验，最后结果取三次功耗和碎土率的平均值。对三次试验结果进行处理后得：在前进速度为 0.22m/s、曲柄转速为 178r/min、耕作深度为 15cm 条件下，撬翻式茶园深耕机土槽试验装置的功耗为 4.67kW，碎土率为 71.02%，计算后得综合评分值为 0.886，与规划求解的评分值结果误差只有 1.02%，两者近似相等。与前文各个试验的结果相比，功耗和碎土率的综合评分值得到一定程度上的优化。因而可以认为前进速度为 0.22m/s，曲柄转速为 178r/min，耕作深度 15cm 为撬翻式茶园深耕机在理想条件下的最优工作参数。

小结

（1）本节对第三章节中前进速度为 0.20m/s、0.35m/s、0.50m/s，曲柄转速为 69r/min、121r/min、173r/min，耕作深度为 25cm 条件下的重耕漏耕值进行了试验验证，通过对试验结果的分析，得出了试验重耕漏耕量与仿真模拟得到的重耕漏耕量误差为 7~22mm 的结论。

（2）对进行了撬翻式茶园深耕机功耗和碎土率关于前进速度、曲柄转速、耕作深度的正交试验，并在此基础上，采用极差分析和方差分析研究各因素对试验指标的影响，运用综合评分法对两个指标进行综合评分，得出影响评分值的主次因素顺序为：耕作深度>前进速度>曲柄转速。

（3）结合最优评分值的方案进行了二次回归正交组合试验，建立两个指标的回归函数。通过求解函数，得出最优解，并通过试验验证。对于综合评分值，当前进速度为0.22m/s、曲柄转速为178r/min、耕作深度为15cm时，有最大综合评分值，最大为0.895。

第七节　低地隙多功能茶园管理机样机田间试验

一、样机准备

准备低地隙履带式多功能茶园管理机一台（图5-50）及配套机具各一套。试验前首先检查机器各系统是否能正常工作，机具动力接口及挂接接口是否正常，柴油机油箱及液压油箱是否有油液。一切正常，方能开始试验。

图5-50　低地隙履带式多功能茶园管理机

二、试验条件

图5-51　试验地条件

试验于2012年8月27日至9月3日在江苏省茶博园进行（图5-51），试验用茶园位于该茶场场部路边，交通方便，横向坡度12°，纵向坡度4°，地头宽度2.3m（部分狭窄处已经过人工清理），无障碍，适合低地隙履带自走式茶园管理机地头转弯等操作。茶树行距平均 1.55m，蓬面高度 0.98m，宽度 1.35m。试验点属典型的低山丘陵坡地类型，土壤坚实度：17.92kg/cm²；土壤含水率：0～10cm 为 16.13%，10～20cm 为 31.93%，20～30cm 为 23.21%；土质较为肥沃，是一块理想的试验用茶园。试验期间天气晴好。样机工作状态良好，以上试验条件符合试验方法的规定和要求。

三、试验结果和分析

在试验点先后进行了旋耕、深耕、深松、施肥、喷雾作业的性能测试（图 5-52、图 5-53、图 5-54、图 5-55），试验结果见附表。在样机试验中，重点对低地隙履带式多功能茶园管理机的各项作业性能、作业质量、生产率以及主要技术经济指标等进行了测定（表 5-24、表 5-25、表 5-26、表 5-27、表 5-28、表 5-29、表 5-30、表 5-31）。从整个试验工作可以得知，该机具有以下特点。

图 5-52 深耕作业

图 5-53 立旋除草作业

（一）较好的适应性

该机对地形、土质、气候、茶园管理等条件有较好的适应性。在茶树高 822mm、蓬面宽 1 537mm、茶蓬间距 283mm 左右，横向坡度在 0～30°的茶园都可以正常作业，有较好的越坎能力。仅在茶树种植不规范，地头过小、高差过大以及茶园中间有岔行的情况下，机组

图 5-54　园植保机作业

图 5-55　深耕作业效果

通过有困难。

（二）较高的生产率

在试验中，该机旋耕生产率最高可达到 3.6 亩/h，最低为 2.8 亩/h。

深耕作业生产率最高可达到 4.5 亩/h，最低为 1.2 亩/h。

施肥作业是在旋耕作业的同时进行，施肥量可在 220~490g/min 范围调整。

植保喷雾作业的生产率达 0.3hm²/h（4.5 亩）/h。

因此，该机的生产效率远高于人工作业和一般小型机具。

（三）良好的稳定性

作业性能基本稳定，旋耕时的碎土率达 93%，埋草覆盖率达 92.4%；深耕作业时深度达 25.79cm，有利于茶树根系的生长；肥料在中耕除草或深松的同时深施入土，有效避免了肥料的流失和浪费；一次性高效宽幅的喷雾作业，雾化均匀，可以实现大面积及时有效地防治病虫害，大大改善了人工防治效率低、劳动强度大、安全性差的状况。

（四）操作方便

该试验样机液压驱动马达选用进口元件，汽油机动力启动性能较好，运转平稳，整机配套结构合理，各种功能性配套机具的工作部件工作可靠，操纵机构指示直观、操作简便，调整保养也比较方便。

四、存在问题和不足

由于目前大部分茶园种植时没有考虑到适应机械化作业的要求，存在茶行不规范，尤其是地头转弯无余地和岔行现象影响机具的正常作业。该机施肥和植保喷雾是共用一只液压马达，作业状态变换时，需要重新拆装；现有中耕工作部件也需进一步完善；这些问题都要在下一步解决和改进提高。

五、结论

通过田间性能试验和测试结果表明，低地隙履带式多功能茶园管理机及配套机具，实现了行间茶蓬作业，可满足行间距为 800mm 时的作业要求；通过简单拆卸和安装，可配套采摘、修剪、植保、中耕、施肥等机械；可以作为茶园多种管理作业的低地隙通用平台；行走系统和配套机具采用液压驱动和齿轮多级变速技术，机具复式作业，可一次完成多种作业任务；设备工作性能稳定、可靠，操作方便、灵活；由于该机采用无污染或少污染技术，可以满足无公害茶园建设的要求。

表 5-24 牵引机具参数测定

测定项目	测定结果
传动方式	齿轮箱
型号	3SL-15
长×宽×高（mm）	2 500×1 000×1 200
标定功率（kW）	11.3
动力输出轴转速（r/min）	2 100
驱动轮直径（mm）	400
作业档次	8
前进速度（km/h）	2.01~9.6
转弯半径（mm）	1 000

表 5-25 卧旋耕深、耕宽及其稳定性系数测定

测点		测定值					
		行程号					
		1		2		3	
		左	右	左	右	左	右
1	耕深	13.5　14.5	13.5　14	13.5　15.5	14.5　10.5	16　15	18　17.5
	耕宽	66	62	75	74	58	58
2	耕深	14.5　12.5	14.5　12.5	14.5　15.5	14.5　16.5	12　12.5	12　10
	耕宽	58	70	70	66.5	62	69
3	耕深	12.5　13.5	15　14	17.5　15	16　12.5	13　12	14.5　11
	耕宽	63	71	63	57	62	63
4	耕深	16　16.5	16　13.5	17.5　18.5	14.5　13.5	14　12	18　15
	耕宽	64	66	67	50	61	63

（续表）

测定项目			测定值		
5	耕深	16　　12.5			
	耕宽	67			
耕深	平均值		14.35		
	标准差		1.99		
	变异系数（%）		13.9%		
	稳定性系数（%）		86.1%		
耕宽	平均值		64.23		
	标准差		6.086		
	变异系数（%）		9.5%		
	稳定性系数（%）		90.5%		
速度（km/h）	平均值：3.13	3.2		3.3	2.9
生产率（亩/h）	平均值：3.2	2.8		3.2	3.6

表 5-26　碎土记录表

取样点	总种（kg）	碎土情况			
		<4cm		>4cm	
		重量（kg）	占总重（%）	重量（kg）	占总重（%）
1	7.61	7.3	95.9	0.31	4.1
2	7.2	6.7	93.0	0.5	7
3	6.91	6.22	90.01	0.69	9.99
碎土率（%）		93			

表 5-27　覆盖率记录表

取样点	耕前植被和残茬质量 W_q（g）	耕后地表植被和残茬质量 W_h（g）	覆盖率（%）
1	169	13	92.3
2	150	14	90.7
3	171	10	94.1
覆盖率（%）		92.4	

表 5-28 深耕机耕深、耕宽及其稳定性系数测定

测点		行程号					
		1		2		3	
		左 （15m/78s）	右 （15m/70s）	左 （15m/39s）	右 （15m/39s）	左 （15m/24.9s）	右 （15m/24.2s）
1	耕深	21　20	25　26.5	26.1　27	26　26.5	23.5　27	28.5　25.1
	耕宽	52	64	73	75	68.5	73
2	耕深	23　22.5	20.5　27.5	25.5　27.5	24　29	22　20.5	27.5　28
	耕宽	61	67	71	74	67	68.5
3	耕深	28.5　27.2	31　30	28.5　29.5	26.5　24	22.5　23.5	24.5　24.5
	耕宽	56	68	78	72	67	62.5
4	耕深	25.5　29	27.5　28	29　27.5	25　27.5	28　23	21　25
	耕宽	76	72	75	78	60	70
5	耕深	26.5　27.3					
	耕宽	76					

耕深	平均值	25.79
	标准差	2.72
	变异系数（%）	10.5%
	稳定性系数（%）	89.5%
耕宽	平均值	68.68%
	标准差	6.74
	变异系数（%）	9.8%
	稳定性系数（%）	90.2%

机组工作速度（km/h）	平均值：1.43	0.69	1.38	2.23
生产率（亩/h）	平均值：2.9	1.2	3.0	4.5

表 5-29 深耕碎土记录表

取样点	总种（kg）	碎土情况			
		<4cm		>4cm	
		重量（kg）	占总重（%）	重量（kg）	占总重（%）
1	4.6	4.3	93.5	0.3	6.5
2	4.9	4.5	91.8	0.4	8.1
3	5.2	4.93	94.8	0.27	5.2
碎土率（%）		93.4			

表 5-30 排肥能力及排量一致性测定

行次		最大排肥量（g/min）	最小排肥量（g/min）	中间排肥量（g/min）	平均排量（g/min）
右（g/min）		490	230.5	351.1	357.2
左（g/min）		487.7	220.3	339.9	349.3
每次两行总排量（g/min）		977.7	450.8	691	706.5
每次两行平均排量（g/min）		488.85	225.4	345.5	353.25
各行排量一致性	标准差 S（g）		4.8		
	变异系数 V（%）		5.02		
总排量稳定性	标准差 S（g）		3.55		
	变异系数 V（%）		2		

表 5-31 植保设备各喷头、变异系数测定

喷头	1（g/min）	2（g/min）	每次各喷头总喷量（kg/min）	每次各喷头平均喷量（kg/min）
1	219.2	230.2	449.4	224.7
2	220.4	221	441.4	220.7
3	225.2	234.5	459.7	229.85
4	223.4	215.9	439.3	219.65
5	235	225.8	460.8	230.4
6	211.7	230.2	441.9	220.95
7	232.8	219.6	452.4	226.2
8	220.9	232.4	453.3	226.65
9	227.4	219.5	446.9	223.45
10	201.5	231.2	432.7	216.35

（续表）

喷头		1 （g/min）	2 （g/min）	每次各喷头 总喷量 （kg/min）	每次各喷头 平均喷量 （kg/min）
各喷头排量 一致性	标准差（g）		8.4		
	变异系数 V（%）		3.75		
喷药行驶速度 （km/h）			1.8		
喷施效率 （hm²/h）			0.3		

第八节　低地隙多功能茶园管理机的使用与维修

本节从低地隙自走式多功能茶园管理机的使用方法及效果、设备维护与保养等方面为大家逐一介绍。

一、低地隙自走式多功能茶园管理机的操作使用

（一）操作使用

低地隙自走式多功能茶园管理机开动前，应确定各操纵手柄处于"停止"或"切断"位置。

1. 启动和停止发动机

将发动机钥匙转至"START"位置，发动机即行启动，启动后将钥匙放开，钥匙则会自动回到"ON"位置；拉动油门，提升发动机转速至工作转速要求。如要停止发动机运转，则将发动机钥匙转至"OFF"位置，则发动机停止运转。

2. 前进、后退和停车

握住操纵系统行走操纵手柄，将行走操纵手柄缓慢推向"前进"侧，茶园管理机则开始向前行走移动，行走操纵手柄愈接近"前进"侧，机器的行走速度愈快；握住行操纵走手柄，将其缓慢推向"后推"侧，则机器开始向后行走移动，行走手操纵柄愈接近"后退"侧，机器的后退速度愈快。机器前进和后退时，应随时注意观察机器前后面的地面或道路状况，及时避让障碍。

当茶园管理机需要调整行走方向或转弯时，双手握住行走操纵手柄，顺时针转动，机器向右转向；逆时针转动行走操纵手柄，机器向左转向。操作时应注意缓慢操作行走操纵手柄，特别是高速行驶中不得进行急速的转向操作，避免引发危险。

3. 配套机具安装

配套中耕除草机，采用立式旋耕方式，每台机组左右对称配置各一套。安装时，第一步，上支撑臂和下提升臂与机组的联结。将上支撑臂和下提升臂与机组联结，上支撑臂一端之回转轴安装在机组上连接座轴承座内；下提升臂和机组的下连接座用销轴连接。上支撑臂和下提升臂的另一端，分别通过销轴连接纵提升板。安装完成后，用手抬升平行四连杆机构，应保证转动灵活，无卡滞和干涉现象。第二步，中耕除草机与纵提升板安装连接。中耕

除草机组系通过上下两组半分式包箍以及联结螺栓和纵提升板安装连接，半分式包箍一端和纵提升板连接，另一端包卡在立式旋耕机空心轴外；安装的高度位置，应保证在提升油缸的行程范围之内，能够达到中耕作业所需的耕深要求；安装时，应保证螺栓联接紧固。第三步，安装立式旋耕刀片，并安装旋耕驱动马达的油管。

配套施肥机的安装，首先用螺栓将施肥机安装在机组对应的两个安装座上，然后把肥料箱对应安装在排肥器安装架的上面，最后安装排肥管至施肥位置，并安装排肥驱动马达连接油管。应注意各联结螺栓应紧固，排肥管安装后要保证排肥顺畅，中间不得有较大弯曲等影响排肥通畅的现象。

4. 配套农具作业时的操作

认真检查机具的技术状态，确认技术状况良好。启动发动机，加油门使发动机转速达到1 800r/min 以上，缓慢结合旋耕机操作手柄，使旋耕驱动马达工作，缓慢放下中耕机组，使立式旋耕刀片慢慢入土达到需要的中耕深度，然后加大油门，缓慢挂挡行走作业。若为施肥机，作业时则先向肥料箱中加入肥料，并准确调整施肥量。启动发动机，放下施肥机，使深松器入土至需要施肥深度，同时开启排肥驱动马达，使施肥机工作，其他操作与中耕除草机相同。

停机时，首先要切断各驱动工作马达油路，使马达停止工作，然后操作液压油缸，提升整个作业机具至刀片或犁箭式深松器离开地面，并处在安全需要的一定距离，减小油门，最后手拉熄火拉线，使机器停机。

(二) 深耕机的使用

1. 操作前，仔细阅读使用说明书

2. 安装

(1) 该机具在出厂前已调整完毕，只需与茶园主机后动力输出齿轮连接即可。如需调整，可视情况做适当调整。

(2) 将茶园主机变速箱后盖卸下，放上矩形密封垫，用 4 个螺栓将深耕机变速箱与其他部位连接好，再用手转动深耕机；检查机具转动情况，如正常，方可启动发动机进行空运转磨合。还要与主机提升器两个挂壁连接，以便提升。

3. 使用

(1) 在磨合时，应先检查变速箱体是否要加齿轮油 (1~2kg)。各传动部位黄油嘴加润滑油。

(2) 在磨合前还要检查机具所有螺丝在出厂前是否拧紧，空运转磨合 10~15min。检查螺栓连接件是否松动，是否有异常声音出现。若有，要及时调整、紧固，待机具运转正常后方可进行田间作业。

(3) 先将机具提起，到田间作业。根据田间土壤松紧度来调整适当的深度，深度是用地轮来控制，调深地轮两侧板向上调节；反之调浅地轮两侧板向下调节。

(4) 先将机具放下，打开动力输出手柄、踩离合器向下按；如按不动，松开离合器再踩向下按。等机具入土后，挂前进挡 (慢 1 挡) 前行。

(5) 在工作过程中，如听到异常声音或主机不稳定时，要及时踩离合器，分离动力输出；检查机具及各种原因 (如是否有石头或螺丝松动等)。

(6) 开始每工作 2h 查螺丝有没有松动、轴承有没有发热等。如有螺丝经常松动可以用两个螺母将其拧紧。

（7）每天工作前，要检查润滑油。检查是否漏齿轮油，如有要及时添加齿轮油。

（8）到地头掉头时要分离动力输出，提起机具。如在工作中遇到坑时，要分离动力输出，提起机具，等过了坑后再正常工作。

二、注意事项

（一）低地隙多功能茶园管理机工作前应注意事项

1. 查油、查水

（1）查油是查前桥、柴油机、变速箱、提升器、转向小油壶。

（2）查水是查水箱内是否有水。

2. 查油门

（1）是否能达到最大或最小值。

（2）查看油门各部位螺丝是否有松动现象。

3. 查离合器

（1）查离合器工作行程及自由行程是否有变化，如有变化需及时调整。

（2）并查看离合器踏板处螺丝是否有松动的现象，如有复紧紧固（特别注意，脚不要长久放在离合器踏板上）

4. 查制动

（1）查制动是否变软，如有变软需及时调整。

（2）查制动各部位螺丝是否有松动，如有需及时复紧。

5. 查黄油

查管理机各黄油嘴处是否缺黄油，特别是提升器（油缸臂等处）。

6. 查电器

（1）查看电器是否正常（油压表，水温表，气压表，电流表，转速表直接显示各部门工作情况）。

（2）管理机在停止状态下，必须把管理机钥匙处于关闭状态下，将钥匙拔下。

7. 操作注意事项

（1）操作分配器时，不要把多路阀手柄当提升器手柄。

（2）操作分配器时先试试操纵阀是否能达到浮动位置，如无须调整。

（3）提升器油缸处空位销轴处需要经常除灰尘，保持干净。

（4）踩离合器时需保证完全分离后才可以挂挡。

（5）副离合器调整间隙需保证3~4cm自由间隙，不可太大与太小。

（6）管理机未使用前，必须按磨合规范进行磨合，然后方能进行正常负荷工作。

（7）启动管理机时，变速杆位于"空挡"位置。

（8）为防止翻转，尤其是在上下较大坡时，下坡时严禁空挡滑行。

（9）管理机在高速行驶中，严禁急转弯，以免翻车和损坏机件，必须1挡起步，1挡转弯。

（10）悬挂农具进行地块转弯或运行时，不准高速行驶，以免将提升系统悬挂系统机件损坏。

（二）深耕机的注意事项

（1）管理机驾驶员必须有驾驶执照作业，操作人员必须严格执行有关操作规程。

（2）应严格按规定加注润滑油，并定期检查，以免因轮滑油缺失而损坏机具。

（3）操作人员作业时需培训，注意安全防护，并详细了解操作方法及注意方法及注意有关机械部位的警示或提示，避免发生危险事故。

（4）严禁高速行驶和机器上载人，转弯时将机具提起，升降和工作时操作人员请勿靠近机器。

（5）严禁运行时调整或者维修机具，若需调整或维修必须将发动机熄火后方可进行。

（6）若需机器起升后在后面维修时必须停车，支撑牢固后方可进行。

三、维护与保养

为了保证低地隙自走式多功能茶园管理机的正常使用，应该进行良好的维护与保养。

（一）作业前后的检查与维护与保养

低地隙自走式多功能茶园管理机作业前后的检查和维护与保养工作，在平坦的地方进行。通过查看燃油箱油量指示，确定燃油是否缺乏，缺乏时进行添加。要求每次作业结束后应将油箱加满，以满箱燃油等待下次作业。要使用正规油品，并按安全操作规程进行加油。

使用前后应检查发动机的机油高度是否符合要求。检查时，在发动机停止运转一定时间后，拧松油尺，在油尺不拧入的情况下，拔出油尺，确认油面是否在刻度上限与下限之间，如不足，补给规定牌号的发动机机油。

机器启动前，应检查机器各部有无漏油现象，确认液压油输油软管有无损伤，确认液压油箱的油面是否处在油面指示的上限与下限之间，如发现漏油、损伤和液压油不足，应进行消除、更换和补足，并应使用规定油品。

发动机空气滤清器的污脏，会导致发动机性能的降低。打开空气滤清器的外盖，检查过滤部分的污染程度，及时进行清理和清洗，如污染过度则应更换过滤装置。

每次作业结束均应清扫发动机、行走机构和整机各部附着的脏物、泥土和茶树枝叶，特别应注意清扫附着在各配线上的枝叶和脏物，防止断线和火灾的危险，并注意履带内夹存的异物、泥土和茶树枝条等，以保证履带的运行正常。

每次作业前后均应观察检查各联结部位是否有松动脱落，特别是固定销轴、开口销及挡圈等有无脱落，联接螺栓是否有松动，并按使用说明书要求对轴承、回转部位等加注润滑油或润滑脂。

（二）定期检查与维护与保养

定期检查与保养可有效防止机组事故和故障的发生，延长机器的使用寿命，故应十分重视。

每个作业季度均应对蓄电池状况进行检查。检查时，先拆下蓄电池的负极端，然后再拆下正极端，将蓄电池从机体上取下，放在平坦的地方，先对蓄电池进行全面清洁，然后检查和测定蓄电池的电解液液面高度是否在规定范围，不足时，补充蒸馏水至蓄电池液面指示的上刻度线，并清通蓄电池的排气孔。完成后，按先接正极端后接负极端的顺序将电源线接上。因为蓄电池电解液具有较强的腐蚀性，操作时要防止电解液溅至身体或衣服上。

定期检查确认各传动皮带是否脱落和断裂，与机架等有无发生干涉，如发现皮带发出异常声音或磨损严重，应立即更换。皮带在自然张紧状态下，用手指轻轻压皮带，应有 5～10mm 松弛度。

行走机构的导向轮，在机器行走中起到引导履带方向的作用，并且通过导向轮前后位置的调整，实现履带的正常张紧。若履带过紧，则消耗的动力增加，履带易老化；履带若过松，则会造成履带易脱落，为此应进行正确调整。调整的方法是，将整台管理机停放在平坦的地面上，松开导向轮调节螺栓，使导向轮位置向前或向后，履带的张紧度是否合适，通过检查中间支重轮与履带间的间隙来确定，最佳间隙值为 10～15mm，调整和检查完毕，拧紧锁紧螺母。

（三）长期存放

低地隙自走式多功能茶园管理机作业季节结束需长期存放，要对整机进行清洗，清除及其各部黏着的泥土和油污，对各运动部位加注润滑油或润滑脂，将机器放置在通风干燥的场所。然后将燃油全部放完，并启动发动机，一直到燃油全部用完发动机熄火为止；卸下蓄电池，充电，存放在太阳照射不到的干燥处，并保持以后每一个月一次完全充电。

四、应用效果

在低地隙自走式多功能茶园管理机完成研制并进行小批量生产后，该机先后在江苏、安徽、浙江、湖南、湖北等产茶省进行了试用，很受广大茶区的欢迎。同时，该机还在江苏等地选定专业茶场专门进行了机器性能测试，现将具体测定情况和测试结果分述如下。

（一）测试条件

测试于 2012 年 7 月在江苏省溧阳市千锋茶厂进行，测试用茶园位于路边不远，交通方便，可满足茶园管理机的方便进出。茶园条件基本符合该机工作要求。茶园茶树行距 1.5m，茶蓬高度 0.98m，茶蓬幅宽 1.35m，茶园横向坡度 12°，纵向坡度 4°，属典型低山丘陵坡地类形，经测定土壤坚实度 16.44kg/cm²，土壤含水率 0～10cm 为 19.8%，10～20cm 为 32.5%，20～30cm 为 24.6%。地头回转地带经过人工适当整理，狭窄处进行了初步加宽，地头宽度为 2.3m，茶园条件基本符合茶园管理机工作要求，可保证茶园管理机的地头转弯等操作。试验期间天气良好，机器运转正常。

（二）机器适应性

作业过程中对低地隙自走式多功能茶园管理机性能参数的测定情况见表 5-32。

表 5-32　茶园管理机主要性能参数测定表

测定项目	测定值
外形尺寸（长×宽×高）（mm）	2 610×810×1 710
履带宽度（mm）	150
液压油箱体积（L）	25
燃油箱体积（L）	20
原地左转弯半径（m）	≤0.75
原地右转弯半径（m）	≤0.75
道路行驶速度（km/h）	11.1
平均耗油率（L/h）	5.4

测试和各地使用表明，该机行走稳定，转弯半径小，对茶园地形、土质、气候、茶园管理条件等有较好的适应性。在茶园横向坡 15°左右，茶园中没有无法越过的沟坑等，茶树行

距 150cm、茶蓬高度小于 100cm、行间修剪出约 20cm 的间隙通道的茶园中均可正常作业。该机宽度可以调整，在行距 180cm 的茶园中作业，性能当然更易发挥。该机可以实现原地转弯，在对现有茶园地头进行适当整理，使地头宽度达到 2m 左右，该机就可顺利回转和进行作业。同时，该机整机结构配备合理，视野良好，操纵系统指示一目了然，操作简单方便，也易于调整保养，是一种适合在平地、低坡甚至缓坡茶园中使用的理想的茶园耕作机械。

（三）中耕除草作业效率

低地隙自走式多功能茶园管理机配套旋耕除草机进行中耕除草作业，中耕除草生产率最高可达每小时 0.27hm² （4.05 亩），最低为每小时 0.23hm² （3.45 亩），平均值为每小时 0.25hm² （3.75 亩），耕深可达 12.5cm。作业过程中机器运行稳定，经测定中耕除草时的碎土率达 95%，耕除后杂草掩埋覆盖率达 97%，并且耕作深度达 12cm 以上，完全超过人工中耕除草耕作深度，使用茶区反映，应用该机进行中耕除草，可以显著延长茶园中耕和深耕的时间间隔。同时该机所使用的立式旋耕机，作业时能将行间中部土壤部分堆向两旁茶树根部，有对茶树培土的作用，利于茶树的生长。

（四）深松施肥作业效率

茶园土壤深松和肥料深施，是茶园中最繁重的作业之一，人工作业十分费力费时。使用低地隙自走式多功能茶园管理机进行深松和施肥同时完成，最高生产率可达每小时 0.33hm² （9.45 亩），最低为每小时 0.29hm² （4.35 亩），平均可达每小时 0.31hm² （4.65 亩），深松深度可达 25cm 左右，十分有利于茶园土壤的疏松和改良，并且肥料深施于土壤中，避免了流失和浪费。同时，该机还可在中耕除草的同时进行肥料施用。该机的投入使用，使广大茶区从平地、低坡及部分缓坡茶园土壤深松和肥料深施的繁重体力劳动中解脱出来，劳动生产率显著提高。

第九节　低地隙多功能茶园管理机效益分析

一、经济效益分析

该项目在省级拨款的 （2012—2015 年） 内已实现年生产能力 300 台，每台销售价格为 4.8 万元，在项目实施期内完成销售 122 台/套，实现销售收入 585.6 万元，总成本为 366 万元，则实现税利达 99.552 万元，其企业利润 119.448 万元。

本项目五年内低地隙茶园多功能作业机及配套机具销售 122 台/套，以平均每年每台设备服务茶园面积 100 亩计算，则每年服务面积可达 1.22 万亩。

二、社会效益

（一）为改善茶园生产方式提供技术支撑

为了降低茶园管理过程中的劳动强度、改善作业条件、提高生产效率及满足扩大茶园生产规模的需求，迫切要求改进生产方式，进行茶园机械化生产作业。因此，低地隙茶园多功能作业机及配套机具的熟化，不仅仅是为广大茶农解决了后顾之忧，降低了成本，更是为我国茶园生产方式的改进提供了技术支撑。

（二）加快推进茶园规模化种植

茶园适度规模种植是推进现代茶园机械化作业的前提和基础，随着农村劳动力逐步向城镇转移，发展适度规模种植是今后茶园生产发展的必然选择，也是实现茶园田间机械化作业的前提条件。本项目目标产品工作效率高，管理成本低，为茶园规模化种植提供了坚实的基础。

（三）降低劳动作业强度

本项目的目标产品为乘用型，深耕施肥、中耕除草、植保喷雾等操作均由驾驶员在驾驶室里操作。不仅减轻了工人的劳动强度，而且可实现除草、施肥、修剪等标准操作，提高操作质量。

三、生态效益

低地隙多功能茶园管理机的应用，可减少生产活动对环境的污染，管理机配套的中耕除草、开沟深施肥等作业不仅提高了生产效率，而且提高肥料的利用率。使用茶园减少化肥和农药的需求量，对减少茶叶农药污染和重金属残留问题有显著的改善。同时进行肥料深施，包括有机肥的深施，可以减少微生物的滋生源，从而减少茶叶及果品微生物的污染问题，有利于提升茶叶的整体质量。

本章小结

本章从低地隙多功能茶园管理机课题的研发背景、研究过程、田间试验、机器性能、使用与维护、使用效益等方面进行了详细阐述，特别对低地隙自走式多功能茶园管理机关键问题的试验研究、关键系统与结构的设计过程进行了详细说明。该机采用行间作业的形式，具有坡度适应性强的特点，特别适合滑坡茶园作业，对提升我国茶园机械化水平意义重大。

第六章　跨行乘驾型履带采茶机

跨行乘驾型履带采茶机由农业部南京农业机械化研究所，自 2012 年起，在国家茶叶产业技术体系的组织和支持下，主要是针对平地茶园作业而研发的大型跨行自走式采摘作业机械，主要实现了茶叶的大型自动化采摘与收集。本章就其研发设计过程进行详细的论述。

第一节　概　　述

一、研究背景

（一）选题背景

合理饮茶有益于身心健康。如今，茶叶业已成为全世界广受欢迎的绿色饮料，中国的茶业经济进入了快速发展阶段，产业规模正在不断扩大。然而，我国茶叶生产机械化水平低下，用于实际生产采茶机的均为小型机，功率小、效率低、劳动强度大；进口的大型跨行乘驾型履带采茶机因价格、采茶技术要求差异等因素，无法适应我国的机械化采茶作业。近年来，在农村劳动力日趋紧缺的情况下，国内提供给茶农的可用机型常不能满足采茶期的用工需求。茶叶时令性强，鲜叶不及时采摘，茶园产量降低，影响茶农的收益，茶叶产业的发展受到严重制约。因此，研究开发大型自动化、高效跨行乘驾型履带采茶机，提高茶叶生产过程机械化水平，是促进茶叶产业持续健康稳定发展的当务之急，也是摆脱我国采茶机械化技术落后之困境的迫切需求。

（二）研究目的

项目旨在研发一种适合我国茶园机械化采茶作业的自走乘坐式采茶机，以满足我国茶叶产业对大功率、自动化采茶机的需求，项目研究成果将填补国内跨行乘驾型履带采茶机的空白。

二、采茶机械研究现状

（一）国际研究现状

国外最早开展机械化采茶研究的国家是日本。15 世纪初，日本用大剪刀进行茶叶采摘和茶树修剪，随后此法得以推广应用。20 世纪 60 年代初期，日本开始研究小型动力采茶机及修剪机。到 1976 年，大型自走式、乘坐式采茶机投入使用，例如，鹿岛Ⅲ型采茶机、茶试二号拖拉机装载采茶机和克罗拉采茶机等。其均采用切割式采摘机头，于茶行之上作业，采用吹风式或吸风式集叶方式。其中，克罗拉采茶机采用履带式自走底盘，行驶性能好，采摘面整齐，集叶损失少，回转半径小，易于掉头。1980 年前后，日本已拥有多种类型的采茶机，按采摘方式可分为往复切割式、水平圆盘刀式、螺旋滚折式、螺旋滚刀式等多种类型。现在，日本已是世界上茶叶机械化生产水平最高的国家。

1930 年，苏联农学家沙多夫斯基设计了一台三轮型采茶机，它以往复式切割器为主要工作部件。1965 年又研制了自走折断式采茶机。1970 年前后开始研制切割式采茶机，并逐渐得到推广应用。之后也有学者做了不少研究，但成果不大。

阿根廷、澳大利亚、英国、印度、法国等国也各自进行了采茶机的研究开发工作。如今，印度、东非、斯里兰卡等国家和地区基本实现了机械化采茶。

近十几年，日本在自走乘坐式采茶机的研发中做了大量的工作。株式会社寺田制作所和落合刃物工业株式会社分别研发的履带自驱动乘坐式采茶机及乘坐式采茶机，采用液压驱动式高地隙底盘，可以横跨茶蓬作业，采摘器高度可以灵活调节，其自动化程度也大大提高。两社最近几年获得了较多跨行乘驾型履带采茶机相关的专利，例如，茶叶采摘机械、履带式茶叶收获机械、乘用型采茶机、跨行乘驾型履带采茶机等。

从国外采茶机的发展历程来看，采摘器按采摘方式分，有切割式、折断式两种。其中，切割式采摘器包括往复切割式、螺旋滚刀式、水平圆盘刀式，折断式采摘器包括滚折式、压折式和指折式；而往复切割式采摘期按刀片形状，又有平型和圆弧型之分。折断式切割器由于工作效率低、采摘质量差等原因，都没能应用到实际生产中去，现存的多为切割式采摘器。在切割式采摘器中，往复切割式效率高、采摘完整率高、重割率低，螺旋滚刀式采摘效率低、完整率低、重割严重，水平圆盘滚刀式效率太低，故以往复切割式采摘器应用最为广泛。

随着科技的发展，实现茶叶的自动化、机械化采摘是国外大宗茶以及优质茶叶产业的发展趋势，而名茶的采摘则需要采摘精度和智能水平更高的机器人来完成。

（二）国内研究现状

我国对茶叶机械的研究始于 20 世纪 60 年代。20 世纪 70 年代，国内广泛展开大宗茶机械化采摘研究，提出了包括手动、机动和电动的水平钩刀式、螺旋滚刀式和往复切割式等多种形式的采茶机。1980 年之后，我国开始与国外合资生产茶树修剪机和采茶机。在国家的支持下，科研单位和企业对采茶机的生产技术进行引进、吸收与创新，加快了国产采茶机的发展速度，CS110 双人抬式采茶机、4CSW900 型双人采茶机等相继问世。

近些年，市面上主流采茶机有十几种，均属于切割式。由于往复切割式采茶机的采茶完整率高，质量相对较好，因此，推广、使用较多。采茶机的移动形式分为：单人背负式、手提式、双人担架式、自走式（手扶）等。其中双人担架式操作方便，采茶质量较好。驱动形式有手动式、汽油机驱动式、电机驱动式 3 种。汽油机驱动机动性强，坡地实用性强，故使用较多。国内的双人担架式采茶机，采用往复切割式原理，以汽油机为动力，标准芽叶可达 50%~60%，芽叶完整率可达 70% 左右，采净率高达 85%~90%。目前，常用机型如表 6-1 所示。

此外，格瑞斯实业有限公司（2012）研发的直流采茶机包括直流电机、减速机构、采摘部件等。该采茶机体积小，采用直流电源供电，单人手提作业，具有携带、操作方便，作业不受茶园地形、种植方式限制，电池可重复使用而节能环保等优点。刘和地（2012）设计的动力连接缩紧装置，增加了软轴顶紧杆和弹性件。工作时，顶杆在弹性张力的作用下顶紧软轴，向外拉动顶紧杆即可解除缩进状态。此装置具有锁紧力度大、不易因振动而松动、操作灵活省力等优点。其他的设备还有如侯巧生（2012）发明的一种电动采茶机；郭苏放（2012）设计的环保节能型采茶机；肖宏儒等（2012）设计的茶树修边机等。

跨行乘驾型履带采茶机械的研究正在进行。龙朝会（2012）发明了一种采茶机，支撑架下部装有行走滚轮，在操作人员的推动下，可横跨茶蓬，沿茶行前进，剪切刀采下鲜叶，由滚筒扫入茶斗。其优点在于机器可以推行，减轻了操作人员的劳动强度；缺点是要求茶行铺设有滚轮行走的硬质路面，较为苛刻。微型采茶机、单人提式采茶机、双人抬式采茶机以及乘坐式采茶机如图6-1所示。

表6-1　目前常用采茶机机型

型号	工作形式	切割器刀型	供应商	产地
NV45H	单人手提式	直	浙江川崎茶机有限公司	进口
4CD-330	单人手提式	直	杭州茶机厂	国产
AM-100E	单人手提式	直	长沙落合茶机有限公司	进口
NCCZ-1000	双人抬式	弧	南昌飞机制造厂	国产
4CSW-1000	双人抬式	弧	宁波电机有限公司	国产
4CSW-910	双人抬式	弧	杭州采茶机械厂	国产
CS-100	双人抬式	弧、直	无锡采茶机械厂	国产
V New Z-1000	双人抬式	弧、直	长沙落合茶机有限公司	进口
PHV-100	双人抬式	弧、直	浙江川崎茶机有限公司	进口

图6-1　四种不同采茶机
a. 微型采茶机；b. 单人采茶机；c. 双人采茶机；d. 乘坐式采茶机

往复切割式采茶机不但易撕裂芽梢，影响新芽的生长，而且茶叶切口处发生氧化，出现红梗现象，影响茶叶的品质。因此，有人开始研究全新的采摘方式。肖玉环采用边缘为橡胶板的、具有拨禾作用的旋转板与盾口圆弧形刀片相适配，机器前进时，旋转板边缘的橡胶板将茶枝压在刀口上，将其采下。这种采茶机的采摘方式解决了传统采茶机易伤害茶树及茶叶叶梗易变红的缺点，但是采茶质量和效率有待进一步研究提高。农业部南京农业机械化研究所及合作单位研制的名优茶智能采摘机器人，采用双目立体视觉系统识别、计算出芽头三维坐标信息，并规划最优采摘路径，控制仿形手指掐断芽头。该项目研发设计的采茶机器人样机如图 6-2 所示。研发过程中遇到了一些问题尚待进一步解决。例如，遇到刮风的天气，由于芽头随风摇动，视觉系统无法识别；采摘效率较低，路径识别与规划程序需要改进与优化，减少机械手过多不必要的移动。

a　　　　　　　　　　　　b

图 6-2　采茶机器人样机

a. 采茶机器人样机；b. 机械手

目前国内往复式切割器多仿制日本产品样机或部分采用试验设计，常见的有 PHV-1000、4CSW-100、CS-1000、4CDW-330 等。白启厚（1985）对往复式切割采茶机切割器进行实验研究，找出了切割阻力与滑切角、切割速度、刀片间隙、茶叶茎秆粗细之间的关系，得到部分参数的设计范围。曹望成等（1995）对茶树新梢剪切力学特性进行实验研究，初步探明了茶树品种、新梢节位、颈梗粗细以及气候条件与新梢剪切力学特性的相互关系，提出切割器理论剪切力的计算方法。蒋有光（1985）采用多因素分析法，试验优化了人工辅助移动式采茶机切割器的主要结构参数与作业控制参数。试验结果显示，叶芽完整率为 78.87%，漏切率为 1.93%，割茬不平度为 0.049。与较好机型切割器相比，其芽叶完整率提高了 15.72%，割茬不平度减小了 7 倍，各项指标达到采茶机《标准》中规定的要求。

（三）我国茶叶机械化收获中存在的问题

我国虽然是茶的故乡，但是茶叶的机械化采摘起步相对较晚，目前整体机械化水平还很低，自动化、智能化基本为零。就国内茶叶采摘机械化的发展情况来看，其还存在不少问题。首先，我国的茶园种植方式不规范，还未形成像日本那样大规模、适合机械化作业的标准种植模式，不利于采茶机械研究工作的展开。产品设计无章可依，开发的设备适应能力差。其次，我国的采茶机械多为模仿日本机型，刀具参数同系模仿设计。然而，两个国家有着不同的饮茶习惯。日本人不要求茶叶完整，采茶机械只需将鲜叶从树上采下即可；而国人追求芽叶的型，芽叶完整率是国人评价茶叶质量的重要指标，名优茶对芽叶完整性之要求尤为苛刻。是故，单纯模仿的设备自然无法满足国内的采茶要求。最后，由于经济和知识产权保护难等原因，真正进行采摘器基础研究的企业和科研单位也很少。这些问题也是造成我国茶叶采摘机械发展缓慢的重要原因。

三、CAE 技术及其在农业机械中的应用

CAE 是计算机时代的产物，随着计算机计算能力的不断提高，包括虚拟样机技术、有限元技术、优化设计等在内的 CAE 技术日臻完善。CAE 技术现已深入各行各业，机械行业尤为甚之。

在现代超级计算速度的支持下，使得有限元理论从理论轻松地进入实践应用，而得以迅速发展。同时，计算精度越来越高，分析可靠性也逐渐得到人们的认可。因此，有限元软件开发商也是趋之若鹜。目前，成熟的有限元分析软件有 Ansys、Patran、Marc 等。除了有限元技术外，虚拟样机技术在机械行业也被广泛应用。其中，最著名的就是动力学仿真软件 ADAMS，它能模拟多种机械系统中的物理环境，并在此环境下进行虚拟仿真与设计，这一过程就大大缩短了机械产品的开发时间。特别地，对于试验严重受制于季节的农业机械设备来说，如果能运用虚拟样机技术合理的简化，模拟真实环境，进行虚拟设计，这将大大缩短农业机械的产品开发周期。

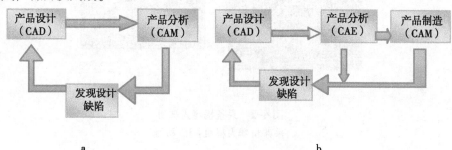

图 6-3　CAE 技术对产品设计的影响
a. 传统产品设计流程；b. 基于 CAE 技术流程

运用 CAE 技术就可以在产品设计的初期，建立仿真分析模型，对产品进行各种虚拟仿真、优化设计，在制造物理样机之前，就可以得到优化的设计方案。这将彻底改变农机传统的一轮样机接一轮样机试制完善之低效、浪费的设计方法，不仅缩短了开发周期，更降低了开发成本。图 6-3 为 CAE 技术对农业装备设计、制造流程的影响。运用 CAE 技术从设计到样机制造仅需 1~2 年时间，且设计的产品综合性能更加优越。

四、需求分析与研究意义

（一）需求分析

我国茶叶种植地域辽阔，截至 2013 年全国茶叶种植面积已达 3 869 万亩，并呈逐年上升趋势。然而，随着城镇化、工业化步伐加快，农村劳动力大量外出务工，加之人口老龄化等因素，每逢采茶旺季，采茶工吃紧，而我国茶叶采摘机械化仅为 31.2%。劳动力短缺导致人工成本过高，大大增加了茶叶的生产成本，茶农收益锐减，进而影响茶产业的健康发展。由此可见，国内对大型跨行乘驾型履带采茶机的需求较为迫切。

本项目旨在研究开发一种大功率、高效率、高采茶质量且适合国内茶园作业的自走乘坐式采茶机，以缓解采茶旺季的用工压力。根据目前国内的茶叶生产状况来看，大型跨行乘驾型履带采茶机的推广市场空间巨大，项目研究成果具有很好应用前景。另外，其他茶叶生产国如印度、越南等，其茶叶机械化水平相对落后，对跨行乘驾型履带采茶机有一定的需求，故该机还有较大的国际市场。

（二）研究意义

如前文所述，我国采茶机械化水平亟待提高，开发适合我国茶园的跨行乘驾型履带采茶机对我国茶叶产业的发展意义重大。而传统的设计方法难以满足现代农业机械产品的发展及更新换代的速度，随着 CAE 技术的迅速发展，在追求效率与利益最大化的背景下，虚拟样

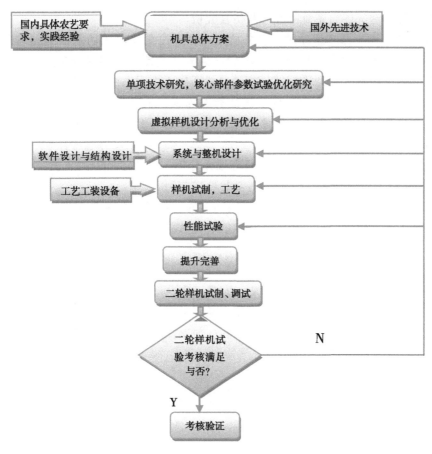

图 6-4 项目实施方案

机技术更能满足新产品开发快速开发的需求。这里将先进的 CAE 技术应用于跨行乘驾型履带采茶机的设计，既有助于加快推进我国茶叶采摘机械化进程，又将 CAE 技术应用于农业机械设计中，探索先进技术在农业机械设计中的应用。运用 Pro/E 建立产品几何模型，导入 ANSYS 转化为有限元模型，进行静力分析、模态分析，动态响应分析等，将有限元技术应用于该采茶机的研发阶段，可节约研发成本，提高科研经费的利用率。图 6-4 为"十二五"支撑计划的项目实施方案。

笔者研发的自走乘坐式采茶机，效率高、劳动强度小，满足采茶旺季的用工需求，是我国茶叶产业健康有序发展的保障。另外，我国采茶机械化水平落后，在技术与知识产权上严重依赖日本，通过本项目的开展，探索采摘机理，形成自主知识产权，将大大提高我国的茶叶采收机械技术的国际竞争力。

五、研究内容

结合国家科技支撑计划项目，本研究旨在完成跨行乘驾型履带采茶机的研究开发，以提高我国茶叶采摘机械化水平。本文各章具体研究内容如下。

（1）分析说明选题背景、来源、目的、意义，归纳综述采茶机械的国内外研究现状、课题研究应用前景，确定论文的主要研究内容。

（2）确定跨行乘驾型履带采茶机的总体设计方案，进行机架、切割器、液压传动系统、机械传动系统等关键部件与系统的设计与仿真分析。

（3）重点研究切割器的运动规律，分析建立弧形往复双动式切割器的刚体运动模型和柔性运动模型（考虑刀片变形）。运用 ADAMS 建立切割器的刚柔混合多体动力学模型，进行运动学与动力学仿真。对理论模型（理论分析所建柔性运动模型）与仿真进行对比分析。

（4）分析影响往复式切割器采摘质量的影响因素，选择主要影响因子，通过二次回归正交旋转组合采茶试验获取采茶质量评价指标关于影响因子的回归方程，建立优化模型，对切割器进行优化设计。

（5）对切割器刀片、采茶机机架进行有限元分析，包括刀片静力分析，机架静力分析、模态分析，校核刀片与机架的力学特性等满足要求与否。

（6）进行跨行乘驾型履带采茶机样机田间试验，包括液压系统的测试、风机风速的测试，以及最佳作业参数下，采茶机的采茶性能验证试验等。

小结

本节综述了国内外采茶机的发展历史、背景、现状以及我国采茶机械化存在的问题，从课题来源及背景、国内外研究现状、选题意义及目的等方面阐述了课题的意义与发展潜力，分析了产品可能的经济效益与社会效益。最后，简单梳理了本文研究的内容及方法以及全文之结构布局。

第二节 跨行乘驾型履带采茶机的原理与功能特点

一、结构及原理

（一）工作原理

按照茶树种植农艺要求，作业时，采茶机机身应可横跨茶蓬驶入茶行，切割器位于蓬顶，往复运动，剪切茶青，集叶风机通过送风管，将所采茶青吹入集叶袋，实现茶青采摘与收集。采茶机后上方需设有布袋框，可放置集满茶叶的集叶袋。对于种植情况不同的茶园，根据茶树的高度，可通过升降机构调节升降架的高度，而获取合适的切割器剪切高度。作业过程中，根据茶树长势，切割器的高度亦应可适时调节。

（二）总体结构

设计的自走乘坐式采茶机按采摘方式分，属于往复双动切割式采茶机，采用机、电、液一体的混合传动方式，手动控制操作。其主要由高地隙底盘行走系统、机架、采摘系统、集叶系统、动力传动系统、切割器升降系统等组成，总体结构设计如图 6-5 所示。

各部分布置方案如下："门"形机架连接于左右两条橡胶履带之上，构成采茶机主体机身；切割器安装于位于机架内部的升降架前端，升降架与升降机构连接，可根据茶树高低来调其工作高度；风机安于机架前上方中部，出口通过软管与安装在切割器正前方的送风管相连，送风管的出风口位于刀齿前上方；升降架用于承载切割器及集叶袋，其上焊接有集叶袋接口。

（三）研究方案

经过项目组成员的多地调研反复科学论证，最终确定采茶机的总体技术方案，主要包括机架、底盘、动力及传动系统、切割系统、升降调节、收集系统、分级系统、电气控制系

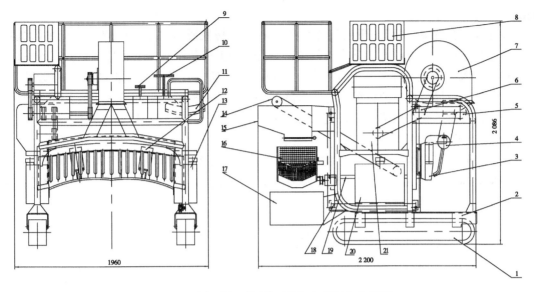

图 6-5　跨行乘驾型履带采茶机主视图与左视图

1. 履带总成；2. 机架总成；3. 切割器；4. 送风管；5. 液压泵；6. 传动机构；7. 风机；8. 布袋框；9. 操纵杆；10. 转向控制柄；11. 座椅组件；12. 采摘液压马达；13. 液压油箱组件；14. 茶叶输送带；15. 茶叶缓存箱；16. 分筛机构；17. 收集箱；18. 升降架；19. 升降机构；20. 汽油型组件；21. 发动机

统等。

具体技术方案如下。

机架及行走机构方案：采用履带式行走底盘与圆钢焊接机架，形成"门"型机架，实现横跨茶行功能。

动力系统方案：选择 25 马力（18.38kW）的汽油机为动力源，采用机电液混合传动。其中行走底盘采用液压传动系统，发动机至液压泵站选用 V 带传动，而升降系统由电瓶单独提供动力，由电机与链轮链条混合传动。

采摘系统方案：采用往复双动式切割原理实现茶叶收获。

收集系统方案：采用风吹式收集原理，实现鲜叶收集。

采摘高度调节系统方案：升降架为高度调节主体，通过链轮链条机构连接于机架之上，高度可以通过控制电机驱动链轮链条加以调整；往复式切割器及其驱动机构布置与升降架前端，鲜叶收集及传送装置固定与升降架之上，故切割器高度随升降架升降而改变。

初分级系统方案：电机及偏心轮机构驱动圆孔网筛做上下、来回往复运动，实现茶叶初步分级。

液压系统研究方案：根据工作要求设计液压系统，运用 Matlab 进行液压系统仿真，优化设计参数，并结合样机试验，改进设计。

切割器及作业参数研究方案：设计切割器试验台，选取影响采茶效果的刀片结构参数以及切割器及整机运动参数作为试验因子，以采茶质量标准——芽叶完整率、漏采率、碎茶率——作为评价指标，进行二次回归试验研究，优化设计对切割器结构及作业参数。

高产采茶技术方案：经分析弧形双坡面型蓬面面积最大，相比平型、弧型蓬面茶叶产量更高；故确定弧形双坡面型蓬面为高产采茶修剪蓬面形状，并研究设计相应的组合式切割器。

各部分布置方案："门"形机架连接于左右两条橡胶履带之上，构成采茶机主体机身；切割器安装于位于机架内部的升降架前端，升降架与升降机构连接，可根据茶树高低来调其工作高度；风机安装于机架前上方中部，出口通过软管与安装在切割器正前方的送风管相连，送风管的出风口位于刀齿前上方；升降架用于承载切割器及鲜叶输送装置，其上焊接有集叶袋接口及鲜叶输送装置；采茶机后方两侧布置鲜叶初分级系统机收集装置。

（四）主要技术指标

我国茶园一般行距为 1 400~1 800mm，相邻株距为 300~400mm，茶树高 600~800mm，弧形茶蓬采幅 1.1~1.3m。综合多数茶园种植情况，跨行乘驾型履带采茶机的主要参数与技术指标如表 6-2 所示。

表 6-2　跨行乘驾型履带采茶机主要参数与技术指标

外形尺寸 长×宽×高（mm）	结构质量（kg）	轨距（m）	地隙	割幅（m）	配套动力（kW）
2 170×1 960×2 086	750	1.5	50~100	1.2	20~25
风机功率（kW）	生产率（kg/h）	作业行数	完整率	漏采率	割茬不平度
1.1	300	1	≥70%	≤6%	≤8%

二、功能特点

跨行乘驾型履带采茶机，是我国首款自主研发的大型跨行乘驾型履带采茶机，集成了诸多创新点，主要有以下结构及功能特点。

（1）首次实现了采茶机械大型化、自动化，劳动成本及强度大幅降低，生产力大幅增加。

（2）采用"门"形机架，可跨行作业，切割器位于茶棚蓬顶，完成采茶。

（3）采用机电液混合一体液压传动技术，集各种传动方式之优点，使得传动结构布局更加合理，更加高效。

（4）采用橡胶履带式行走底盘，机器更加稳定，保证了采茶质量的稳定性。

（5）双坡面型（"^"形）蓬面高产采茶技术及其仿形切割器属原始创新，从机构创新方面，有效地提高了茶叶产量，对环境无副作用。

（6）液压驱动型采茶切割系统与技术，实现了切割器动力柔性传递，采摘高度自适应调整，采茶质量更加稳定可靠。

（7）首次提出即采即筛茶鲜叶分级处理技术，实现采茶、分级复式作业，生产效率显著提升。

第三节　跨行乘驾型履带采茶机机架与底盘设计

一、跨行乘驾型履带采茶机结构设计要求

按照茶树种植农艺要求，作业时，采茶机机身应可横跨茶蓬驶入茶行，切割器位于蓬

顶，往复运动，剪切茶青，集叶风机通过送风管，将所采茶青吹入集叶袋，实现茶青采摘与收集。采茶机后上方需设有布袋框，可放置集满茶叶的集叶袋。对于种植情况不同的茶园，根据茶树的高度，可以灵活调节切割器的高度，以适应作业要求。

二、机架设计方案

对于自驱型作业机械，机架是连接行走机构与工作装置的桥梁，起着承载整机的作用。机架在满足刚度和强度要求的情况下，质量越轻越好。合理选择界面形状既能提高机架的刚度和强度等力学性能，又能更好的发挥材料之性能，减轻重量。由力学知识可知，圆形空心截面的抗弯刚度与强度好，矩形空心截面虽不及圆形空心界面，但是其抗扭界面刚度与系数大，并且空心矩形截面材料易于零部件的安装连接。采茶机要求具有1m的最大地隙，故确定机架为空心圆钢和空心方钢焊接而成的"门"型结构，下端与行走装置固接，如图6-6所示。

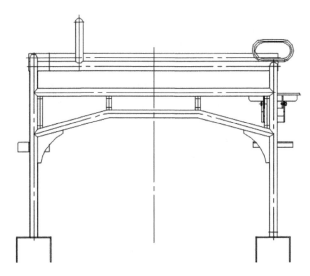

图6-6 机架

三、履带底盘的设计

(一) 履带参数设计

履带行驶装置按结构不同可分为两类，一种是具有接近角和离去角的履带行驶装置，另一种是无接近角和离去角的履带行驶装置。前者通过性高、行驶速度快；后者稳定性好，接地面积大，接地比压小。农用工程机械对履带行走装置的要求是：它需要有较大的接地面积，以便减少接地压力，尽量减少下陷，避免破坏或减少破坏土壤表层。跨行乘驾型履带采茶机行驶速度相对较低，考虑接地比压的要求，采用没有接近角和离去角的橡胶履带结构。根据本机设计方案、茶园农艺参数，依据经验公式设计履带底盘主要参数。

履带的接地长度、轨距、履带宽度应合理匹配，以满足附着性能、容许接地比压和转弯性能的要求。

履带轮距（驱动轮与导向轮中心距）按下式计算：

$$L_0 \approx 1.073\sqrt[3]{G} = 1.073\sqrt[3]{0.700} \approx 0.953 \qquad (式6\text{-}1)$$

式中，G：采茶机自重，t；L_0：轮距，m；取整值 $L_0 = 1$ m。

履带接地段长度按如下经验公式计算：

$$L \approx L_0 + 2 \times 0.143 = 1.286 \qquad\text{（式 6-2）}$$

式中，L_0：轮距，m；L：履带接地段长度，m。

轨距及履带宽度按以下经验公式计算，并按标准（JB/T 6682—2008）选取：

$$L_0/B \approx 0.60 \sim 1.3 \qquad\text{（式 6-3）}$$

式中，L_0：轮距，m；B：轨距，m，取比值为 0.65 计算，选取 $B = 1.5$ m。

履带宽度按下式计算，并按标准选取：

$$b/L_0 \approx 0.18 \sim 0.22 \text{（取 0.2）} \qquad\text{（式 6-4）}$$

式中，L_0：轮距，m；b：履带宽度，m，取比值为 0.2 计算，选取 $b = 0.2$ m。

履带节距按如下经验公式计算，并选取标准值：

$$t_0 \approx (12 \sim 14.5) \sqrt[4]{G} \qquad\text{（式 6-5）}$$

式中，G：机器重量，t；t_0：履带节距，取系数 14 计算，查询标准（JB/T 6682—2008），取 $t_0 = 72$ mm。

驱动轮节圆直径按下式计算：

$$D_k = t_0/\sin(180°/z') = t_0/\sin(180°/12/2) = 0.144 \qquad\text{（式 6-6）}$$

式中，z'：卷绕在驱动轮上的履带节数，即驱动轮名义齿数，$z' = z/2$（z 为驱动轮齿数，一般为 11～25，此处取 12）；D_k：节圆直径，m。

导向轮直径 $D_t \approx (0.8 \sim 0.9) \times D_k$，取 0.117 m；支重轮直径 $d_z \approx (0.5 \sim 1) \times D_t$，取 0.117 m。

履带全长按下式计算：

$$L' \approx 2L_0 + 2 \times z/2 \times t_0 + 2\Delta = 2.904 \qquad\text{（式 6-7）}$$

式中，Δ：履带余量，m，取 0.02 m。

跨行乘驾型履带采茶机要求机组轻、结构简单、易制造，同时其行走速度较低，作业时在茶园路面行走，路面未干硬，并铺有腐枝叶等，具有一定的塑性，且比较平坦，行走时外界不会造成很大的振动，因此采用将支重轮轴和履带大梁刚性连接的刚性悬架。履带整体结构如图 6-7 所示。

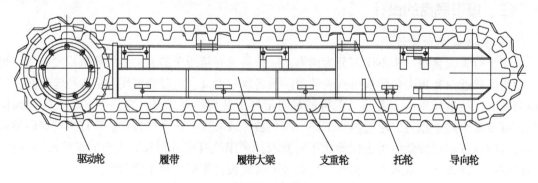

驱动轮　　　履带　　　履带大梁　　支重轮　　　托轮　　　导向轮

图 6-7　履带

（二）接地比压校核

茶园多为沙质土壤，耕作次数少，土壤力学特性参数取与未翻耕细沙土地相同，如表6-3所示。在满足履带接地平面核心区域理论的条件下，取极限情况——假设机器重心在地面上的投影位于履带平面核心区域的顶点上——进行接地比压校核。此时，极限接地比压发生在接近重心一侧履带的近重心端点。极限接地比压应小于茶园土壤的容许比压值，即满足下式：

$$p_{max} = (G/2bL)(1 + 2C/B)(1 + 6e/L) \leq p'_{max} \qquad (式6-8)$$

式中，C：机器重心在地面投影在履带接地区域几何内的横向偏心距，m；b：履带宽度，m；B：履带轨距，m；e：机器重心在地面投影在履带接地区域几何内的纵向偏心距，m；G：机器总重力，kN；L：履带接地端长度，m；p'_{max}：茶园土壤最大容许接地比压，kPa；

已知 $b = 0.2m$，$B = 1.5m$，$G = 7.0$ kN，$L = 1.286$；取重心极限位置：$e = L/6$，$C = B/2$，由式6-8得极限接地比压为54.432kPa，小于茶园沙质土壤的容许接地比压 p'_{max}（588.40~686.47kPa），可知履带设计参数满足要求。

表6-3 茶园土壤特性参数

抗沉陷系数 $p_0 kp_a (m)$	最大容许比压 $p'_{max}(kPa)$	行驶阻力系数 f	附着系数 φ
4 903.3~5 883.9	588.40~688.47	0.1	0.45~0.55

四、升降系统设计

（一）升降系统的作用

升降系统主要由电机、减速机、链轮链条、限位开关等组成。其主要作用是通过调节升降架的高度来改变采摘高度。升降架（图6-5）主体为弧形骨架，承载切割器及其驱动马达、风机送风管、茶青收集布袋等，四顶点与升降系统铰接。

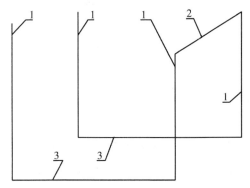

图6-8 升降机构空间布置示意图
1. 立柱；2. 蜗杆；3. 履带总成

（二）升降系统原理与结构设计

升降系统的工作原理是通过电机驱动安装于机架立柱上的链轮链条机构而调节升降架高度，其的空间支撑结构示意如图6-8所示。四根机架立柱1分别垂直焊接于底盘左右履带总成3之上，每根立柱顶部安装有链轮，底部安装着双联链轮与之配套使用。蜗杆2为动力输入轴，两端分别与立柱顶部链轮轴孔配合安装。立柱之上的链轮与双联链轮之间通过升降链条连接，起升降作用；位于同一履带之上的前后立柱底部双联链轮通过同步链条连接，确保后链轮链条机构同步运动。

图6-9为布置于履带总成（驾驶员左手方向）同侧立柱上的升降系统部分结构示意。图中升降链条3连接立柱顶部链轮1与底部双联链轮10，同步链条11连接立柱底部双联链轮10。图6-8所示蜗杆2就是图6-9中蜗轮蜗杆减速机之蜗杆，电机13通过蜗轮蜗杆减速机构直接驱动前部左右两侧立柱上的链轮链条机构，同时，运动通过同步链条11传递至后部立柱链轮链条机构，前后升降链条同步升降。

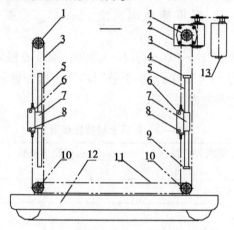

图6-9 升降系统左半部分正视图

1. 顶部链轮；2. 减速机；3. 升降链条；4. 接近开关；5. 滑轨；6. 连接块；7. 滑块；8. 连接铰孔；9. 接近开关；10. 双联链轮；11. 同步链条；12. 履带总成；13. 电机

升降架与升降链条连接，即可实现其高度调节。图6-9中连接块6起到连接升降架与升降链条的作用，同时与滑块7连接，滑块7受滑轨5约束，仅上下运动，以保证升降架平稳升降。右侧滑轨上下端安装有接近开关4和9，限定升降架位置，起保护作用。

在此升降系统中，同步链轮连条机构实现了升降架四点同步升降，滑轨确保升降的平稳性，同时设有限位开关确保作业安全。

五、机械传动与电传动方案设计

（一）跨行乘驾型履带采茶机的总体传动方案

跨行乘驾型履带采茶机需将动力分别输送至行走机构、采摘机构、集叶系统、升降系统。该机采用了机、电、液混合的动力传动方式，行走与采茶系统采用液压传动，升降系统采用电传动，集叶系统采用机械传动。

（二）机械传动方案的设计

机械传动部分为两级带传动，以实现原动机动力分流。动力由发动机经第一级带传动机构至中间轴后，一支路输出至液压泵站，另一支路经电磁离合器输送至集叶风机。电磁离合器在采茶机仅行走的工况下，切断集叶系统动力。机械传动机构如图6-10所示。

（三）电传动方案

电传动主要是蓄电池供电升降电机，驱动升降系统链轮链条机构，以及集叶系统的电磁离合器通断控制，原理与结构简单。

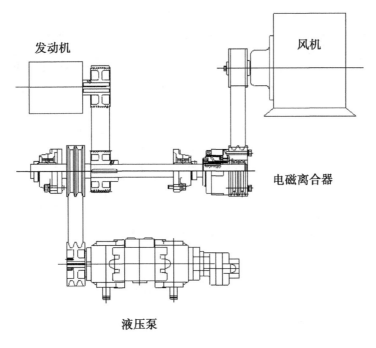

发动机

风机

电磁离合器

液压泵

图 6-10　机械传动示意图

第四节　跨行乘驾型履带采茶机液压系统研究

一、液压系统设计

(一) 液压系统设计要求

跨行乘驾型履带采茶机动力系统须确保机器以最佳速度前进，最佳刀机速比工作。最大工作前进速度应达到 0.8m/s，采茶机刀机速比取值范围为 0.8~1.2，则采摘速度可达到 0.96m/s，要求机器转场速度 5m/h。

(二) 液压系统原理设计与试验方法

1. 液压系统原理设计

液压传动实现了动力柔性传递和无级变速，应用于复杂农业机械的动力传递，具有独特优势。首次开发跨行乘驾型履带采茶机具有试探性，加之作业环境复杂、作业对象特殊，结合经济成本、使用对象等因素，应本着简单、可靠的设计原则。本机行驶系统、采摘系统采用液压传递动力，采用前者通过双向变量泵换向、调速，后者通过换向阀换向的控制方案。改变行驶系统速度即可调节刀机速比；调节发动机油门以改变作业速度（行驶泵与采摘泵同轴，刀机速比恒定）。

初定行驶马达工作压力为 16MPa，采摘马达工作压力为 9MPa。采茶机要求严格限制温升，综合考虑，行驶系统选择容积调速方案——双向变量泵与定量马达组成闭式容积调速回路，调速范围大、效率高；采摘系统采用定量泵—马达开式液压系统。二者均为手动控制。

总体液压系统包括左右行驶回路和采摘回路，三泵同轴共动力源，采摘泵兼顾行驶系统回路补油。系统原理图如图 6-11 所示。

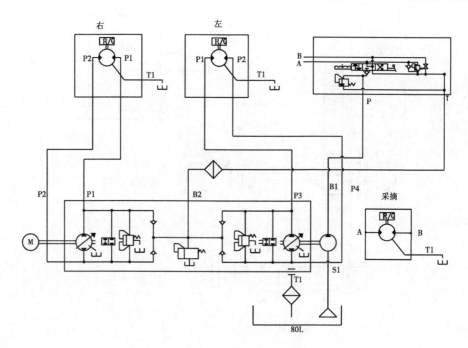

图 6-11   液压系统原理图

2. 液压系统试验方法

Sim/Hydraulics 提供了一个直观的物理建模环境，包含 70 多种常用液压元件。选择所需的元件，并以代表液压管道的线条连接即可完成液压系统物理模型建立。本文利用 Sim Hydraulic 模块对液压系统进行功能仿真，先于物理样机，验证其合理性。最后进行样机试验，进一步验证设计合理性与仿真有效性。

（三）主要元件参数计算

1. 行驶马达

（1）牵引系数。由下式（王中玉，2010）得出：

$$\xi_p = \mu_r + \xi_g + \xi_d + \xi_a = 0.08 + 0.25 + 0.3 + 0.2 = 0.83 \qquad (\text{式}6\text{-}9)$$

式中，μ_r：行驶阻力系数，0.08；ξ_g：爬坡度，0.25；ξ_d：滑移转向，0.3；ξ_a：加速度系数，0.2。

（2）牵引力。

$$F_p = W \cdot g \cdot \xi_p = 700 \times 9.8 \times 0.83 = 5\,693.8N \qquad (\text{式}6\text{-}10)$$

式中，W：整机使用质量，kg；g：重力加速度，m/s^2；ξ_p：牵引系数。

（3）驱动扭矩。

$$T_p = F_p \cdot r_k / \eta_x \qquad (\text{式}6\text{-}11)$$

$$r_k = zt/2\pi \qquad (\text{式}6\text{-}12)$$

$$\eta_x = \eta_r (\varphi_x - f)(1 - \delta)/\varphi_x \qquad (\text{式}6\text{-}13)$$

式中，F_p：切线牵引力，N；T_p：驱动扭矩，N·m；r_k：履带驱动轮动力半径（履带机械），m；z：驱动轮齿数，12；t：履带节距，m；η_x：行驶机构效率；η_r：履带机械效率，取 0.96~0.97；φ_x：附着重力利用系数，取 0.6；f：滚动阻力系数，取 0.11；δ：额定滑转率，农业机械取 0.07。

节距 72.4 mm，由式 6-10、式 6-11、式 6-12、式 6-13 可得 $T_p = 1\ 057.97$ N·m。

（4）行驶马达排量。

$$V_{gm} \geq 2\pi T_g / \Delta p \eta_{mm} = 2 \times 3.14 \times 528.99/16 \times 0.92 = 225.68\text{ml/r}$$

（式 6-14）

式中，Δp：马达工作压力（马达压差），Pa；T_g：单个马达扭矩，$1/2 T_p$，N·m；η_{mm}：马达机械效率，取 0.92。

2. 液压泵

（1）工作压力。

$$p_s = p + \sum \Delta p \qquad （式 6-15）$$

式中，p_s：泵工作压力，Pa；p：马达工作压力，Pa；$\sum \Delta p$：管道、阀等元件全部压力损失，Pa。

系统回路简单、元件少，压力损失按马达工作压力的 10% 计算，泵的供油压力为 17.6MPa。

（2）泵流量。

$$Q_p \geq K \left(\sum Q \right)_{max} \qquad （式 6-16）$$

式中，Q_p：液压泵流量，L/min；K：考虑系统泄漏等保险系数（1.1~1.3），小流量取大值，大流量取小值；$\left(\sum Q \right)_{max}$：同时工作液压马达所需流量最大和值，L/min。

K 取 1.1，得泵流量 $Q_p = 1.1 n_m q_m = 1.1 \times 229.2 \times 88.58 = 22\ 332.78\text{ml/min} \approx 22.3\text{L/min}$

（3）液压泵规格。液压泵额定工作压力应比计算工作压力高 5%~60%，本文选 KYB 双连柱塞泵其额定压力为 20.6MPa，高出泵工作压力 17%，排量 2×（0~10）ml/r，额定转速 3 200r/min。其最大流量可达 32L/min，满足要求。

3. 采摘回路

据一般茶树新梢密度及采茶机作业参数估算剪切力 F 为 100N。参考单人采茶机的发动机功率，采摘马达工作压力取 9MPa，计算过程略，采摘泵工作压力取 10MPa，具体参数见表 6-4。

表 6-4　主要液压元件型号与参数

名称	主要参数	型号	制造商	数量
双联柱塞泵	排量 2×（0~10）ml/r，额定转速 3 200 r/min，额定压力 20.6MPa	KYB B0O710-10010	KYB	1
补油泵	7.26ml/r，额定压力 13.7MPa，额定转速 3 200r/m	KYB B0O710-10010	KYB	1
行驶马达	排量 229.2ml/r，最大转速 90.3 r/m，额定压力 21MPa	PHV-1B-12B-8502A	Nachi	2
采摘马达	转速 600~3 000r/m，排量 12ml/r，额定压力 13MPa	ZMC-12	宁波北仑液压有限公司	1
换向阀	额定压力 16MPa	HC-M45/1	Hydracontrl	1

二、液压系统功能仿真

（一）数值仿真模型

依据设计原理与设计参数，利用 Sim Hydraulics 模块建立仿真模型如图 6-12 所示。主要元件参数设置如表 6-4 所示。模型中以常值信号模拟发动机转速输入，以三角波信号模拟变量泵的排量及方向控制输入，以两正弦信号作为三位四通阀换向控制信号生成模块的合成输入。马达输出端添加扭转转动参考点、转动惯量、阻尼等。Sim Hydraulics 中，数字信号进入物理模块之前，需经过数字—物理信号转换模块；同样，输出物理信号在进入示波器之前需经过物理—数字信号转换模块。

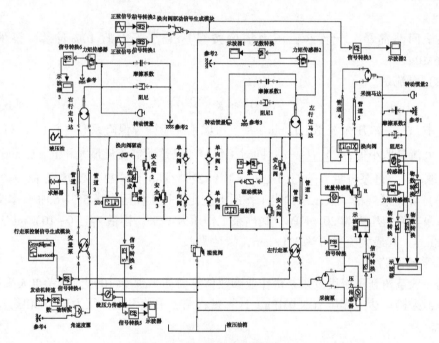

图 6-12　液压系统仿真模型

（二）仿真结果与分析

1. 行驶系统功能仿真

仿真时间为 2s，结果如图 6-13 所示。其中子图 a、b、c、d 依次为行驶马达输出扭矩、行驶系统压力、流量、变量泵变量控制信号。

由图 6-13 中子图 c、d 可知，泵流量随泵开口量大小及开口方向的变化而变化，系统可实现调速与换向功能。由子图 a、b 可知，系统稳定后（$t=0.31s$）系统压力与马达转矩达到稳定值 18.09MPa 与 520.8N·m；泵开口减小至零时，由于惯性作用，系统存在一定的延迟，马达转矩、系统压力及流量尚未至零，此时马达等同一个进出口相接的液压泵；泵开口反向初期，在马达惯性的作用下，泵入口压力大于出口压力，同时受马达的驱动；当泵反向供油能力与马达泵油能力相同时，流量与转矩降至零；泵开口反向继续增大，马达转矩与泵流量开始反向增加，进出油路互换，回油压力约为 1.987MPa，马达转矩随之达到反向最大值。

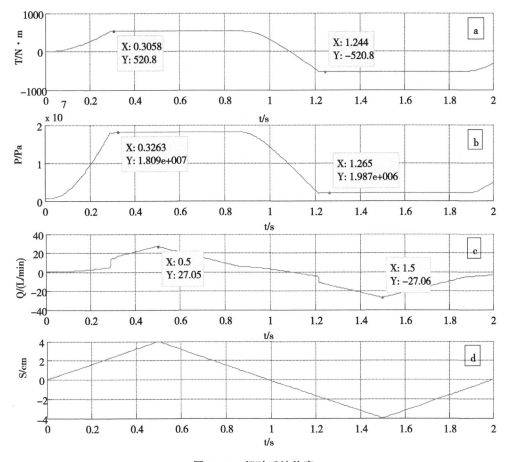

图6-13　行驶系统仿真

综上可知，行驶液压系统虽略有延迟，但完全满足采茶机的手动调速及换向要求。

2. 采摘系统功能仿真

采摘系统仿真结果如图6-14所示。将相位相差为 π 的两个正弦信号输入换向阀信号生成模块，生成手动换向阀的控制信号如子图 c 所示，子图 a、b 分别为系统压力及流量变化曲线。

由图可知，阀芯处于中位时，液压油直接进入行驶系统补油回路，多余液压油返回油箱；换向瞬间，系统压力出现瞬时峰值，回落后重新上升，至换向结束，达到工作压力 9.91MPa；同时流量出现瞬间零值，待换向完毕，系统达到工作压力，溢流阀开启后，多余流量一部分进入补油支路，另一部分返回油箱。进入采摘回路的流量为 13.97L/min。可见系统满足执行元件的动作要求。

小结

本节根据机械化采茶的作业要求，设计了跨行乘驾型履带采茶机的总体方案，分析了其工作原理。完成跨行乘驾型履带采茶机底盘、升降系统、采摘切割器、传动系统等关键部分的设计。特别对液压系统进行了详细分析与设计，行走系统设计工作压力为 17.6MPa，采摘系统工作压力为 10MPa。并运用 simulink 对设计的液压系统进行功能仿真，结果表明，设计的系统能满足采茶机的动作要求，说明设计合理可行。

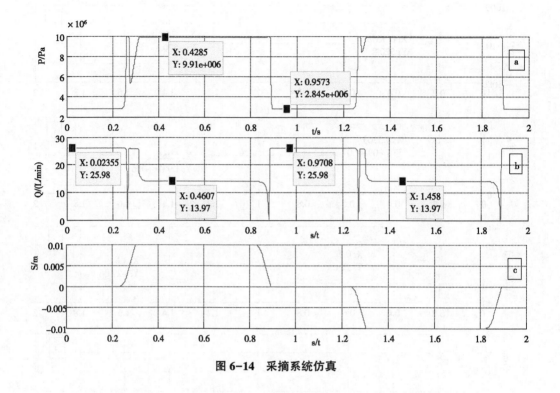

图 6-14 采摘系统仿真

第五节 往复双动式切割器的设计研究

一、往复式切割器系统的设计

（一）弧形刀片的设计

目前国内市场上的弧形刀片驱动输入位于刀片的一端，其存在以下两点不足：①一端驱动，驱动刀柄位置倾斜（弧型刀片），不利于动力传递与马达安装；②刀片两端受力差异较大，造成磨损不均，影响使用寿命。本文对原来的刀片进行改进，将连接柄移至刀片中间，改进前后刀片及其参数分别如图 6-15、表 6-5 所示。刀片材料选用采茶机标准中规定的 T8 工具钢。

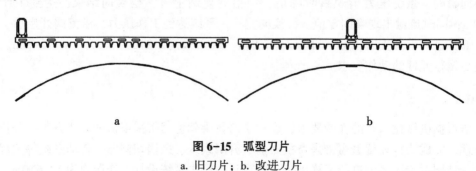

图 6-15 弧型刀片

a. 旧刀片；b. 改进刀片

表 6-5　新刀片参数

半径 (r/mm)	弧长 (l/mm)	刀片厚度 (d/mm)	齿高 (h/mm)	齿间距 (s/mm)	齿数	切割角 α (°)	刃角 β (°)	前桥刃角 γ (°)	前桥 b (mm)
500	2.5	2.5	22	40	30	20	30	45	6

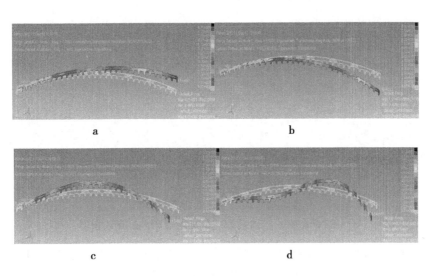

a　　　　　　　　　　　　　　　b

c　　　　　　　　　　　　　　　d

图 6-16　旧刀片前四阶模态阵型

a. 阶模态；b. 二阶模态；c. 三阶模态；d. 四阶模态

（二）刀片模态分析

运用有限元分析软件 Patran & Nstran 分别对改进前后的刀片进行约束正则模态分析，可得到各自前十阶模态阵型与固有频率。图 6-16 为旧刀片前四阶模态振型，前四阶主频率分别为 1.43Hz、5.03Hz、8.0Hz、23.7Hz，前十阶固有频率分布如图 6-17 所示。新刀片前四

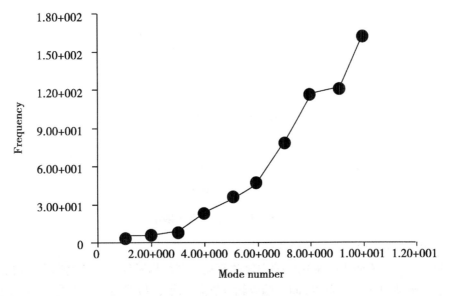

图 6-17　旧刀片前十阶主频率

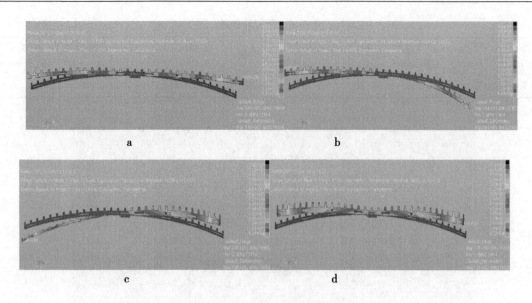

图6-18 新刀片前四阶模态阵型
a. 一阶模态；b. 二阶模态；c. 三阶模态；d. 四阶模态

阶模态振型如图6-18所示，其前四阶主频率分别为5.47Hz、5.49Hz、30.04Hz、35.78Hz，前十阶固有频率分布如图6-19所示。切割器转速一般为750~1 200r/min，运动频率处于12.5~20Hz，旧刀片的第三、四阶模态频率与之很接近，振动特性差；而新刀片避开了这一驱动频率范围，具有较好的振动品质。

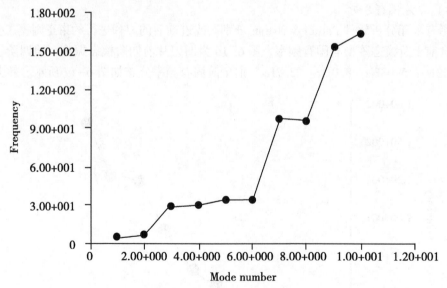

图6-19 新刀片前十阶主频率

（三）切割器双偏心轮驱动轴的设计

采摘割器刀片行程较小，采用双偏心轮轴驱动，其结构紧促、驱动效率高。根据刀片参数确定双偏心轮轴的偏心距为20mm。偏心轮外安装轴承，与剪刀刀柄配合，偏心轮轴底端和顶端安装有与箱体配合的轴承。其结构如图6-20所示，材料取一般轴类零件常用材料45

号钢制造，调质硬度为 250~280HB，表面硬度为 45~50HRC。

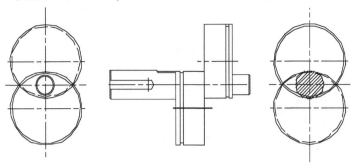

图 6-20　双偏心轮轴

（四）切割器结构设计

切割器由上、下刀片，刀片压片，双偏心轮驱动轴，偏心轮轴承以及上、下箱体组成，整体结构如图 6-21 所示。刀片行程较小，采用双偏心轮轴驱动，其结构紧促、驱动效率高。两偏心轮外安装轴承，分别与上下剪刀刀柄配合，偏心轮轴底端和顶端安装轴承与箱体配合。根据刀片设计参数确定双偏心轮轴的偏心距为 20mm，偏心轮结构如图 6-20 所示。刀片与刀片压片的纵向开有等距且相对应的通孔滑道，滑道内安装滑块与限位螺栓组件，限定刀片沿刀片压片纵向运动。限位组件如图 6-22 所示。

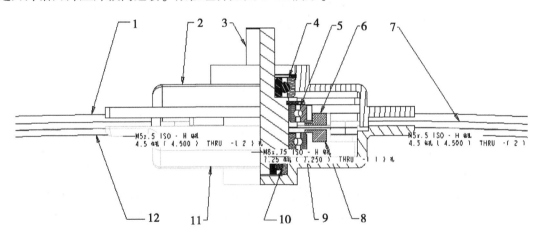

图 6-21　切割器内部结构

1. 刀片限位压片；2. 切割器上箱体；3. 双偏心轮轴；4. 偏心轮轴上轴承；5. 上偏心轮轴承；
6. 上刀片驱动连接柄；7. 上刀片；8. 下刀片驱动连接柄；9. 下偏心轮轴承；10. 偏心轮轴下轴承；
11. 切割器下箱体；12. 下刀片

（五）切割器工作原理

由于受滑块与刀片之间形成的水平移动副（图 6-22）的限制，上下刀柄在双偏心轮的驱动下，于水平面内做正弦规律的往复运动。刀片与刀柄以铆钉固结，一方面与刀柄同规律往复运动；另一方面，受到限位压片 1（图 6-20）与限位滑块 7（图 6-22）的限制，发生柔性变形。故刀片的实际运动为水平的正弦往复运动与柔性变形的复合，表现为沿弧形限位压片周向的复杂三角规律的往复运动。

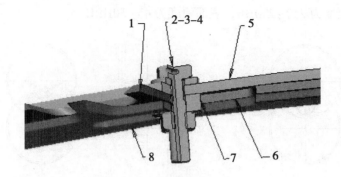

图 6-22　限位滑块组件

1. 上刀片；2. 限位螺栓；3. 限位垫圈；4. 限位螺母；5. 刀片运
动限位片；6. 刀片滑槽；7. 限位滑块；8. 下刀片

二、切割器运动模型建立

（一）刚体运动模型

由切割器的结构可知，双偏心轮在水平面内转动，驱动刀片于水平面内以正弦规律往复运动，而由于刀片限位压片（以下简称压片）的限位作用，刀片实际运动过程中存在变形。为了便于分析，忽略变形对于刀片长度的影响，认为刀片沿周向做刚体运动，则刀齿每一点以同样的正弦规律沿刀片压片周向运动。刀齿上任意一点沿压片周向运动规律如下。

$$\begin{cases} l = s \cdot \cos\omega t \\ v = -w \cdot s \cdot \sin\omega t \\ a = -w^2 \cdot s \cdot \cos\omega t \end{cases} \qquad （式6-17）$$

式中，l：刀片周向运动距离，m；v：刀片切向速度，m/s；a：刀片切向加速度，m/s²；s：双偏心轮轴偏心距的一半，m；ω：双偏心轮轴角速度，rad/s。

（二）刚柔混合运动模型

1. 变形模型假设

由于切割器刀片运动过程中存在柔性变形，故刚体运动模型只能近似描述刀片运动过程。深入研究剪切过程中芽叶的精确位姿及动力学状态，需要更精准的运动模型来描述刀片的运动。

考虑变形对运动的影响，将刀片分为左右两部分，记为 A、B；双偏心轴转动周期等分为前后半周期，记为 T_1、T_2。A 部在 T_1、T_2 时间内的变形分别与 B 部在 T_2、T_1 时间内的变形关于对刀片的纵向对称轴对称。这里仅分析刀片 B 部的变形。

上、下刀片通过双偏心轮驱动做往复运动，由图 6-23 可得双偏心轮驱动规律为：

$$d_1 = s \cdot \cos(\pi/2 - \omega t) = s \cdot \sin\omega t \qquad （式6-18）$$

式中，s：双偏心轮偏心距之一半，mm；ω：偏心轮轴转动角速度，rad/s。

如图 6-24 所示，设 $t = 0$ 时刻，刀片位于压片所在圆 O_0 上实弧线段所示位置（偏心轮轴逆时针转动，越过 y 轴负半轴时起，刀片开始右移，此刻开始计时，见图 6-23）。如果无刀片压片的限位作用，则至 t 时刻，其向右平移动 d_1 至圆 O_1，刀片上 X 点移动至 X'_1 点。假设变形刀片中性面不伸缩，则刀片实际沿圆 O_0 周向移动 d_1，X 点移动至 X_1 点。

图 6-24 中圆 O_0，O_1 的方程及 θ_1 分别为：

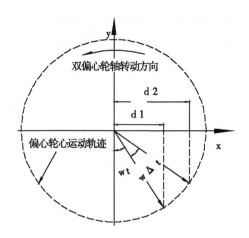

图 6-23　偏心轮驱动示意图

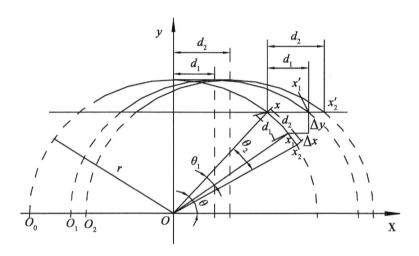

图 6-24　刀片变形模型

$$O_0: \begin{cases} x = r \cdot \cos\theta \\ y = r \cdot \sin\theta \end{cases} \qquad （式6-19）$$

$$O_1: \begin{cases} x = r \cdot \cos\theta + s \cdot \sin\omega t \\ y = r \cdot \sin\theta \end{cases} \qquad （式6-20）$$

$$\theta_1 = d_1/r = (s \sin\omega t)/r \qquad （式6-21）$$

式中，r：刀片圆弧半径。

2. 刀片变形分析

（1）刀片变形量。

由式 6-19、式 6-20、式 6-21 可知图 6-24 中任意时刻之 X'_1、X_1 点的坐标分别为：

$$\begin{cases} x_1' = r \cdot \cos\theta + s \cdot \sin\omega t \\ y_1' = r \cdot \sin\theta \end{cases} \qquad （式6-22）$$

$$\begin{cases} x_1 = r \cdot \cos(\theta - \theta_1) = r \cdot \cos(\theta - (s \cdot \sin\omega t)/r) \\ y_1 = r \cdot \sin(\theta - \theta_1) = r \cdot \sin(\theta - (s \cdot \sin\omega t)/r) \end{cases} \qquad （式6-23）$$

则刀片任意点变形量关于时间的函数为：

$$\begin{cases} \Delta x = x_1{}' - x_1 = r \cdot \cos\theta + s \cdot \sin\omega t - r \cdot \cos[\theta - (s \cdot \sin\omega t)/r] \\ \Delta y = y_1{}' - y_1 = r \cdot \sin\theta - r \cdot \sin[\theta - (s \cdot \sin\omega t)/r] \end{cases}, \quad \frac{1}{2}(\pi - 1) \leqslant$$

$$\theta < \frac{1}{2}\left(\pi - \frac{1}{2}\right) \tag{式6-24}$$

如图 6-24 所示，刀片的弧长等于半径（1 200mm），故 θ 下限为 $1/2 \times (\pi - 1)$；而刀片中部刀柄连接处为非圆弧端长度为 60mm，故 θ 的上限为 $1/2 \times (\pi - 1/2)$。

（2）刀片变形速度。假设刀片继续运动，经 Δt 后，X 点分别到达 X_2、X'_2 点，根据偏导数定义及物理意义可知，刀片任意点变形速度方程为：

$$\begin{cases} v_x = \lim_{\Delta t \to 0} \dfrac{\Delta x(\theta, \, t + \Delta t) - \Delta x(\theta, \, t)}{\Delta t} = \lim_{\Delta t \to 0} \dfrac{(x_2{}' - x_2) - (x_1{}' - x_1)}{\Delta t} \\ \qquad = s \cdot \omega \cdot \cos\omega t \{1 - \sin[\theta - (s \cdot \sin\omega t)/r]\} \\ v_y = \lim_{\Delta t \to 0} \dfrac{\Delta y(\theta, \, t + \Delta t) - \Delta y(\theta, \, t)}{\Delta t} = \\ \lim_{\Delta t \to 0} \dfrac{(y_2{}' - y_2) - (y_1{}' - y_1)}{\Delta t} = s \cdot \omega \cdot \cos\omega t \cdot \cos[\theta - (s \cdot \sin\omega t)/r] \end{cases}, \quad \frac{1}{2}(\pi - 1) \leqslant \theta \leqslant \frac{1}{2} \times \left(\pi - \frac{1}{2}\right)$$

$$\tag{式6-25}$$

（3）刀片变形加速度。对速度方程式 6-25 关于时间求偏导数得刀片任意点变形加速度方程如下：

$$\begin{cases} a_x = \dfrac{\partial \, v_x(\theta, \, t)}{\partial \, t} = \omega^2 \cdot s \{(s/r) \cdot \cos^2\omega t \cdot \cos[\theta - \\ (s \cdot \sin\omega t)/r] + \sin\omega t \cdot \sin[\theta - (s \cdot \sin\omega t)/r] - \sin\omega t\} \\ a_y = \dfrac{\partial \, v_y(\theta, \, t)}{\partial \, t} \\ \quad = \omega^2 \cdot s \{(s/r) \cdot \cos^2\omega t \cdot \sin[\theta - (s \cdot \sin\omega t)/r] - \\ \sin\omega t \cdot \cos[\theta - (s \cdot \sin\omega t)/r)]\} \end{cases}, \quad \frac{1}{2}(\pi - 1) \leqslant \theta \leqslant \frac{1}{2}\left(\pi - \frac{1}{20}\right)$$

$$\tag{式6-26}$$

根据建立的刀片变形模型，当切割器以 900r/min 的速度工作，利用 MATLAB 分析得一个运动周期内刀的变形、变形速度、变形加速度随时间、空间的变化规律如图 6-25 所示。由图可知变形、变形速度、加速度由刀片中间至两端依次增大，随时间近似呈正弦规律变化；绝对变形、变形速度、变形加速度最大值分别为 5mm、0.4m/s、20m/s²。

3. 刀片运动学方程

刀片实际运动可以认为是由双偏心轮的驱动下的刚体往复运动与刀片的变形运动的合成，而此二者之运动模型已经分析得出，则容易得到如下刀片的刚柔混合运动模型。

（1）刀片运动规律。假如没有限位压片的限制作用，即刀片仅在双偏心轮的驱动下做刚体往复运动，则刀片上任意一点的运动规律与式 6-18 相同，为水平往复直线运动：

$$\begin{cases} x_{刚} = s \cdot \cos(\pi/2 - \omega t) = s \cdot \sin\omega t \\ y_{刚} = 0 \end{cases} \tag{式6-27}$$

式中，s：双偏心轮偏心距之一半，mm；ω：偏心轮轴转动角速度，rad/s；将上式与式 6-24 合成，可得刀片的实际运动规律：

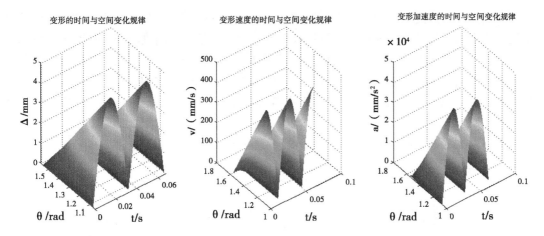

图 6-25　刀片变形规律绝对值

$$\begin{cases} x = x_{刚} + x_{变形} \\ \quad = r \cdot \cos\theta + s \cdot \sin\omega t - r \cdot \cos[\theta - (s \cdot \sin\omega t)/r] \\ y = y_{刚} + y_{变形} \\ r \cdot \sin\theta - r \cdot \sin[\theta - (s \cdot \sin\omega t)/r] \end{cases}, \frac{1}{2}(\pi - 1) \leqslant \theta < \frac{1}{2}\left(\pi - \frac{1}{2}\right)$$

（式 6-28）

式中，θ 的范围及含义与式 6-24 相同。

（2）刀片运动速度。同理，根据偏导数的定义及物理意义，可得刀片任意一点速度的变化规律如下：

$$\begin{cases} v_x = \lim\limits_{\Delta t \to 0} \dfrac{\Delta x(\theta, \ t + \Delta t) - \Delta x(\theta, \ t)}{\Delta t} \\ \quad = s \cdot \omega \cdot \cos\omega t \{ [2 - \sin[\theta - (s \cdot \sin\omega t)/r]] \} \\ v_y = \lim\limits_{\Delta t \to 0} \dfrac{\Delta y(\theta, \ t + \Delta t) - \Delta y(\theta, \ t)}{\Delta t} \\ \quad = s \cdot \omega \cdot \cos\omega t \cdot \cos[\theta - (s \cdot \sin\omega t)/r] \end{cases}, \frac{1}{2}(\pi - 1) \leqslant \theta \leqslant \frac{1}{2} \times \left(\pi - \frac{1}{2}\right)$$

（式 6-29）

（3）刀片运动加速度。

式 6-29 对时间 t 求偏导，可得刀片上的每一点（满足假设的变形段）在任意时刻的加速度方程。

$$\begin{cases} a_x = \dfrac{\partial \ v_x(\theta, \ t)}{\partial \ t} \\ \quad = \omega^2 \cdot s \{ (s/r) \cdot \cos^2\omega t \cdot \cos[\theta - (s \cdot \sin\omega t)/r] + \\ \quad \sin\omega t \cdot \sin[\theta - (s \cdot \sin\omega t)/r] - 2\sin\omega t \} \\ a_y = \dfrac{\partial \ v_y(\theta, \ t)}{\partial \ t} \\ \quad = \omega^2 \cdot s \{ (s/r) \cdot \cos^2\omega t \cdot \sin[\theta - (s \cdot \sin\omega t)/r] - \\ \quad \sin\omega t \cdot \cos[\theta - (s \cdot \sin\omega t)/r] \} \end{cases}, \frac{1}{2}(\pi - 1) \leqslant \theta \leqslant \frac{1}{2}\left(\pi - \frac{1}{20}\right)$$

（式 6-30）

根据建立的刀片运动学方程，当切割器以 900r/min 的速度工作，利用 MATLAB 分析得一个运动周期内刀的位移、速度、加速度随时间、空间的变化规律如图 6-26 所示。由图可知刀片位移、速度、加速度随时间近似呈正弦规律变化，但刀片上各点运动规律之幅值并不相等，略有差别，幅值沿右半部分刀片呈下凹弧形分布，而两端之幅值略大于中间部分。由图可知，位移、速度、加速度最大值分别为 10mm、1.0m/s、63m/s²。位移、速度、加速度各分量如图 6-27 所示。

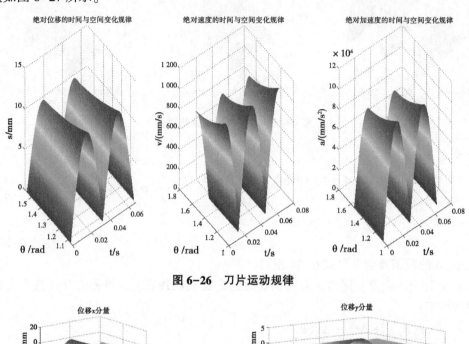

图 6-26　刀片运动规律

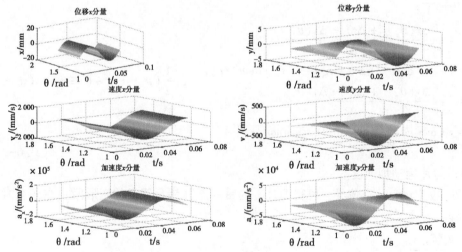

图 6-27　刀片运动规律分量

由图 6-27 可以看出，在 x 方向上，刀片各点的运动包括偏心轮轴的驱动规律和由变形引起的运动规律，运动规律沿刀片纵向，由中部向末端逐渐略有增加，说明变形引起的运动相对驱动较小；在 y 方向上，刀片各点的运动规律为变形引起的运动，变形由中部向两端明显增加，且变形引起的运动与偏心轮的驱动规律有相同的变化趋势。

总之，变形运动规律受驱动规律影响，两者具有相同变化趋势，刀片运动为二者的叠加。考虑变形运动是对切割器刚体运动模型的进一步精确修正，修正后刀片纵向每点的运动规律各不相同，给出刀片上每一点的极坐标 θ 值，便可求出每一点的运动规律。

（三）两种模型比较

在以上两种不同假设条件下，经理论分析，可得切割器运动模型的两种理论描述，式 6-17 为切割器刚体运动模型的描述，式 6-28 至式 6-30 为柔性变形运动模型的描述。

刚体运动模型未考虑刀片变形，即认为驱动力沿周向驱动刀片，刀片上每一点均按式 6-17 所示运动规律沿弧形刀片周向运动。柔性变形模型是在刀片变形不影响刀片中性层长度的假设下建立起来的。由于刀片为狭长形（1 200×42），宽度方向变形相对于长度方向是微小量，模型仅考虑了刀片沿长度方向变形对运动的影响。考虑变形的作用，由图 6-26 可知，刀片的变形规律之幅值从中间向两端逐渐增加，刀片上每点的运动规律不再相同。式 6-28、式 6-29、式 6-30 表明，考虑变形后，刀片的运动规律为变形规律与驱动规律的复合，是三角函数混合叠加而成的复杂运动规律。图 6-23 可以看出，刀片上各点运动以驱动规律为主，为近似的正、余弦函数，但是各点的运动规律幅值不再相同，由中间部分向两端逐渐增加。

两种模型都描述了切割器刀片的运动规律。刚体运动模型较简单，可给出刀片运动规律的主要部分，一般能够满足采茶机的运动参数评价、判断、选取等精度要求不高时的应用；而变形模型则给出了更精确的运动规律描述，为进一步深入研究往复式采茶机切割器的切割机理，特别是研究切割过程中芽叶的位姿及动态特性等信息，提供了理论依据，使得切割器深入的优化设计成为可能。

三、切割器运动学仿真

（一）ADAMS 刚柔混合仿真简介

由于构件的弹性变形将会影响到系统的运动学、动力学特性，考虑到对分析结果的精度要求，必须要把系统中的部分构建处理成实际的可变性柔性体。ADAMS 中的柔性体处理，通常适用于变形量小于 10 倍该部件长度的小变形情况。

在 ADAMS 中，建立柔性体有 3 种方法：①离散梁连接，即将一个构件离散成许多段刚性构件，各刚性构件间通过柔性梁单元连接；②利用其他有限元分析软件（Ansys、Nastran、ABAQUS 等），将构件离散化，然后进行模态计算，计算结果保存为中性文件 MNF（Modal Neutral File），该中性文件可导入 ADAMS 中建立柔性体；③利用 ADAMS/View Flex 功能，直接在 ADAMS/view 中建立柔性体的中性文件。

由有限元程序生成柔性体的方法比较常用。该方法导入柔性体后，刚柔连接需要注意以下几点。约束的位置可以直接连接到弹性体约束位置的节点上，连接点最好是有限元中的外接点，但非必须。需要避免节点不匹配，要使用一致的编号规则，特别要注意节点的排列问题。

ADAMS 中可以用于连接柔性体的常用约束包括 Fixed、Revolute、Spherical、Universal（or Hooke）。而有驱动的约束、任何允许移动的约束（Translation，Planar 等）、任何允许移动的基本约束（Inline，Inplane 等）不能直接连接柔性体，但是可以创建连接该约束到中间的哑物体上（例如一个中间部件 Interface part），将此哑物体与柔性体在节点上以固定副连接。此哑物体没有质量参数，不会对系统的计算产生任何影响。

（二）刚柔混合建模

为了验证切割器的理论运动模型，在动力学分析软件 ADAMS 中进行切割器建模与仿真分析。由于切割器刀片在运动过程中存在变形，为了模拟其实际运动情况，建立刚柔混合多体动力学仿真模型，取上下刀片为柔性体，其他构件视为刚性体。

1. 建立几何模型

ADAMS 自带的几何建模功能不如专门的三维绘图软件功能强大，因此，要建立真实的切割器几何模型，合理的方法是，首先在三维建模软件建立几何模型，然后将几何模型倒入 ADAMS 中进行后期处理，建立物理模型。本书先在 Pro/E 中建立切割器的几何模型，如图 6-28 所示；然后，将所建切割器几何模型导入 ADAMS 之中，进行清理、简化、赋值等物理建模工作。

图 6-28　切割器

2. 建立刀片柔性体

ADAMS 有 3 种建立柔性体的方法，本文采用有限元程序生成柔性体的方法建立刀片模型。首先，将 Pro/E 中建立的三维刀片模型导入有限元软件 Patran 中，进行网格划分、物理属性定义等，用 RBE2 单元定义刀片的刚柔连接点和载荷施加点，完成有限元模型建立；其次，在 Nastran 中计算刀片有限元模型的模态，并生成中性模态文件 MNF。所得中性模态文件即可导入 ADAMS 中生成动力学分析所需的刀片柔性体。

3. 建立刚柔混合动力学模型

首先，将 Pro/E 几何模型导入 ADAMS 中，建立动力学仿真模型的几何外形。为了清晰、快捷的建立仿真模型，几何模型导入 ADAMS 后，对不影响运动的固定元件进行删除清理，或以约束代替是必要的。如把箱体删除，与之配合的轴承外圈直接固定于 ground 之上；删除轴承滚珠，在轴承内外圈之间建立转动副来模拟轴承的作用等。

其次，将刀片三维模型导入有限元分析软件 MSC. Patran&nastran 中进行模态分析，生成刚柔混合多体动力学模型所需的柔性体。划分网格时，需注意定义 REF2 单元及外部约束连接参考点。连接点用于在 ADAMS 中定义刀片与其他构件的连接。模型简化完成后，将 Nastran 生成的刀片中性文件导入 ADAMS 并替换模型中的刚体刀片，定义连接与接触约束。另外，对于限位螺栓对下刀片沿限位作用，新建一个与刀片压片同圆心的限位片，在下刀片与该限位片之间定义刚柔接触约束来模拟。

质量属性、约束属性、运动属性及力学属性等定义完成后，即得切割器刚柔混动多体动力学模型如图 6-29 所示。

图 6-29　切割器刚柔混合多体动力学仿真模型

（三）仿真结果分析

在 ADAMS 中，采茶机的前进是通过给切割器与大地之间添加移动副和速度驱动来模拟的，前进速度为 0.6m/s。切割器双偏心轮轴的转速为 10 800d/s，即刀片的平均线速度为 0.6m/s。仿真时间为 0.1s，步长 1 000。仿真得到柔性刀片刀齿某时刻的应力分布如图 6-30 所示，以及刀齿的运动轨迹，如图 6-31。

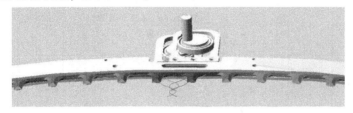

图 6-30　刀片应力分布

为了对仿真结果于理论模型的计算结果进行对比，选取仿真模型中刀齿的部刀齿的仿真结果，也就是变形模型中 $\theta = 1/2 \times (\pi - 1/2)$ 处，由模型计算该点的运动规律，对二者进行分析比较。由于理轮模型仅考虑了刀片的变形，而仿真模型视刀片为柔性体，考虑了刀片的振动，所以仿真结果与理论计算结果有所不同，这里对振动较大的仿真结果进行低频滤波处理，将低频成分与理论计算值进行比较。

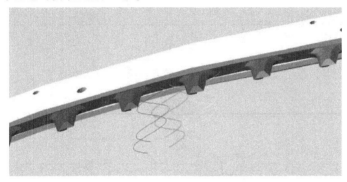

图 6-31　刀齿运动轨迹

1. 运动学仿真结果与理论计算对比

（1）理论计算值。将 $\theta = 1/2 \times (\pi - 1/2)$ 点代入变形运动学模型式 6-28、式 6-29、式 6-30 中，通过 MATLAB 可以计算出刀片端点的运动规律如图 6-32 所示，可以看出，该点在计算周期内近似按照三角函数规律运动。

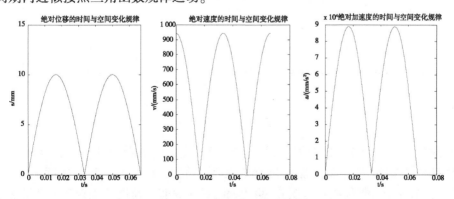

图 6-32　端点运动规律计算值

（2）仿真结果。由仿真测得刀片端点的运动规律的模值如图 6-33、图 6-34、图 6-35 中细实线所示，图 6-33 中虚线为位移分量；对变化较剧烈的速度与加速度分别进行高、低频滤波处理，结果如图 6-34、图 6-35 中虚线所示。

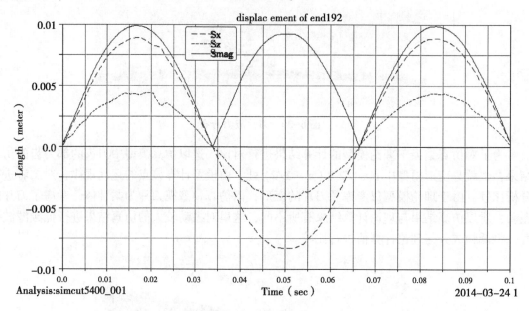

图 6-33　位移模值

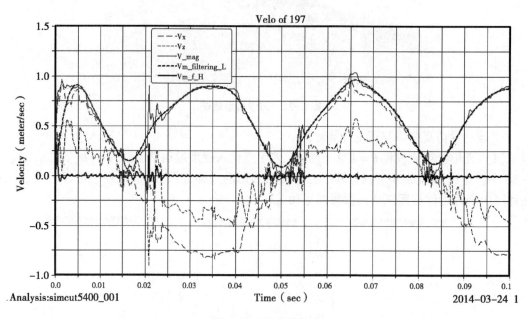

图 6-34　速度模值

（3）对比分析。图 6-32 表明，刀片端点的理论运动非常接近正、余弦运动规律；由于振动对位移的影响没有速度与加速度那么强烈，故位移仿真结果中高频波动成分较少（图 6-33），与理论计算较接近。图 6-34 与图 6-35 表明，速度与加速度发生剧烈的波动，加速度尤为甚之，振动对刀片运动规律的影响可见一斑。通过低频滤波分离出速度与加速度主值部分的变化规律，可以看出，其与理论计算值波形大至相同，说明理论模型与仿真模型

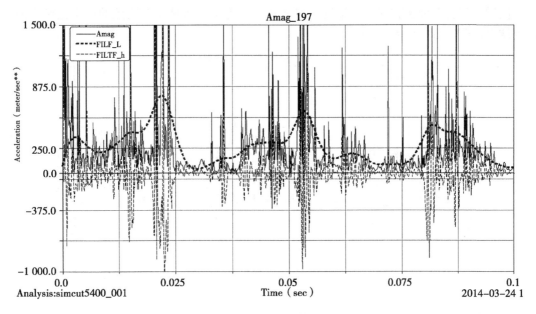

图6-35　加速度模值

相吻合，二者相互验证。

2. 采茶机前进方向运动仿真

仿真除了得出切割器的运动规律外，还设定了跨行乘驾型履带采茶机的前进速度，因此可得到刀片在机器前进方向的运动规律。图6-36为所测刀片端点的在前进方向上的位移变

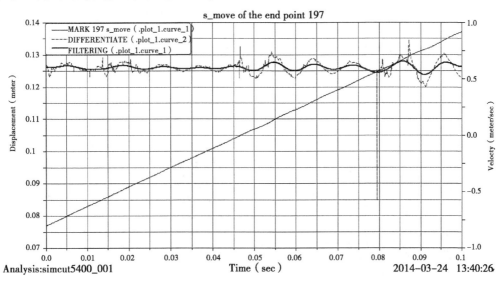

图6-36　位移、速度

化规律（图中细实线所示），其大致为匀速直线运动，速度为机速0.6m/s，但对其微分处理后，结果并不是一条水平直线，而是一条在 $V=0.6$ m/s 的水平直线附近波动的曲线（图中虚线所示），图中粗实线为速度曲线的低频滤波结果，可以看出虽然机器匀速前进，但刀齿在前进方向上的运动速度并不是一个等于机速的定值，而是在机速上下一个较小的范围（±0.1m/s）内波动。

　　同样，刀齿在前进方向上的运动加速度并也不为零，而是在 0 附近的一个范围内波动，仿真结果如图 6-37 所示。

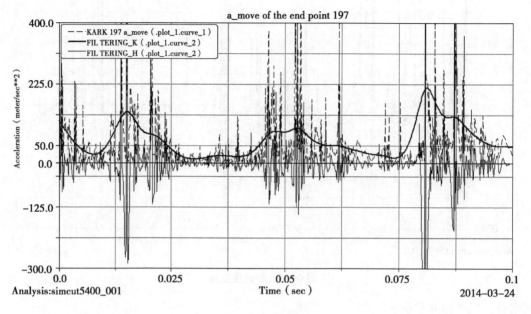

图 6-37　加速度

3. 动力学仿真结果

（1）作用力。仿真得上刀片与压片、上刀片与下刀片之间的作用力与作用力矩分别如图 6-38 至图 6-41 所示。它们之间的作用力与作用力矩波动剧烈，存在瞬时冲击，产生瞬

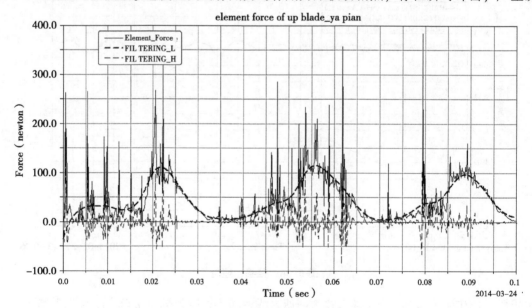

图 6-38　上刀片与压片之间作用力

时极大值。对仿真结果分别进行高、低频滤波处理如图中虚线所示。低频成分表明，作用力与力矩主要成分近似按三角函数规律变化；高频成分幅值较大，表明刀片运动过程中，作用

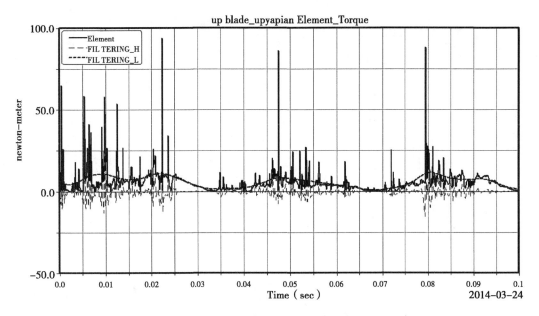

图 6-39 上刀片与压片之间作用力矩

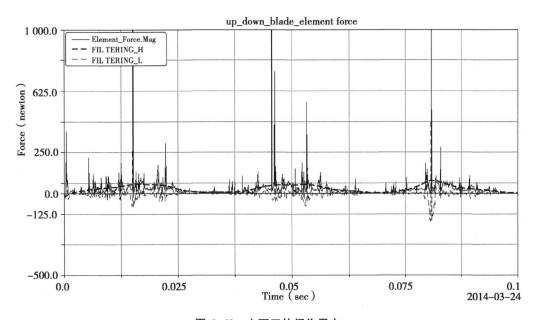

图 6-40 上下刀片间作用力

力及力矩发生剧烈变化，说明高频振动及瞬时冲击对刀片运动有较大影响。

（2）刀片能量。作业过程中，刀片除振动外，其运动与变形规律都具有周期性，故刀片的动能以及变形应变能也发生周期性变化。仿真可以得到刀片运动过程中动能及应变能的周期性变化情况。对仿真结果低频滤波后的曲线近似正弦规律运动，分别如图 6-42、图6-43所示；其高频成分说明运动过程中，振动使得动能及应变能按一定规律变化的同时，存在快速波动。

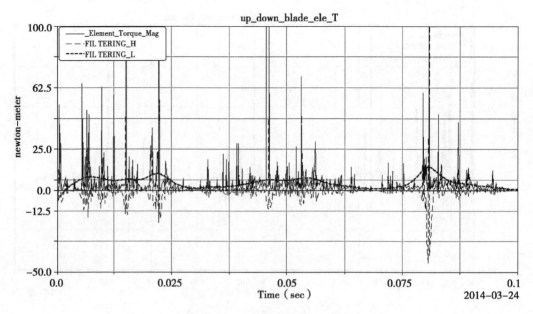

图 6-41　上下刀片间作用力矩

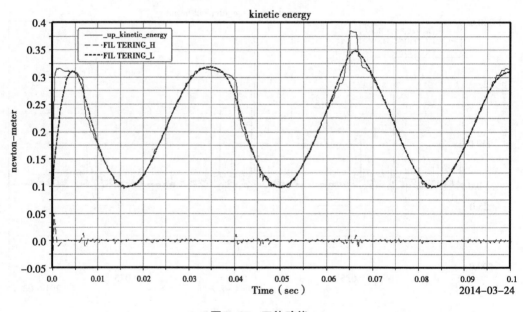

图 6-42　刀片动能

小结

本节分析了往复式切割器的工作原理。可知切割器运动过程中，刀片发生柔性变形。为了深入了解刀片的运动规律，分别建立了切割器的刚体运动学模型和柔性变形运动模型，得到两种模型假设下切割器刀片的运动方程。运用 MATLAB 给出了在驱动速度为 900 r/min 时，两种模型下，切割器运动规律随时间和空间的变化情况。最后，利用动力学仿真软件 ADAMS 与有限元分析软件 MSC. Patran&nastran 建立切割器的刚柔混合多体动力学仿真模型，对发生较大变形的切割器进行刚柔混动动力学仿真。仿真结果与柔性运动模型下的计算结果

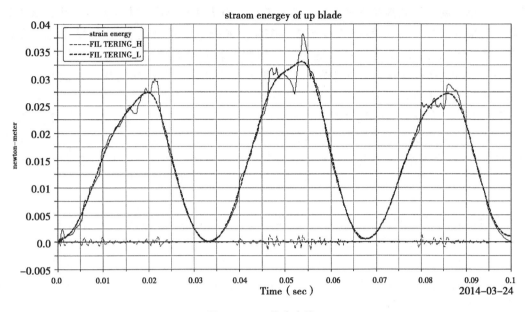

图 6-43　刀片应变能

相吻合。以上结果表明，切割器运功过程中发生柔性变形，刚体运动模型对真实运动的描述误差较大，柔性运动模型在假设满足的前提下能精确的描述切割器的运动，为深入研究切割器剪切规律提供理论支持。

第六节　采摘质量影响参数优化试验研究

一、切割过程分析

（一）概述

目前，主流采茶机均使用往复式切割器作为采摘器，相对于滚切式、滚折式、压折式等类型采摘器而言，往复式切割器的采茶质量与效率是最高的。然而，与人工采茶相比，虽然其采茶效率有较大提高，但是其采茶质量与手采茶相去甚远，以至于机采茶始终无法进军名优茶市场。

尽管个别高校或科研机构曾对往复式切割器的采茶机理进行了专门研究，例如，往复切割器切割图的研究分析，机器速度、切割速度、刀片尺寸等采茶质量影响因素的试验分析等，得出了一些有益的结论，对往复式采茶机作业参数与刀片参数的选取提供了理论支持；然而这些研究主要是以手提式、手抬式、背负式等靠人力移动的采茶机为基础机型展开的，不管是针对已有刀具参数进行选优试验，还是小型采茶机的选型试验，采摘质量的显著影响因子（机器前进速度）的选择总是受限于人的步行速度。因此，现有研究结果对于前进速度变化范围更大的跨行乘驾型履带采茶机不再适用，跨行乘驾型履带采茶机作业参数及切割器结构参数的优化须重新研究。

（二）切割质量影响因子分析

1. 采摘质量影响因子

采茶机标准（JB/T 6281.2—1992）规定，评价机采茶质量的主要指标有：芽叶完整率，可制茶叶率，漏采率和割茬不平度。目前采茶机难以大面积推广的主要原因是机采茶破碎率太高。机采芽叶的实际完整率只有50%~65%，采摘选择性强的微型采茶机可勉强达到70%，难以满足人们对茶之"型"的要求。因此本研究以提高采摘质量，特别是提高芽叶完整率为目标进行优化设计。对于跨行乘驾型履带采茶机，在标准化茶园（具有适合跨行乘驾型履带采茶机行走的茶行路面和修剪整齐的茶蓬）内作业时，机器本身参数对采茶质量有重要影响。本文着重研究机器本身参数对采茶质量的影响。已有研究表明，机器对采摘质量的影响因素主要包括切割器运动参数和刀片结构参数。切割器运动参数包括刀片平均切割速度 v_m、刀机速比 λ（刀片平均切割速度与机器前进速度之比，以下简称速比）；刀片结构参数有刃角 θ、刀片间隙 δ、滑切角 α、齿高 h（刀齿高度）、刀片行程 s 和前桥 C。

2. 因子 s 的影响

在图6-44所示的切割图中，s 为切割器行程，H 为进程，1 区为一次切割区，2 区为重割区，3 区为漏割区。对比 c 图与 a 图可知，增加行程，漏割区增加，总重割区域减小（齿数减少）；同时行程增加导致芽叶横向弯斜量增加，故弯曲状态下受剪的芽叶数量及弯曲程度均增加，则破碎率增加，采后蓬面不平度增加。需要说明的是，行程因子的作用也受茶树种类、新梢长势等因素的影响。

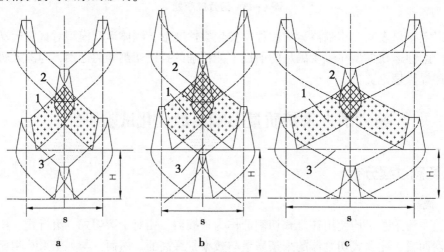

图6-44　不同参数对切割图的影响
a. 切割图；b. 齿高对切割图的影响；c. 行程对切割图的影响

3. 因子 h 的影响

对比图6-44中 a 图、b 图可知，齿高 h 增加，则漏割区 3 减小，重割区 2 增加；故为提高采摘质量不能一味增加或减小齿高。此外，齿高 h 需足：$h \leqslant s/\lambda$，方可保证全刃口切割。与行程 s 相同，齿高 h 的选择也受茶树种类、新梢长势等因素的影响。

4. 因子 λ 的影响

由切割图的做法可知，当刀片结构参数确定后，刀机速比 λ 是决定切割图形状的唯一变量，不同的 λ 对应不同的各切割区域之比。速度比小，重切区小，而漏切区大，速比大则相反。

5. 因子 v_d 与 v_m 的影响

由切割图可知，其他参数一定时，平均切割速度之变化不改变切割图形状，即图6-44

中各部分比例不变。对于不同的作业速度，虽然静态切割图不变，但因切割是一个动态过程，芽叶具有自身的力学特性，其动态响应不同，即芽叶动态受剪过程中的位姿及动力学状态不同。可见仅由切割图无法表达 v_m 与 v_d 所引起的动态响应对切割质量的影响。此外，机速、平均切割速度、刀机速比三个变量中只有两个自由度，只能选择两个作为自变量，例如切割速度一定时，增加速比，则前进速度减小，从而三者不能同时选作试验因子。

6. 其他因子对采摘质量的影响

刃角和刀片间隙不影响切割图形状，故对采摘质量影响不大。然而，刃角影响刀片的寿命、强度及切割器功耗，刀片间隙影响切割器的功率，需要合理选取。

滑切角影响切割质量、刀片强度和功率消耗。滑切角愈小，重切愈小，则完整率愈高，但是过小的滑切角却不能满足刀片强度要求，必须合理选取。另外，其必须小于芽叶在刃口上的滑动摩擦角，保证稳定切割。

前桥过大，弯曲状态下剪切的芽叶增加，芽叶破碎率增加；前桥过小，则刀高易随着刀片的磨损而减小，于是切割器的作业参数最优解将丢失。

二、试验方案设计

(一) 试验因子

1. 主因子选取

有研究者针对平型刀片研究表明，平均切割速度 v_d、刀机速比 λ、刀高 h、行程 s 四个因子对采摘质量影响显著，作用复杂，存在交互效应，仅由切割图不能完全表明各因子的作用。跨行乘驾型履带采茶机采用弧形往复式切割器，与其有所差别，而且机器的行驶速度调节范围更大，不再局限于人的步行速度。因此，本文就弧型刀片，以提高采摘质量为目标，选取主要影响因子 v_m、λ、h、s 进行二次回归正交旋转组合试验研究，以芽叶完整率、漏采率及割茬不平度为评价指标，建立各指标二次回归方程，对切割器的最佳结构参数与运动参数进行系统优化设计。

2. 次因子参数确定

由上述分析可知，刃角 θ、刀片间隙 δ、滑切角 α 和前桥 C 对于切割质量的影响相对于 v_m、λ、h、s 来说，属于次要因素，其选择应首先满足刀片强度、寿命与功耗的要求，可按文献中之方法与经验选取。取刃角 $\theta = 30°$、刀片间隙 $\delta = 0.15\text{mm}$、滑切角 $\alpha = 45°$、前桥 C $= 3.5\text{mm}$。

(二) 因子水平

采茶机的主要考核指标除了采茶质量外，还应达到一定的生产率。因此，应首先确定 v_m 的变化范围。在茶树生长状况一定的条件下，机器工作前进速度决定采茶机的生产率。按照采茶机技术行业标准中的规定（JB/T 6281.1—1992），采茶机切割器的生产率应大于 1.5kg/h·100mm，对于长势良好的茶园测得芽头密度约为 190/1 000cm²，百芽重为 53.66 g/100 个，机器前进速度大于 0.04m/s 即可满足要求。跨行乘驾型履带采茶机的一大优势就是生产效率高，这里取机器前进速度大于 0.3m/s；其调速范围为 0~1.5m/s，根据茶园环境下安全因素考虑，选 0.7m/s 为最大前进速度。

现有研究表明对于不同参数的刀具，λ 取值在 0.9~1.1，为了可在较大范围内搜索最优解，在此将 λ 的取值范围延拓为 0.8~1.2。

为提高采茶质量，刀高和行程不宜过大。由于切割平均速度、刀片结构参数及往复频率的限制，行程 s 不应小于 5mm。以目前的双人手抬式采茶机常用机型之行程为中心，向两边延拓一定范围，行程合适的取值范围为 11~23。由 $h \leqslant s/\lambda$ 知，h 下限为 9mm，根据经验确定其范围为 14~30mm。

（三）试验方案

根据以上所确定的因子范围，按照四因素二次回归正交旋转组合设计方法得各因素的水平及编码如表 6-6 所示。二次回归正交旋转组合设计方案见附表 1。

表 6-6　因素水平编码表

规范变量	x_j	自然变量			
		v_m	λ	s	h
上星号臂 γ	$x_{i\gamma}$	0.7	1.2	23	30
上水平 1	x_{j1}	0.6	1.1	20	26
零水平 0	x_{j0}	0.5	1.0	17	22
下水平 -1	x_{-j1}	0.4	0.9	14	18
下星号臂	$x_{-j\gamma}$	0.3	0.8	11	14
变化间距	∇_j	0.1	0.1	3	4

三、试验设备及方法

（一）茶园综合实验台

机速与刀机速比的控制

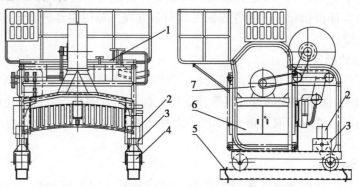

图 6-45　茶园综合试验台结构示意图
1. 控制面板；2. 行驶电机；3. 减速机；4. 滚轮；5. 轨道；
6. 控制柜；7. 液压系统驱动电机

试验台的设计是为了实现对研究因子的控制，可以模拟真实环境下的不同因子水平，进而进行试验分析。设计的茶园综合试验台，可精确控制机器前进速度与切割速度，并且可以根据试验的需要更换不同结构参数的刀具。其与跨行乘驾型履带采茶机有类似的采茶原理与整体结构（图 6-45）。与跨行乘驾型履带采茶机相比，综合试验台结构与原理做了如下改动：①改由电机驱动，包括输送动力至液压泵站的 7 号电机和 2 号行驶驱动电机；②液压系统传递动力至切割器和其他试验机具，切割器液压系统回路设有节流调速阀可精确控制切割速度；③以轨道行驶机构代替原采茶机履带底盘，模拟理想的试验条件，驱动电机 2 的动力经减速机 3 驱动钢滚轮 4 在钢轨 5 上行驶；④行驶速度通过控制柜 6 中的变频器控制电机 2 来调节。试验台所有控制按钮均位于控制面板 1 处。

在此试验台上，通过调节电机 2 和采摘液压马达的转速，在一定范围内可以实现因子机速和刀机速比，即 v_m 和 λ 的不同水平。试验台的行驶调速范围为（-1m/s，+1m/s，精度 0.001m/s），采摘马达的调速范围为（0r/min，2 500r/min，精度 0.1r/min），结合试验方案选定的因子变化范围可知，该试验台满足试验对机速和刀机速比的控制要求。

刀高和行程是刀片的结构参数，根据试验方案不同水平的组合需要设计不同尺寸的刀片。按照本试验方案，刀高和行程各有 5 个水平，在二次回归正交旋转组合设计方案中出现 9 组不同的水平组合（表6-7），相应设计 9 组不同刀具（控制尺寸精度为 0.01mm），如图 6-46 所示。

表 6-7　试验刀具参数

编码		实际值		
$X3$	$X4$	行程	刀高	编号
1	1	20	26	1
1	-1	20	18	2
-1	1	14	26	3
-1	-1	14	18	4
0	0	17	22	5
r	0	23	22	6
-r	0	11	22	7
0	r	17	30	8
0	-r	17	14	9

图 6-46　九组刀片

（二）采茶质量指标及试验方法

1. 试验方法

试验主要研究四个主因子对采摘质量的影响。为了使试验具有针对性，减小其他因素对试验的影响，专门设计一种与综合试验台相适配的弧形茶叶插板（两个），如图 6-47 所示。按照一般长势较好茶园的芽头密度 190/1 000cm²，茶叶插板的孔密度设计为 392/1 984cm²，孔直径有 2mm 和 3mm 两种随机分布，每行插孔交错排列，模拟真实生长情况。试验茶园铺设有轨道，配套通电设备，试验台可平稳运行。试验材料均为现采鲜芽，确保茶叶的力学特性接近茶树芽梢的力学特性。切割器与茶叶插板距离值相同为 25mm。根据试验方案，算出试验台各水平下的实际控制参数如表 6-8 所示。插板新梢高度一致（70mm），随机抽取处理序号，进行相应试验（两插板交替使用）。图 6-48 为试验过程。

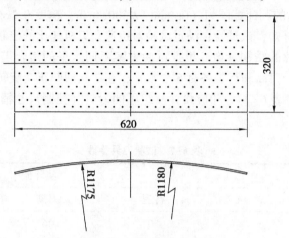

图 6-47　弧形茶叶插板

图 6-48　试验台

2. 采茶质量指标

（1）完整率。按采茶标准中的定义，完整率为一次试验分析样品中，完整芽叶重量与样品总重量的比值。本试验将轻伤（破损小于 1/3）、重伤（破损大于 1/3）芽叶均归为非完整芽叶，试验采摘目标芽叶为一芽二叶、一芽一叶和单芽。

（2）漏采率。采茶机试验标准中，漏采率定义为试验测定点的漏采鲜叶量与机采总量、抛撒总量、漏采量三者之和的比值。台架试验将漏采率定义为一次试验漏采量与采叶量、抛撒量、漏采量三者之和的比值。试验中对漏采的芽叶人工辅采并称重，是为漏采量；对采下但未收集的芽叶，人工收集并称重，是为抛撒量。

（3）割茬不平度。割茬不平度按文献（金心怡，1993）中所述，一次试验中所测得一组留茬高度的数据与其均值的绝对偏差的平均值，用于评测这组数据的离散成度。则割茬不平度可按下式计算。

$$p = \frac{1}{n} \sum_{i=1}^{n} (\,|\,x_i - \overset{-}{x}\,|\,)$$ 　　　　（式6-31）

式中，p：割茬不平度；$\overset{-}{x}$：n 个留茬高度平均值。

表6-8　试验控制参数

编码值		实际值		
$X1$	$X2$	机器前进速度 V（m/s）	速比 λ	切割器速度（m/s）
1	1	0.6	1.1	0.66
1	-1	0.6	0.9	0.54
-1	1	0.4	1.1	0.66
-1	-1	0.4	0.9	0.54
0	0	0.5	1	0.5
r	0	0.7	1	0.7
-r	0	0.3	1	0.3
0	r	0.5	1.2	0.6
0	-r	0.5	0.8	0.4

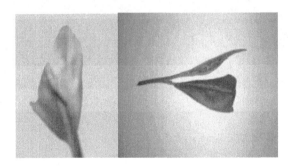

图6-49　重伤芽叶

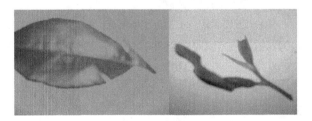

图6-50　轻伤芽叶

四、试验及结果处理

（一）试验

一次试验完成后，即进行茶青分拣、称量与统计。取样与指标统计方法按照采茶机试验标准（JB/T 6281.2—1992）中之规定进行。图6-49、图6-50、图6-51 依次为重伤芽叶、轻伤芽叶和完整芽叶的分拣样本，称重统计结果如附表2所示。图6-52 为试验后留茬，割

图 6-51　完整芽叶

茬不平度原始统计数据见附表 3。

图 6-52　割茬

（二）芽叶完整率回归分析

1. 回归模型

根据附表 2 的试验结果，利用 DPS 软件对数据进行二次多项式逐步回归分析（TangQ. - Y. et al.，2013），得到芽叶完整率的回归模型：

$$y = -134.289159 + 409.263740x_1 + 132.4944688x_2 - 4.32378322x_3 + 4.49444505x_4 - 239.8307292x_1^2 - 89.4194792x_2^2 - 0.0698285880x_3^2 - 0.1171848307x_4^2 - 133.2218750x_1x_2 - 0.872854167x_1x_3 - 1.475609375x_1x_4 + 7.24202083x_2x_3 + 1.297921875x_2x_4 + 0.02391927083x_3x_4$$

（式 6-32）

2. 回归模型的诊断

由 DPS 计算得回归方程的相关系数 $R = 0.97884$，决定系数 $R^2 = 0.9581$，剩余标准差 $SSE = 1.4155$，调整相关系数 $Ra = 0.9645$，整体数据反映回归方程拟合度高。芽叶完整率与机速、刀机速比、行程、刀高的相关系数 R 等于回归平方和与总平方和之比值，为 0.97884，表明该数学模型 4 个因素对芽叶完整率的影响占 97.884%，而其他因素的影响和误差占 2.216%。

（1）F 检验。表 6-9 为芽叶完整率回归模型的方差分析表。

表 6-9　完整率回归模型的方差分析表

变异来源	平方和	自由度	均方	F 值	p 值
回归	962.7350	14	68.7668	34.3199	0.0000
残差	42.0777	21	2.0037		
失拟性检验	26.8558	10	2.6856	1.9407	0.1460
误差	15.2219	11	1.3838		
总变异	1004.8128	35			

F 检验可以反映回归方程的显著性。由表 6-9 可知，回归模型 F 检验值为 34.1399，显著水平 p 值为 0.0000，极显著，说明模型的预测值与实际值非常吻合，模型成立。回归方程的失拟性检验值 $F = 1.9407$，$p = 0.1460$，不显著，说明方程拟合较好。因此，该模型可以应用。

（2）t 检验。t 检验是偏相关系数检验的一种方式，在多元回归分析中，多个自变量同时存在的情况下，用于考察一个自变量与应变量之间的相关程度。表 6-10 中给出了各变量回归系数的 t 检验值。对于给定的 $\alpha = 0.05$，$p < 0.05$，因子作用显著；$p > 0.05$，则该项不显著，可从回归模型中剔除。在 $\alpha = 0.05$ 水平下，剔除不显著项后，得模型的回归方程为：

$$y = -134.289159 + 409.263740x_1 + 132.4944688x_2 - 4.32378322x_3 + 4.49444505x_4 - 239.8307292x_1^2 - 89.4194792x_2^2 - 0.0698285880x_3^2 - 0.1171848307x_4^2 - 133.2218750x_1x_2 + 7.24202083x_2x_3$$

（式 6-33）

（3）Durbin-Watson 统计量。Durbin-Watson 统计量（D. W. 统计量）是残差分布是否符合正态分布的量值，残差的正态分布特征是考察回归模型能否采用的参考值之一。当 D. W. 统计量等于 2 时表明残差分布符合正态分布，故 D. W. 统计量越接近 2 则说明所建立的回归模型越符合实际情况。由 DPS 软件计算，模型的 Durbin-Watson 统计量为 2.3089，数值符合要求，建立的模型接近实际情况。以上诊断分析表明，试验数据可靠，适用于拟合模型，回归方程有效。

表 6-10　完整率回归模型 t 检验表

变量	平方和	回归系数	标准回归系数	t 值	p 值
x_1	40 199.2340	409.2637	6.3251	7.9237	0.0000
x_2	4 213.1482	132.4945	2.0477	2.2061	0.0387
x_3	4 038.1419	-4.3238	-2.0047	2.4705	0.0221
x_4	7 756.8139	4.4944	2.7784	3.4385	0.0025
x_1	13 988.5670	-239.8307	-3.7312	9.5844	0.0000
x_2	7 701.5962	-89.4195	-2.7685	3.5735	0.0018
x_3	1 230.1643	-0.0698	-1.1065	2.5115	0.0203
x_4	10 321.4048	-0.1172	-3.2050	7.4929	0.0000
x_1x_2	5 352.8173	-133.2219	-2.3081	3.7646	0.0011

（续表）

变量	平方和	回归系数	标准回归系数	t 值	p 值
x_1x_3	95.0819	−0.8729	−0.3076	0.7400	0.4675
x_1x_4	467.5363	−1.4756	−0.6821	1.6679	0.1102
x_2x_3	15 041.7611	7.2420	3.8691	6.1394	0.0000
x_2x_4	846.8827	1.2979	0.9181	1.4671	0.1572
x_3x_4	124.6240	0.0239	0.3522	0.8111	0.4264

（三）漏采率回归分析

1. 回归模型

根据表附表 2 的试验结果，利用 DPS 软件对数据进行二次多项式逐步回归分析，得到漏采的回归模型：

$$y = 10.4780498 + 14.91041667x_1 - 19.956250x_2 + 0.2565509259x_3 - 0.341093750x_4 +$$
$$13.47916667x_1^2 + 11.97916667x_2^2 + 0.002615740741x_3^2 + 0.00373697917x_4^2 - 22.0x_1x_2 +$$
$$0.2750x_1x_3 - 0.296875x_1x_4 - 0.3083333333x_2x_3 + 0.3343750x_2x_4 - 0.00489583333x_3x_4$$

（式 6-34）

2. 回归模型诊断

计算回归方程的相关系数 $R = 0.983872$，决定系数 $R^2 = 0.9680$，剩余标准差 SSE = 0.1611，调整相关系数 $R_a = 0.972972$，整体数据反映回归方程拟合度较好。漏采率与机速、刀机速比、行程、刀高的相关系数 R 为 0.983872，表明该数学模型四个因素对漏采率的影响占 98.3872%，而其他因素的影响和误差占 1.6128%。

（1）F 检验。表 6-11 为漏采率回归模型的方差分析表。由表 6-11 可知，回归模型 F 检验值为 45.3812，显著水平 p 值为 0.0000，极显著，说明模型的预测值与实际值吻合，模型成立。回归方程的失拟性检验值 $F = 1.8778$（$p = 0.1580$），不显著，说明方程拟合性较好。因此，该模型可以应用。

表 6-11　漏采率回归模型的方差分析表

变异来源	平方和	自由度	均方	F 值	p 值
回归	16.4840	14	1.1774	45.3812	0.0000
残差	0.5448	21	0.0259		
失拟性检验	0.3436	10	0.0344	1.8778	0.1580
误差	0.2013	11	0.0183		
总变异	17.0288	35			

（2）t 检验。表 6-12 为漏采率回归模型的 t 检验表。表中给出了各变量回归系数的 t 检验值。在 $\alpha = 0.05$ 水平下，剔除不显著项后，得模型的回归方程为：

$$y = 10.4780498 + 14.91041667x_1 - 19.956250x_2 - 0.341093750x_4 + 13.47916667x_1^2 +$$
$$11.97916667x_2^2 + 0.00373697917x_4^2 - 22.0x_1x_2 - 0.296875x_1x_4 - 0.3083333333x_2x_3 +$$

$0.3343750x_2x_4$ （式6-35）

表6-12 漏采率回归模型 t 检验表

变量	平方和	回归系数	标准回归系数	t 值	p 值
x_1	53.3569	14.9104	1.7701	2.5369	0.0192
x_2	95.5805	−19.9563	−2.3691	2.9201	0.0082
x_3	14.2168	0.2566	0.9137	1.2882	0.2117
x_4	44.6765	−0.3411	−1.6197	2.2933	0.0323
x_1	44.1865	13.4792	1.6108	4.7338	0.0001
x_2	138.2196	11.9792	2.8490	4.2070	0.0004
x_3	1.7262	0.0026	0.3184	0.8268	0.4177
x_4	10.4963	0.0037	0.7851	2.0998	0.0480
x_1x_2	145.9744	−22.0000	−2.9278	5.4633	0.0000
x_1x_3	9.4380	0.2750	0.7445	2.0487	0.0532
x_1x_4	18.9243	−0.2969	−1.0542	2.9489	0.0077
x_2x_3	27.2659	−0.3083	−1.2654	2.2971	0.0320
x_2x_4	56.2074	0.3344	1.8168	3.3214	0.0032
x_3x_4	5.2211	−0.0049	−0.5537	1.4589	0.1594

（3）Durbin-Watson 统计量。模型的 Durbin-Watson 统计量为 1.7569，数值符合要求，建立的模型接近实际情况。以上诊断分析表明，试验数据可靠，适用于拟合模型，回归方程有效。

（四）割茬不平度回归分析

1. 回归模型的诊断

根据表附表 2 之试验结果，利用 DPS 软件对割茬不平度数据进行二次多项式逐步回归分析，得到割茬不平度的回归模型：

$y = 95.700207 - 94.9616021x_1 - 124.2041146x_2 - 0.793380440x_3 + 0.0321309896x_4 + 54.2691458x_1^2 + 50.7748958x_2^2 + 0.0409915509x_3^2 - 0.001186783854x_4^2 + 41.0781250x_1x_2 + 0.2983958334x_1x_3 + 0.3093906250x_1x_4 - 0.537895833x_2x_3 - 0.1100781250x_2x_4 + 0.000658854167x_3x_4$ （式6-36）

2. 回归模型的诊断

计算的回归方程的相关系数 $R = 0.9491$，决定系数 $R_2 = 0.9008$，剩余标准差 $SSE = 0.7870$，调整相关系数 $R_a = 0.9136$，整体数据反映回归方程拟合度较高。割茬不平度与机速、刀机速比、行程、刀高的相关系数 R 为 0.9491，表明该数学模型四个因素对割茬不平度的影响占 94.91%，而其他因素的影响和误差占 5.09%。

（1）F 检验。表 6-13 为割茬不平度回归模型的方差分析表。由表 6-13 可知，回归模型 F 检验值为 13.6218，显著水平 p 值为 0.0000，极显著，故模型的预测值与实际值吻合度较高，模型成立。回归方程的失拟性检验 $F = 2.5464$，$p = 0.0705$，不显著，表明方程拟合程度较好。因此，该模型可以应用。

表 6-13　割茬不平度回归模型的方差分析表

变异来源	平方和	自由度	均方	F 值	p 值
回归	118.1236	14	8.4374	13.6218	0.0000
残差	13.0075	21	0.6194		
失拟性检验	9.0836	10	0.9084	2.5464	0.0705
误差	3.9239	11	0.3567		
总变异	131.1311	35			

（2）t 检验。表 6-14 为割茬不平度回归模型的 t 检验表。表中给出了各变量回归系数的 t 检验值。在 $\alpha = 0.05$ 水平下，剔除不显著项后，得模型的回归方程为：

$$y = 95.700207 - 94.9616021x_1 - 124.2041146x_2 + 54.2691458x_1^2 + 50.7748958x_2^2 + 0.0409915509x_3^2 + 41.0781250x_1x_2 \qquad \text{（式 6-37）}$$

（3）Durbin-Watson 统计量。模型的 Durbin-Watson 统计量为 1.7630，数值符合要求，建立的模型接近实际情况。以上诊断分析表明，试验数据可靠，适用于拟合模型，回归方程有效。

表 6-14　割茬不平度回归模型 t 检验表

变量	平方和	回归系数	标准回归系数	t 值	p 值
x_1	2 164.2494	-94.9616	-4.0626	3.3068	0.0034
x_2	3 702.3989	-124.2041	-5.3136	3.7196	0.0013
x_3	135.9617	-0.7934	-1.0183	0.8153	0.4240
x_4	0.3964	0.0321	0.0550	0.0442	0.9652
x_1	716.2581	54.2691	2.3371	3.9007	0.0008
x_2	2 483.2163	50.7749	4.3517	3.6495	0.0015
x_3	423.9214	0.0410	1.7980	2.6517	0.0149
x_4	1.0586	-0.0012	-0.0898	0.1365	0.8927
x_1x_2	508.9236	41.0781	1.9700	2.0878	0.0492
x_1x_3	11.1122	0.2984	0.2911	0.4550	0.6538
x_1x_4	20.5535	0.3094	0.3959	0.6290	0.5361
x_2x_3	82.9804	-0.5379	-0.7955	0.8201	0.4213
x_2x_4	6.0916	-0.1101	-0.2155	0.2238	0.8251
x_3x_4	0.0946	0.0007	0.0269	0.0402	0.9683

五、优化设计

（一）优化模型

上面已经分析得到芽叶完整率、漏采率和割茬不平度关于机速、速比、齿高、行程四个因子的回归方程，现根据三个回归方程建立参数优化模型。因为完整率为主要采茶质量的最主要评价指标，所以选完整率回归方程为目标函数，漏采率及割茬不平度回归方程作为约束条件，建立有约束非线性优化模型。约束条件的边界值按如下方法确定：现有常见采茶机参数（机速 0.3，速比 1，行程 20，齿高 22）代入回归方程 6-36 得出割茬不平度的值为 2.5943，取整数 3 作为边界值；采茶机标准规定的漏采率（1%）值作为漏采率的边界值。优化模型如下：

$$\max f_1(x_1, x_2, x_3, x_4) = -134.29 + 409.26x_1 + 132.49x_2 - 4.32x_3 + 4.49x_4 - 239.83x_1^2 - 89.42x_2^2 - 0.07x_3^2 - 0.12x_4^2 - 133.22x_1x_2 - 0.87x_1x_3 - 1.48x_1x_4 + 7.24x_2x_3 + 1.29x_2x_4 + 0.024x_3x_4$$

$$s.t. \quad 0 \leqslant f_2(x_1, x_2, x_3, x_4) = 10.48 + 14.91x_1 - 19.96x_2 + 0.26x_3 - 0.34x_4 + 13.48x_1^2 + 11.98x_2^2 + 0.003x_3^2 + 0.004x_4^2 - 22.0x_1x_2 + 0.28x_1x_3 - 0.30x_1x_4 - 0.31x_2x_3 + 0.33x_2x_4 - 0.005x_3x_4 \leqslant 3;$$

$$0 \leqslant f_3(x_1, x_2, x_3, x_4) = 95.70 - 94.96x_1 - 124.20x_2 - 0.79x_3 + 0.03x_4 + 54.27x_1^2 + 50.77x_2^2 + 0.04x_3^2 - 0.001x_4^2 + 41.08x_1x_2 + 0.30x_1x_3 + 0.31x_1x_4 - 0.54x_2x_3 - 0.11x_2x_4 + 0.0007x_3x_4 \leqslant 1;$$

$$0 \leqslant f_1(x_1, x_2, x_3, x_4) \leqslant 100;$$

$$0.3 \leqslant x_1 \leqslant 0.7;$$

$$0.8 \leqslant x_2 \leqslant 1.2;$$

$$11 \leqslant x_3 \leqslant 23;$$

$$14 \leqslant x_4 \leqslant 30; \tag{式 6-38}$$

（二）优化方法与结果

为了提高优化结果的可信度，分别用两种方法对优化模型进行求解。一种是利用 MATLAB 自带的适用于具有非线性约束的非线性优化问题的优化函数 fimincon；另一种是遗传算法。

1. fmincon 优化函数

matlab 中内置函数 fmincon 是专门进行约束条件的非线性优化的函数，其采用 subspace trust region 优化算法，把目标函数在点 x 的邻域泰勒展开（x 可以认为是人为提供的初始猜测），称展开的邻域为 trust region，泰勒展开到二阶项。该优化方法的模型为：

$$\min \quad f(x)$$
$$s.t. \quad c(x) \leqslant 0$$
$$ce(x) = 0$$
$$A \cdot x \leqslant b$$
$$Ae \cdot x = be$$
$$lb \leqslant x \leqslant ub \tag{式 6-39}$$

模型式 6-39 求目标函数的最小值，因此应用此函数求解试验优化模型时，应将优化模型的目标函数值添加符号。编写 matlab M 文件调用 fmincom 函数对模型进行优化计算。

在 MATLAB 中，按式 6-38 分别编写目标函数文件 youhua1.m、非线性约束函数文件 yueshu1.m，并创建优化函数主程序 opt1.m，之后进行初始化及线性约束条件设置。最后在 Command Window 中，输入 opt1 回车得优化结果。

其中 opt1.m 程序代码如下：

%求优化函数极小值

A = [ ];%线性不等式约束左边矩阵（无，为空）

b = [ ];%线性不等式约束右边向量（无，为空）

Aeq = [ ];%线性等式约束左边矩阵（无，为空）

beq = [ ];%线性等式约束右边向量（无，为空）

lb = [0.3；0.8；11；14];%自变量下限

ub = [0.7；1.2；23；30];%自变量上限

x0 = [0.51.0 17 22];%初始值，随机取解空间中一点，这里各变量取变化范围中点

options = optimset（' LargeScale'，' off'，' display'，' iter'）;

[x，fval，exitflag] = fmincon（@ youhua，x0，A，b，[ ]，[ ]，lb，ub，@ yueshu，options）

模型经过迭代计算，得出最优解为，$x_1 = 0.4014$，$x_2 = 1.2000$，$x_3 = 23.0000$，$x_4 = 24.8870$，此时芽叶完整率为 86.8956%，约为 87%。实际生产中取整后得最优结果为：机速 0.4m/s，速比 1.2，行程 23mm，齿高 25mm。

2. 遗传算法优化

遗传算法是一种借鉴生物界自然选择和自然遗传机制的随机搜索算法。与传统算法不同，遗传算法不依赖与梯度信息，而是通过模拟自然进化过程来搜索最优解，它利用某种编码技术，作用于称为染色体的数字串，模拟由这些串组成的群体的进化过程。遗传算法通过有组织、随机的信息交换来重新组合那些适应性好的串，生成新的串的群体。遗传算法具有对可行解表示的广泛性、群体搜索特性、无须辅助信息、内在启发式随机搜索特性、最大概率找出全局最优解、可求解复杂的优化问题、固有的并行性和并行计算能力、可扩展性等优点。

MATLAB7.0 以上版本中都带有遗传算法优化工箱，遗传算法工具有两种调用方法：①以命令行方式调用遗传算法函数 ga；②通过图形用户界面使用遗传算法工具。

本文通过图形用户界面使用遗传算法。首先，根据优化模型，分别编写目标函数与约束函数 M 文件，其与 fmincon 函数优化时编写的程序相同，名称分别为 youhua1. m 和 yueshu1. m。然后在命令行输入：gatool 命令，即可打开遗传算法工具箱如图 6-53 所示。

在图形用户界面中分别设置优化函数、约束函数句柄，变量个数，变量上下限，初始种群数量，种群规模等参数，选择算子、交叉算子、变异算子类型等，输出结果形式等。种群规模设置为 200，其他参数使用默认值，结果如图 6-53 所示。

参数设置完毕后，开始求解，由图 6-54 可知，初始种群经过 51 代进化，得到最优个体 0.4011，1.2004，23.0000，24.8871，其适应度值为-86.89558692038567，每一代适应度函数的最佳值与平均值及最佳个体值如图 6-55 所示。优化结果与 fmincon 函数优化结果极为接近，圆整后同样为：机速 0.4m/s，速比 1.2，行程 23mm，齿高 25mm。说明优化结果精确可信。

六、试验验证

以优化结果圆整后的刀具参数：刀高 25mm，行程 23mm，重新加工一组刀片及配套的偏性轮，进行台架试验验证。在优化参数下的试验结果为芽叶完整率 82.6%，漏采率，0.24%，割茬不平度为 4mm，与优化结果接近，说明试验优化结果可靠。

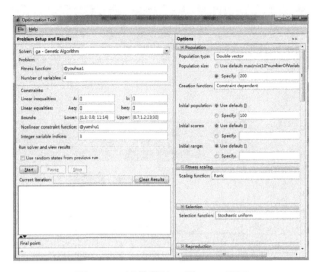

图 6-53 遗传算法工具 GUI 界面

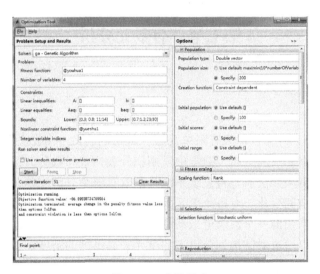

图 6-54 参数设定

小结

本节结合已有研究对采茶机理进行分析，找出了机速、速比、行程、刀高四个主要影响因子。通过二次回归正交旋转中心组合试验建立了采茶质量主要评价指标芽叶完整率、漏采率、割茬不平度关于四个主因子的二次回归方程。在此基础上，建立参数优化模型，并在MATLAB 中，分别利用 fmincon 函数和遗传算法工具编程求解，得出最佳刀具参数（行程、齿高）与作业参数（机速、刀速）分别为机速 0.4m/s，刀机速比 1.2，行程 23mm，齿高 25mm，此时芽叶完整率计算值为 87%。最后根据优化结果设计了新的刀具，并进行了试验验证，结果分别为：芽叶完整率 82.6%，漏采率 0.24%，割茬不平度为 4mm，与优化试验值基本符合。

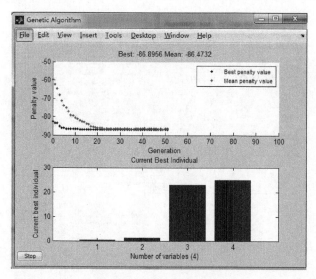

图 6-55　优化过程与结果

第七节　有限元分析

一、有限元理论

（一）有限元分析简介

有限单元分析（FEA），也称为有限单元法，是场问题的一种数值解法。场问题需要确定一个或多个相关变量的空间分布。数学中常用积分表达式和微分方程描述场，每种描述都可用于有限元列式。有限元法就是将连续系统分割成有限个分区或单元，每个单元中，允许一个常量仅有简单的空间变化，对每个单元提出一个近似解，再将所有单元按标准方法加以组合，从而形成原有系统的一个数值近似系统，也就是形成相应的数值模型。尽管有限元解不是精确解，但是可以通过对结构划分更多的单元来提供解的精度。

（二）模态分析理论

模态是当系统以某一固有频率发生振动时，系统所表现出来的一定的运动模式，包括模态向量（又称阵型向量）、模态质量（广义质量）、模态刚度（广义刚度）、模态频率（固有频率）、模态阻尼（固有阻尼）等。

模态分析是振动理论的一个重要分支，是研究结构动力特征的一种近代方法，是系统识别方法在工程振动领域中的应用。一般地，以振动理论为基础，以模态参数为目标的分析方法称为模态分析。

考虑

$$[M]\{\ddot{x}\} + [K]\{x\} = 0 \qquad \text{（式 6-40）}$$

假设其解为

$$\{x\} = \{\varphi\}\, e^{iwt} \qquad \text{（式 6-41）}$$

代入得到特征方程

$$([K] - \omega^2[M])\{\varphi\} = 0 \qquad \text{（式 6-42）}$$

或

$$\det([K] - \lambda[M]) = 0 \qquad (式6-43)$$

其中, $\lambda = \omega^2$

对于 N 自由度系统, 有 N 个固有频率 (i=1, 2, 3…N)、特征频率、基本频率、或共振频率。每一个固有频率对应一个阵型向量, 任意自由振动都可以分解成有模式的、简单的振动的叠加, 在任意时刻结构形状为它的模态的线性组合。由于这种分解和叠加的特性, 我们又把模态振动成为主振动 (principal vibration), 相应地, 模态参数又称为主质量、主刚度、主振动频率, 以及主阵型等。

模态分析的主要目的有:①评估结构的动力学特性;②评价载荷的可能放大因子;③使用固有频率和正则模态, 可以指导后续动态分析 (如瞬态分析中的时间步长的选取, 频率响应分析中的计算频率范围的制定等);④指导实验分析, 如加速度传感器的布置位置;⑤评估设计中的变化和改进。

二、刀片静力分析

(一) 刀片变形边界条件

由第三章的刀片变形模型可知, 刀片任意点随时间的变形量为:

$$\begin{cases} \Delta x = x_1' - x_1 = r \cdot \cos\theta + s \cdot \sin\omega t - r \cdot \cos[\theta - (s \cdot \sin\omega t)/r] \\ \Delta y = y_1' - y_1 = r \cdot \sin\theta - r \cdot \sin[\theta - (s \cdot \sin\omega t)/r] \end{cases}, \quad \frac{1}{2}(\pi - 1) \leqslant \theta < \frac{1}{2}\left(\pi - \frac{1}{2}\right)$$

$$(式6-44)$$

已分析得知刀片运行到行程末段时, 变形量最大。取极右位置分析, 即 $\omega t = \pi/2$, 刀片变形量最大值为:

$$\begin{cases} \Delta x = x_1' - x_1 = r \cdot \cos\theta + s - r \cdot \cos(\theta - s/r) \\ \Delta y = y_1' - y_1 = r \cdot \sin\theta - r \cdot \sin(\theta - s/r) \end{cases}, \quad \frac{1}{2}(\pi - 1) \leqslant \theta < \frac{1}{2}\left(\pi - \frac{1}{2}\right)$$

$$(式6-45)$$

(二) 有限元模型建立

1. 约束条件建立

刀片运动至极右位置时, 一端向上变形, 另一端向下变形。为分析此时变形刀片的受力情况, 在 MSC/patran 中按式6-44建立有限元模型的变形空间场, x、y 分量分别如图6-56中 a、b 所示。以此场施加刀片变形部分, 作为位移边界条件, 中间刀柄铰接孔处固支。

2. 其他参数设定

刀片材料为 T8 工具钢, 弹性模量为 210Gpa, 泊松比为 0.3, 密度为 7 875kg/m³。参数定义时, 选择一套封闭的单位制即可。两套最为常用的封闭单位制为国际单位制和毫米制, 此文采用毫米单位制。单元属性选取 2D 体单元。最终得到得有限元模型如图6-57所示。图6-58为有限元模型局部放大图。

(三) 静力分析结果

静力分析结果如图6-59所示。可以看出, 在最大变形情况下, 刀片的最大应力为140MPa, 发生在刀片中部平直段连接处, 此处也是变形与非变形的过渡段。T8 工具钢的剪切许用应力 600MPa, 拉压许用应力为 1 050MPa, 屈服强度为 850MPa, 可见刀片的强度满

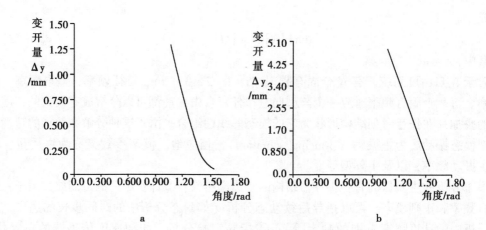

图 6-56 变形空间向量场

a. x 分量；b. y 分量

图 6-57 刀片有限元模型

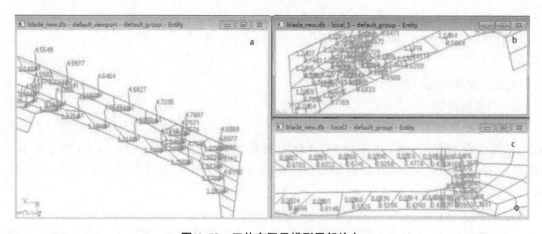

图 6-58 刀片有限元模型局部放大

a. 右端局部放大；b. 左端局部放大；c. 中间局部放大

足要求。

三、机架静力分析

（一）机架有限元模型

机架由多段圆钢焊接而成，结构相对复杂，宜先在三维绘图软件中建好模型后，导入有

图 6-59 刀片静力分析

限元分析软件进行有限元模型建立。本文运用 Pro/E 建立几何模型，然后导入 ANSYS 中进行有限元建模。用六面体单元进行网格化分，材料为钢，材料属性为：剪切模量——210Gpa，泊松比——0.03，密度——8.785×10^{-9} kg/m^3。

采茶机静止情况下，认为护板固定约束于底盘之上，故认为其受固定约束。受力条件为：发动机座承受发动机自身重力 600N，驾驶员座位出受力 700N，机架前方上承载传动系统总成，左右受力近似对称，为 200N。这些受力均假设为集中载荷作用于相应承受部件质心处，有限元模型如图 6-60 所示。

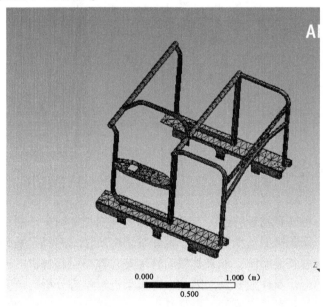

图 6-60 机架有限元模型

（二）静力学分析结果

将机架受到的静力载荷施加于有限元模型后如图 6-61 所示。静力分析得应力、应变云图分布如图 6-62、图 6-63 所示。可以看出最大应力、应变发生在机架左后方上部圆钢焊接处，分别为 27MPa 和 0.2mm，可知结构强度满足要求。

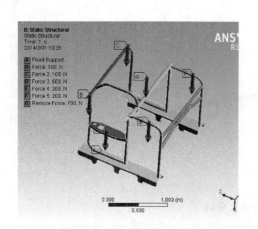

图 6-61 机架静力分析

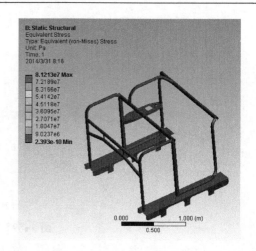

图 6-62 应力

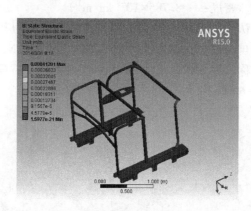

图 6-63 静力应变

四、机架模态分析

（一）模态分析结果

振动是物体的一种固有物理特性，有时我们需要利用物体的振动特性，有的时候我们又要避免振动的发生。采茶机振动太大，将严重影响采摘质量，而机架是跨行乘驾型履带采茶机的整体框架，承载着其他系统，如果其振动特性差，容易引起整机的振动，不仅影响采茶质量，还影响机器的寿命及作业安全。因此，对机架进行模态分析，研究振动特性，对与跨行乘驾型履带采茶机的开发是必要的，也是必须的。

在原有限元模型的基础上进行约束模态分析，得出机架的前六阶模态阵型与模态频率，以分析机架的振动特性。主频率分布如图 6-64 所示，分别为 18.021、25.346、31.636、36.209、45.892、51.694Hz。所得前六阶阵型如图 6-65 所示，可以看出第一阶、第二阶、第五阶为弯曲模态，第三阶、第四阶为扭转模态，第六阶为弯扭组合模态。

（二）外部激振特点分析

机架的外部激振源主要为发动机、切割器、及路面激励。切割器的最佳工作转速一般为 700r/min，往复运动频率为 20Hz；发动机工作转速为 230~2 500r/min，即频率范围为 38.3~

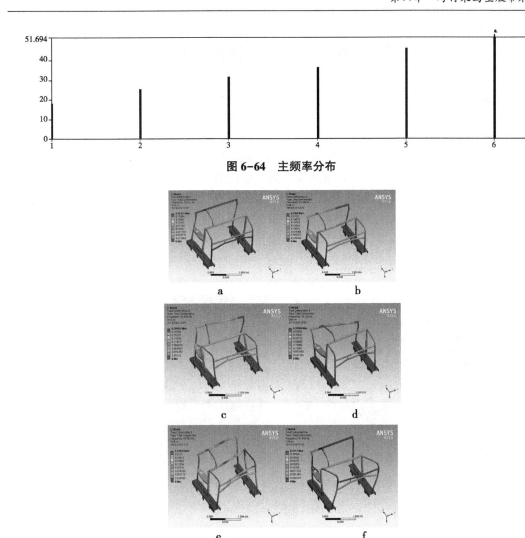

图 6-64　主频率分布

图 6-65　机架前六阶振型
a. 一阶模态；b. 二阶模态；c. 三阶模
态；d. 四阶模态；e. 三阶模态；f. 四阶模态

41.7Hz；风机工作转速为 2 500r/min，频率最高可达 41.7Hz；规范化的茶园路面较平整，平坦土路地面随机激励频率一般低于 3Hz。综上可见，跨行乘驾型履带采茶机的外部激励与机架前六阶主频率相互错开，故而正常作业时，机架不会发生共振。

小结

本节运用有限元技术，对采茶机关键部件进行了静力学与动力学特性分析。根据第三章建立的切割器柔性运动模型确立刀片的最大变形约束条件，在此约束下进行静力学分析，结果表明刀片满足静力强度要求。分析了机架的受力，对其进行静力分析，结果表明机架强度满足设计要求。约束模态分析得到了机架前六阶模态。通过分析其外部激振源的频率发现，激振频率与模态主频率相互错开，故采茶机正常作业时，机架不会发生共振。

第八节　样机田间性能试验

一、液压系统样机测试

（一）测试条件

2013 年 12 月，在江苏云马农机制造有限公司场内空地进行了跨行乘驾型履带采茶机样机液压系统性能及可靠性测试。主要测试参数为系统压力和行驶速度。试验仪器及器材包括乘坐式采茶机样机、驾驶员、无锡全君液压表（量程 0～30MPa，精度 0.1MPa）、胜利牌 DM6236P 智能型数字转速表（测量范围 2.5～99 999r/min，分辨率：n≤ 1 000转时为 0.1r/min，n> 1 000转时为 1r/min）、皮卷尺、秒表（分辨率 0.1s）及粉笔等辅助器材（图6-66、图 6-67）。

图 6-66　试验

图 6-67　系统压力测试

（二）测试方法

系统压力测试方法参照文献（张亦，2006）所述之方法，将压力表并联与测压回路的液压泵出油口，待系统稳定工作后方可读数。系统正常工作状态读数 20 次，结果如表 6-15 所示。

表 6-15　系统压力测试数据

时间 t（min）	行驶系统压力 p（MPa）	采摘系统压力 p（MPa）	时间 t（min）	行驶系统压力 p（MPa）	采摘系统压力 p（MPa）
11	15.4	7.7	21	16.4	8.9
12	18.3	7.9	22	14.2	8.6
13	17.3	9.3	23	14.1	9.3
14	16.2	9.0	24	17.4	8.8
15	15.8	8.6	25	16.7	8.4
16	17.1	9.2	26	15.4	8.1
17	15.9	8.4	27	18.0	7.2
18	14.5	8.7	28	14.8	8.6
19	17.7	9.4	29	17.7	9.0
20	18.5	7.5	30	15.0	8.7

在泵开口最大、极小（建立连续流量机器可稳定前行所需的最小泵开口量）与油门最大、极小（油门调速范围内的最大、极小值）之四种组合控制状态下分别测采茶机的行驶速度，重复 3 次。泵开口极小的两种控制状态下速度小，测试距离取 8m，其余取 20m。结果如表 6-16 所示。

采摘马达稳定工作速度用红外传感式转速仪测量，测得最大、极小油门状态下分别约为 230r/m 与 2 000r/m。

表 6-16　速度测试数据

| 控制状态 | | 1 次 | | | 2 次 | | | 3 次 | | | 平均速度 | |
油门	泵开口	距离(m)	时间(s)	速度(m/s)	距离(m)	时间(s)	速度(m/s)	距离(m)	时间(s)	速度(m/s)	m/s	km/h
极小	极小	8	187.06	0.043	8	186.07	0.043	8	187.05	0.042	0.078	0.151
极小	最大	20	52.53	0.381	20	52.11	0.384	20	53.06	0.377	0.381	1.372
最大	极小	8	103.50	0.077	8	102.07	0.078	8	103.33	0.077	0.078	0.280
最大	最大	20	14.07	1.422	20	13.87	1.442	20	14.66	1.364	1.409	5.072

（三）试验结果

由表 6-15 知，行驶系统压力变化幅值为 ±2.2MPa，平均值为 16.75MPa，采摘系统压力变化幅值为 ±1.1MPa，平均值为 8.57MPa；而行驶统仿真压力为 18.09MPa，采摘系统为 9.91MPa。试验与仿真结果基本一致，且与设计值（行驶系统 17.6MPa，采摘系统 10MPa）相差不大。仿真结果与设计值相差分别 2.78% 和 0.91%，试验结果与设计值相差分别为 4.82% 和 14.3%。

系统压力测试值小范围波动，主要原因有地面不平、含有砖砾，切割器刀片柔性变形与振动引起的摩擦阻力波动等。测试压力平均值低于设计值的主要原因有两点：①计算负载包括爬坡阻力，而试验场地无坡度，切割器负载不包含茶青切割阻力，即测试负载小于实际负载；②泵工作压力为经验公式估算，存在误差。

由表 6-16 知，油门最大、泵开口最大时采茶机速度最大，为 5.072km/h；油门极小与泵开口极小时速度极小，为 0.151km/h，即调速范围为 0.151～5.072km/h。故速度对泵开口变化的敏感程度高于对油门变化的敏感程度，表明泵的调速能力强于油门。

总之，试验结果表明系统满足采茶机速度控制与转场速度（转场速度 5.0km/h）要求。

二、风速与噪声测定

（一）测试仪器

风速测试仪器为 ZRQF 系列智能风速计（量程：0～30m/s，分辨率：0.01m/s），噪声测试仪器为 YSD130 系列手持式噪声测试仪（量程 30～130dB，分辨率：0.1dB）。

（二）测试结果

机具处于标定工作状态下运转时，在割幅范围内选择不少于 3 处的测点（均布，两端和中间），用风速仪测定各出风口位置的风速，结果表 6-17，样机风速接近设计值，且排风相对均匀，沿切割器刀片弧长方向所采茶青均能得到有效收集。

样机处于标定工作转速下，用声级计测定距机具周沿 1 m、离地高度 1.5 m 处（不少于

4 点）的噪声和操作人员耳旁 10cm 处的噪声，结果见表 6-18。噪声平均值为 71dB，满足采茶机技术标准之规定（标准规定采茶机噪声应小于 90dB）（表 6-18）。

表 6-17　风速测试

项目	设计速度 （m/s）	测点左 （m/s）	测点中 （m/s）	测点右 （m/s）	平均值 （m/s）
值	14	13.32	15.55	14.48	14.45

表 6-18　噪声测试

项目	驾驶员耳旁 dB（A）		距排汽口 1m 处 dB（A）				均值 dB（A）
	左	右	左前	右前	左后	右后	
行驶过程	75	70	77	71	69	76	
停车	64	71	74	67	70	68	71

三、采茶性能试验

（一）试验目的

上文已通过二次回归正交试验对采茶机的机速、刀机速比、刀高和行程进行了优化设计，得出最佳设计参数为：机速 0.4、速比 1.2、行程 23、齿高 25。按照优化结果设计新刀片，台架试验验证优化结果确为最优值。但台架试验是在理想条件下进行的，实际生产中，采摘质量影响因素更为错综复杂，本试验以研究所得最佳参数在茶园实地进行样机采茶试验，以验证优化结果。

（二）试验方法

依据《中华人民共和国机械行业标准——采茶机试验方法》（JB/T 6281.2—1992）应选择茶树长势良好、蓬面整齐、行间作业道宽 20~30cm、茶行长度大于 30m 的条播规则茶园。试验地点选择江苏金坛鑫品茶厂机采茶园，试验对象茶叶品种为龙井 43 号夏茶。茶园基本情况调查结果如表 6-19 及附录表 4 所示，图 6-68 为芽头密度抽样调查样品，图 6-69 为样机田间采茶试验。

表 6-19　茶园基本情况调查记录一

品种、树龄、 种植方式	树冠形状 修剪制度	茶树高度 （cm）	茶树幅宽 （cm）	基础产量 干毛茶 （kg/hm²）	茶树长势	地形特点 道路条件
龙井 43 号 10 年条播	弧形	62.6	99.2	900	良好	平坡茶园，坡度小于5°，道路便利，通至茶园

选 3 行地形平坦处便于机器驶入的长势均匀的茶树进行重复试验。将每个试验区域茶树以 m 为单位，划分标记，作为单个试验点。

取样方法依照标准执行，在存放机采鲜叶的茶袋内上、中、下层各取一定量鲜叶匀和作为大样，从大样中按对角线四分法取出分析样，分析鲜叶不少于 100g，分类计算百分率，重复两次，取平均值。按标准要求包括试验在茶树新梢表面无水时进行，试验重复三次，每次试验各项目数据不少于 3 个，取其平均值。

图 6-68　抽样样品

图 6-69　样机试验

（三）试验结果

按照采茶机试验标准中规定的方法进行试验，图 6-70 为试验分拣统计。试验结果如表 6-20 所示。由表 6-20 可知，优化的因子水平下，采茶完整率可达 81.3%，与台架试验结果差 1.3%，漏采率为 0.89%，割茬不平度为 3mm。样机试验值接近台架试验优化之最优值，说明优化结果确为采茶机作业的较优水平。另外，还统计获得样机重要性能评价指标鲜叶漏集率，结果如表 6-20 所示，试验所得平均漏集率为 0.94，小于采茶机标准中之规定值 2%，可见样机茶青收集能力满足要求。

图 6-70　分拣统计

表 6-20　样机试验结果

重复	采茶质量：每次试验取样分析三次												漏集率（%）
	芽叶完整率（%）			均值	漏采率（%）			均值	割茬不平度			均值	
1	78.92	81.36	82.74	81.01	1.27	0.93	1.03	1.08	3.63	3.26	2.56	3.15	1.13
2	82.65	79.91	78.28	80.28	0.63	0.91	0.76	0.77	4.08	2.74	3.11	3.31	0
3	81.30	83.55	82.97	82.61	0.73	0.94	0.79	7.26	3.97	2.69	3.30	3.32	0.75

小结

本节主要分析了采茶机样机的田间试验，包括液压系统性能的测试，采茶机风速、风压的测试，以及优化作业水平下采茶性能的田间试验验证。所有试验结果表明设计的跨行乘驾型履带采茶机各项指标满均足采茶机标准所规定的指标要求。并验证了机速 0.4m/s、速比1.2、行程 23mm、齿高 25mm 确实为该跨行乘驾型履带采茶机的较优作业水平，在该水平下芽叶完整率可达 81.3%，漏采率为 0.89%，割茬不平度为 3mm，与试验台试验结果基本相符。

第九节　跨行乘驾型履带采茶机的使用与维修

合理正确的使用，不仅可保证作业质量，提高生产效率，还能提高设备的使用寿命，可全面提高设备投入的综合效益。本节专门从跨行乘驾型履带采茶机的性能参数、使用方法及效果、设备维护与保养等方面逐一介绍。

一、性能参数

跨行乘驾型履带采茶机的主要性能参数

1. 整机参数

行走速度（km/h）：作业时 1.5~2.5，不超过 3.5；转场时 8.0

整机尺寸（长×宽×高）（mm）：2 170×1 960×2 086

整机重量（kg）：800

转弯半径（mm）：1 200

爬坡角度：≤15°

适应作业角度：≤10°

机架离地间隙（mm）：1 000 以下可调

车乘定员（人）：1

2. 动力机

型号：Honda 90X 汽油发动机

功率：18.4kW（25 马力）

启动方式：电启动

油箱容积（L）：25

发动机到驱动泵的速比：1.5

3. 行走部分

行走方式：橡胶履带式

履带型式：齿形花纹式

履带驱动轮直径（mm）：271

履带宽度（mm）：200

履带接地长度（mm）：1 200

履带接地压力（kg/cm²）：0.20

履带中心距（mm）：1 500

动力传动方式：液压驱动型马达

转弯操纵方式：分离与制动联合操纵杆式

行走变速方式：液压无级调速

4. 切割器部分

切割器形式：弧型往复切割式

刀轴转速（r/min）：750 以下无级变速

双偏心轮驱动半径（mm）：40

二、操作与使用

（一）跨行乘驾型履带采茶机的使用方法

跨行乘驾型履带采茶机开动前，应确定各操纵手柄处于"停止"或"切断"位置。

1. 启动和停止发动机

将发动机钥匙转至"START"位置，发动机即行启动，启动后将钥匙放开，钥匙则会自动回到"ON"位置；拉动油门，提升发动机转速至工作转速要求。如要停止发动机运转，则将发动机钥匙转至"OFF"位置，则发动机停止运转。

2. 前进、后退和停车

握住操纵系统行走操纵手柄，将行走操纵手柄缓慢推向"前进"侧，跨行乘驾型履带采茶机则开始向前行走移动，行走操纵手柄愈接近"前进"侧，机器的行走速度愈快；握住行操纵走手柄，将其缓慢推向"后推"侧，则机器开始向后行走移动，行走手操纵柄愈接近"后退"侧，机器的后退速度愈快。机器前进和后退时，应随时注意观察机器前后面的地面或道路状况，及时避让障碍。

当跨行乘驾型履带采茶机需要调整行走方向或转弯时，双手握住行走操纵手柄，顺时针转动，机器向右转向；逆时针转动行走操纵手柄，机器向左转向。操作时应注意缓慢操作行走操纵手柄，特别是高速行驶中不得进行急速的转向操作，突然的方向转变会发生危险。

停机时，首先要切断各驱动工作马达油路，使马达停止工作，然后关闭电磁离合器切断风机动力，减小油门，最后手拉熄火拉线，使机器停机。

（二）跨行乘驾型履带采茶机使用注意事项

工作前应注意事项

1. 查油、查水

（1）查油是查前桥、柴油机、变速箱、提升器、转向小油壶。

（2）查水是查水箱内是否有水。

2. 查油门

（1）是否能达到最大或最小值。

（2）查看油门各部位螺丝是否有松动现象。

3. 查离合器

（1）查离合器工作行程及自由行程是否有变化，如有变化需及时调整。

（2）并查看离合器踏板处螺丝是否有松动的现象，如有复紧紧固（特别注意，脚不要长久放在离合器踏板上）

4. 查制动

（1）查制动是否变软，如有变软需及时调整。

（2）查制动各部位螺丝是否有松动，如有需及时复紧。

5. 查黄油

查采茶机各黄油嘴处是否缺黄油，特别是提升器（油缸臂等处）

6. 查电器

（1）查看电器是否正常（油压表，水温表，气压表，电流表，转速表直接显示各部门工作情况）。

（2）采茶机在停止状态下，必须把采茶机钥匙处于关闭状态下，将钥匙拔下。

（三）操作注意事项

（1）操作分配器时先试试操纵阀是否能达到浮动位置，如无需调整。

（2）踩离合器时需保证完全分离后才可以挂挡。

（3）副离合器调整间隙需保证 3~4cm 自由间隙，不可太大与太小。

（4）整机未使用前，必须按磨合规范进行磨合，然后方能进行正常负荷工作。

（5）启动时，变速杆位于液压泵"空挡"位置（流量为零的位置）。

（6）为防止翻转，尤其是在上下较大坡时，下坡时严禁空挡滑行。

（7）在高速行驶中，严禁急转弯，以免翻车和损坏机件，必须低速起步与挡转弯。

（8）采茶机驾驶员必须有驾驶执照作业，操作人员必须严格执行有关操作规程。

（9）应严格按规定加注润滑油，并定期检查，以免因轮滑油缺失而损坏机具。

（10）操作人员作业时需培训，注意安全防护，并详细了解操作方法及注意方法及注意有关机械部位的警示或提示，避免发生危险事故。

（11）严禁高速行驶和机器上载人，转弯时将切割器与风机关闭，升降和工作时任何人员请勿升降架及切割器。

（12）严禁运行时调整或者维修机具，若需调整或维修必须将发动机熄火后方可进行。

（13）若需机器起升后在后面维修时必须停车，支撑牢固后方可进行。

（14）不作业时，切割器刀片必须套上护刃器，以免人员受伤。

三、维护与保养

为了保证跨行乘驾型履带采茶机的正常使用，应该进行良好的维护与保养。

（一）作业前后的检查与维护与保养

跨行乘驾型履带采茶机作业前后的检查和维护与保养工作，在平坦的地方进行。通过查看燃油箱油量指示，确定燃油是否缺乏，缺乏时进行添加。要求每次作业结束后应将油箱加满，做到满箱燃油等待下次作业。要使用正规油品，并按安全操作规程进行加油。

使用前后应检查发动机的机油高度是否符合要求。检查时，在发动机停止运转一定时间后，拧松油尺，在油尺不拧入的情况下，拔出油尺，确认油面是否在刻度上限与下限之间，如不足，补给规定牌号的发动机机油。

机器启动前，应检查机器各部有无漏油现象，确认液压油输油软管有无损伤，确认液压油箱的油面是否处在油面指示的上限与下限之间，如发现漏油、损伤和液压油不足，应进行消除、更换和补足，并应使用规定油品。

发动机空气滤清器的污脏，会导致发动机性能的降低。打开空气滤清器的外盖，检查过滤部分的污染程度，及时进行清理和清洗，如污染过度则应更换过滤装置。

每次作业前后，均应检查切割器刀片是否断裂与磨损，刀片和安装刀盘之间联结是否牢固，否则应进行更换或紧固。

每次作业结束均应清扫发动机、行走机构、切割器和整机各部附着的脏物、泥土和茶树枝叶，特别应注意清扫附着在各配线上的枝叶和脏物，防止断线和火灾的危险，并注意履带内夹存的异物、泥土和茶树枝条等，以保证履带的运行正常。

每次作业前后均应观察检查各联结部位是否有松动脱落，特别是固定销轴、开口销及挡圈等有无脱落，连接螺栓是否有松动，并按使用说明书要求对轴承、回转部位等加注润滑油或润滑脂。

（二）定期检查与维护与保养

定期检查与保养可有效防止机组事故和故障的发生，延长机器的使用寿命，故应十分重视。

每个作业季度均应对蓄电池状况进行检查。检查时，先拆下蓄电池的负极端，然后再拆下正极端，将蓄电池从机体上取下，放在平坦的地方，先对蓄电池进行全面清洁，然后检查和测定蓄电池的电解液液面高度是否在规定范围，不足时，补充蒸馏水至蓄电池液面指示的上刻度线，并清通蓄电池的排气孔。完成后，按先接正极端后接负极端的顺序将电源线接上。因为蓄电池电解液具有较强的腐蚀性，操作时要防止电解液溅至身体或衣服上。

定期检查确认各传动皮带是否脱落和断裂，与机架等有无发生干涉，如发现皮带发出异常声音或磨损严重，应立即更换。皮带在自然张紧状态下，用手指轻轻压皮带，应有 5~10mm 松弛度。

行走机构的导向轮，在机器行走中起到引导履带方向的作用，并且通过导向轮前后位置的调整，实现履带的正常张紧。若履带过紧，则消耗的动力增加，履带易老化；履带若过松，则会造成履带易脱落，为此应进行正确调整。调整的方法是，将整台管理机停放在平坦的地面上，松开导向轮调节螺栓，使导向轮位置向前或向后，履带的张紧度是否合适，通过检查中间支重轮与履带间的间隙来确定，最佳间隙值为 10~15mm，调整和检查完毕，拧紧锁紧螺母。

（三）长期存放

跨行乘驾型履带采茶机作业季节结束需长期存放，要对整机进行清洗，清除及其各部黏着的泥土和油污，对各运动部位加注润滑油或润滑脂，将机器放置在通风干燥的场所。然后将燃油全部放完，并启动发动机，一直到燃油全部用完发动机熄火为止；卸下蓄电池，充电，存放在太阳照射不到的干燥处，并保持以后每一个月一次完全充电。

四、应用效果

在跨行乘驾型履带采茶机完成研制并进行小批量生产后，该机先后在江苏、安徽、浙江、湖南、湖北等产茶省进行了试用，很受广大茶区的欢迎。同时，该机还在江苏等地选定专业茶场专门进行了机器性能测试，现将具体测定情况和测试结果分述如下。

（一）测试条件

测试于 2013 年 7 月在江苏省溧阳市千锋茶厂进行，测试用茶园位于路边不远，交通方便，可满足跨行乘驾型履带采茶机的方便进出。茶园条件基本符合该机工作要求。茶园茶树行距 1.5m，茶蓬高度 0.98m，茶蓬幅宽 1.35m，茶园横向坡度 12°，纵向坡度 4°，属典型低山丘陵坡地类形，经测定土壤坚实度 16.18kg/cm²，土壤含水率 0～10cm 为 18.3%，10～20cm 为 34.5%，20～30cm 为 24.8%。地头回转地带经过人工适当整理，狭窄处进行了初步加宽，地头宽度为 2.3m，茶园条件基本符合采茶机工作要求，可保证跨行乘驾型履带采茶机的地头转弯等操作。试验期间天气良好，机器运转正常。

（二）作业效果

经试验，该机作业效果良好。由于采用履带行驶机构以及液压传动的高度调整技术，使得该采茶机的采茶质量和稳定性都大幅提升。试验测得，其采摘茶叶的完整率可达 80%，漏采率小于 5%，茶叶可制率达 98% 以上，而且采后蓬面整齐，没有漏集情况。

（三）机器适应性

作业过程中对跨行乘驾型履带采茶机性能参数的测定情况见表 6-21。

表 6-21　跨行乘驾型履带采茶机主要性能参数测定表

测定项目	测定结果
外形尺寸（长×宽×高）（mm）	2 520×2 390×2 400
履带宽度（mm）	200
液压油箱体积（L）	25
燃油箱体积（L）	25
原地左转弯半径（m）	1.2
原地右转弯半径（m）	1.2
道路行驶速度（km/h）	8
平均耗油率（L/h）	5.0

测试和各地使用表明，该机行走稳定，转弯半径小，对茶园地形、土质、气候、茶园管理条件等有较好的适应性。在茶园横向坡 15° 左右，茶园中没有无法越过的沟坑等，茶树行距 150cm、茶蓬高度小于 100cm、行间修剪出约 20cm 的间隙通道的茶园中均可正常作业。该机可以实现原地转弯，在对现有茶园地头进行适当整理，使地头宽度达到 2m 左右，该机就可顺利回转和进行作业。加之该机均采用液压马达进行传动，结构简单，使用履带式行走机构，稳定性好，履带高度较小，宽度较窄，又行驶在茶树根部的行间最宽处，对茶树枝条损伤小。同时，该机整机结构配备合理，视野良好，操纵系统指示一目了然，操作简单方便，也易于调整保养，是一种适合在平地、低坡甚至缓坡茶园中使用的理想的茶园采收机械。

第十节　跨行乘驾型履带采茶机效益分析

一、先进性与经济性分析

（一）先进性分析

日本是世界上茶叶机械化生产水平最高的国家，茶园均为适宜于机械化作业的标准化茶园，同时由于饮茶习惯不同，日本人对茶叶的形状要求不高。所以，日本的采茶机械多为大型履带式跨行采茶机和大型轨道是跨行采茶机，均为往复切割式。此类采茶机代表了世界领先水平。本研究跨行乘驾型履带采茶机与日本的跨行采茶机相比，除了具备其已有功能外，还具有以下突破与创新：首先，采用了"弧型双坡面"增产采茶技术，增加了机采茶的产量；其次，拥有"即采即筛"茶青分级系统，进行采茶作业的同时，可以实现茶青初步分级，大大节省了茶叶生产时间与成本；最后，本采茶机设有通用动力输出接口，可以配套修剪、深耕等机具，实现了多功能作业，机器的利用率更高，实用性更强。总之，该机处理具备当前世界先进采茶机的一般功能之外，还具有诸多创新，使得这种大型采茶机的实用性、通用性与适用性更强，更适合我国的茶园生产，代表了目前世界采茶机械的最高水平。

（二）经济效益分析

该项的研究成果之所以广受农户的欢迎，归根结底是因为其优良的经济型。主要体现在以下几个方面。

1. 生产成本对比分析

（1）跨行乘驾型履带采茶机生产成本。跨行乘驾型履带采茶机管理成本主要由设备折旧成本、驾驶员工资和柴油消耗组成。

①设备折旧成本。按"平均年限折旧法"计算跨行乘驾型履带采茶机设备成本。单价按 8 万元/台计算，折旧年限按 10 年计算。按照现行财务制度的规定，一般固定资产的净残值率在 3%~5%，因此，预计净残值为 80 000×5% = 4 000 元。则每年折旧额为：

固定资产价值-预计净残值：80 000-4 000

年折旧额=76 000 元。

预计折旧年限　　　　　　　10 年

以每年工作 100 天，以每天采茶 86 亩计算，每年工作 100 天×86 亩 = 8 600亩，则设备折旧费用每亩需 76 000元÷8 600亩 = 8.84 元/亩。

②柴油消耗成本。跨行乘驾型履带采茶机每小时工作面积：

跨行乘驾型履带采茶机作业行走速度为 1.5km/h，茶树行距以 1.5m 计算，则每小时可中耕 2.25 亩/h。以每天 10h 计，则每天可作业 2.25×10 = 22.5 亩。

每小时柴油消耗量及费用：跨行乘驾型履带采茶机每小时耗油 5.4L。柴油价格以 6.2 元/L 计算，则每小时需柴油 5.4L/h×6.2 元/L = 33.48 元/h。

每亩柴油消耗量及费用：

每小时可作业 2.25 亩/h，每小时耗油 5.4L/h，则每亩耗油 5.4L/h÷2.25 亩/h = 2.4L/亩。柴油价格以 6.2 元/L 计算，则每亩需柴油 2.4L/h×6.2 元/L = 14.88 元/亩。

③驾驶员工资。采茶机驾驶员每天工资以 80 元计算，每天可采茶 22.5 亩，则每亩需支付驾驶员工资 80÷22.5 = 3.56 元/亩。

总费用为：设备折旧成本+驾驶员工资+柴油消耗=8.84元/亩+14.88元/亩+3.56元/亩=27.28元/亩。

（2）双人采茶机操作成本。采茶工工资以当前每天150元/天计算，双人抬式采茶机需两人，每天可中耕6亩，每亩需支付人工费用150×2÷6=50元/亩；其折旧成本与柴油消耗按2元/亩计；则总成本为52元/亩。

由上述计算不难看出，跨行乘驾型履带采茶机生产成本仅占双人采茶机生产成本的37.5%，每亩下降52-27.28=24.72元；与单人采茶机或人工采茶相比节本效果更为明显。据统计，全国现有茶园面积4 200多万亩，其中1 000万亩用于机械化管理，则仅此一项每年每亩可节约管理成本1 000万亩×24.72元/亩=2.5亿元。由此可见，跨行乘驾型履带采茶机的使用将大幅降低茶叶生产成本，具有非常显著的经济效益。

2. 跨行乘驾型履带采茶机设备生产厂的直接经济效益

该项目研究过程中，跨行乘驾型履带采茶机设备生产厂所生产的样机实际成本为每台6.2万元，试用销售平均价为每台8万元，每台盈利1.8万元，据茶叶生产企业的求货信息分析，该机通过鉴定并正式投入生产后，年需求量为200~300台，随着大批量正式投产后，生产成本还会下降，按样机生产盈利情况计，生产企业年盈利可达360万~540万元，其生产利润是极其显著的。

3. 茶叶增产效益

使用跨行乘驾型履带采茶机，不仅采茶质量得到保证，同时茶叶产量也有较大提升。经测算，使用跨行乘驾型履带采茶机亩产量可增加7.006%，由于采茶质量得到提升，茶青可制率也增加10%。故新增产采茶技术平均可增加收入约18%，相当可观。

二、社会效益分析

2012—2013年在江苏大丰云马农机制造有限公司，项目组按照设计与优化的最终方案进行了多台样机示范生产（产品经农业部茶叶质量监督检验测试中心测试），并在江苏金坛、江苏无锡、湖北恩施、湖南长沙等地进行技术示范4次，结果表明，改跨行跨行乘驾型履带采茶机操作灵活方便、通过性好，能适应25°以下的平缓坡茶区，所采茶青质量满足大宗茶制茶要求，且极大地提高了生产率，能有效提高茶叶产量。

项目实施期间，多家企业引进了本项目研制的跨行乘驾型履带采茶机，经大采茶作业试验表明，该机工艺设计合理、性能优异、自动化程度高；所采茶叶质量稳定，品质优异，节省劳动成本，经济效益和社会效益显著。同时，该套机器的引进对促进当地大宗绿茶采收和装备的升级起到了很好的示范和推动作用。

2014年，我国茶园已达274万hm^2，在劳动力日趋紧缺的今天，采茶机械特别是大型跨行乘驾型履带采茶机械的需求也将日益旺盛。同时，目前各级政府对茶叶生产机械化发展相当重视，给予了积极的政策支持，为跨行乘驾型履带采茶机的推广与应用提供了一个良好的环境。当前，该跨行乘驾型履带采茶机各项技术已经相当成熟，已与江苏鑫品茶叶有限公司、江苏吟春碧芽股份有限公司、江苏云马农机制造有限公司、盐城市盐海拖拉机制造有限公司等多家企业达成合作意向，为推广应用打下了坚实的基础。总之，跨行乘驾型履带采茶机，不但有庞大的应用需求，而且具备先进、成熟技术与生产条件，还有积极的政策保障，故而具有十分广阔的推广应用前景。

随着跨行乘驾型履带采茶机技术的推广与应用，还会带来诸多的社会效益，如促进了茶叶机械化生产技术的进一步发展；有利于促进茶叶规模化种植；改变制传统茶叶生产方式，减轻了劳动强度等。

三、生态效益分析

跨行乘驾型履带采茶机本身对环境的影响很小，而且其生产率高，以及复式作业功能减少了机械在茶园的作业次数，进一步降低了对茶园生态的影响。此外，其动力强劲，作业效果好，对没有树枝撕裂的现象，对茶树后续生长影响小。因此，该跨行乘驾型履带采茶机是一款环境友好型机械设备，绿色环保，满足茶叶生产现代化的需求。

本章小结

本章从跨行乘驾型履带采茶机的研发背景、研究过程、田间试验、机器性能、使用与维护、使用效益等方面进行了详细阐述，特别对跨行乘驾型履带采茶机的底盘、液压系统、切割器等核心问题的虚拟仿真、试验研究与结构设计的过程进行了详细说明。跨行乘驾型履带采茶机可以适应平地、缓坡茶园的茶叶采收作业，首次实现了我国茶叶大型机械化收获，对缓解旺季采茶工短缺的问题具有重要的作用，也极大地推动了我国茶园机械化的发展。

第七章 4CZ-12 采茶机器人

名优茶采摘不仅劳动力需求量大，劳动强度也大；同时由于作业要求非常高，所以机械化实现难度也非常大。针对名优茶采摘难的问题，农业部南京农业机械化研究所自 2011 年起，联合多家单位进行了采茶机器人项目的研究工作。项目研发的 4CZ-12 采茶机器人主要是针对平地茶园的名优茶采摘作业，采用计算机视觉识别芽头，控制仿形机械手实现名优茶的采摘。本章就其研发设计过程进行详细的论述。

第一节 概 述

茶叶采摘中名优茶、精品茶、特贡茶等名贵茶系的采摘一直以传统纯手工方式为主。究其原因，名优茶系采摘要求太高，多为全芽、一芽一叶、一芽两叶等，传统仿形采茶机或便携式茶园修剪机等，采摘破碎率高、茶叶品相差，无法满足其性能指标，只适应夏茶、秋茶等低档茶叶收获。随着城镇化进程的推进，农村劳动力渐显不足，茶园收获季节，劳动力短缺、用工荒等现象较为严重。目前，国产或进口的采茶机无法对全芽、一芽一叶、一芽两叶等名优茶进行采摘，因而采茶难已成为制约名优茶产业可持续发展的重要制约因素。

一、国内外农业机器人研究概况

（一）国外农业机器人研究概况

1968 年，美国学者 Schertz 和 Brown 首次提出应用机器人进行果蔬的收获的思想。1987 年，Sistler 在回顾自动化收获领域的研究进展时指出，当时开发的收获机器人样机几乎都需要有人的参与，因此只能算是半自动化的收获机械。目前，日本、荷兰、法国、英国、意大利、美国、以色列、西班牙等国都展开了果蔬收获机器人方面的研究工作。涉及的研究对象主要有甜橙、苹果、西红柿、樱桃西红柿、芦笋、黄瓜、甜瓜、葡萄、甘蓝、菊花、草莓、蘑菇等。

1. 苹果采摘机器人

苹果采摘机器人在美国、法国、日本等国已有研究，其中 Johan Baeten 和 Sven Boedrij 等人研制的苹果采摘机器人（图 7-1），利用工业机器人的六自由度手臂作为机械手主体，手臂整体可在架子上进行水平和竖直方向的移动，在果园作业时，机械手由一台拖拉机牵引，其机器人整体占地面积较大，机械手重量较重，且成本较高，只适于植株较矮小的苹果树。

1983 年，法国国立农林机械研究所的 Pedenc 和 Motte 研制了"MAGAL"苹果收获机器人。其利用 CCD 摄像机和光电传感器进行果实识别，收获的果实通过中空手臂筒进入到容器中。1992—1993 年，第三代模型研制成功，机器人具有两个手臂，安装在自动引导车上。

1994 年，韩国国立 Kyungpook 大学的 Jang 等人研制了苹果收获机器人，由伺服电机驱

图7-1 苹果采摘机器人

动各个关节运动。CCD彩色摄像机检测到果实的位置后，根据二维空间位置接近目标物体，限位器发出检测到果实的信号。其机械手工作空间可以达到3m³，具有4个自由度，包括3个旋转关节和1个移动关节。但该机器人多数情况下无法绕过障碍物摘取苹果。

2. 柑橘采摘机器人

法国和西班牙合作的项目—"CITRUS"是比较成功的研究成果（图7-2）。该项目1988年开始启动，研制的收获机器人最高能达到80%的采摘率，由于其无法商业化，加上过多的费用损耗，缺乏资金投入，该项目在1997年便中止了。

图7-2 "CITRUS"柑橘采摘机器人

3. 番茄采摘机器人

番茄采摘机器人是研究较早的采摘机器人项目，其中日本近藤直（KONTO）等人研制的番茄采摘机器人影响较大。机器人主要由机械手、视觉传感器、移动机构组成（图7-3）。该采摘机器人采用了7自由度机械手臂。用彩色摄像机作为视觉传感器，寻找和识别成熟果实，并采用双目视觉方法对果实进行定位，利用机械手的腕关节把果实拧下。移动系统采用4轮机构，可在垄间自动行走。该番茄采摘机器人采摘速度大约是15s/个，成功率在70%左右。主要存在的问题是当成熟番茄的位置处于叶茎相对茂密的地方时，机械手无法避开叶茎障碍物完成采摘。

另外，在2004年，美国加利福尼亚西红柿机械公司展出了2台全自动西红柿采摘机。在西红柿单位面积产量有保证的基础上，这种长12.5m，宽4.3m的西红柿采摘机每分钟可采摘1t多西红柿，1h可采摘70t西红柿。这种西红柿采摘机首先将西红柿连枝带叶割倒后卷入分选仓，仓内能识别红色的光谱分选设备挑选出红色成熟的西红柿，并将其余枝叶粉

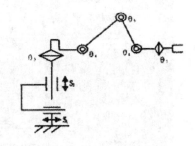

图 7-3 日本的番茄采摘机器人

碎，喷撒在田里作肥料。

(二) 国内农业机器人研究概况

我国在农业采摘机器人方面的研究始于 20 世纪 90 年代中期，相对于发达国家起步较晚。但不少院校、研究所都在进行采摘机器人和智能农业机械相关的研究。西北农林科技大学对苹果采摘机器人手臂控制进行了研究，南京农业大学对茄子收获机器人机械臂避障路径规划进行了分析，东北林业大学的陆怀民研制了林木球果采摘机器人，浙江大学对番茄收获机械手进行了运动学分析。此外，上海交通大学正在进行黄瓜采摘机器人的研究，浙江大学和江苏大学均对对番茄收获机械手进行相应研究等。

检索发现，申请号为 200410081482.4 的中国专利申请公开了一种自动采茶机，该机不仅视觉系统只有一个图像采集头，仅能初步对茶蓬嫩梢进行识别，不能获取茶蓬嫩梢的高度信息，无法拟合出嫩茶的三维信息，难以控制茶叶摘取机构准确采摘，而且摘采部分采用采摘刀爪，由采摘执行机构控制刀爪开、合实现嫩茶的剪切，只适用于单次单个采摘。申请号为 201320025340.0 的中国专利公开了一种茶叶采摘系统，该系统采用激光二维测距方式测量茶叶高程，激光头的点测距方式存在测距范围小、时间长的缺点，垂直定位的效率低；虽然该系统采用双目摄像机对嫩茶图像进行识别，但实验表明，由于茶树嫩梢密度大，采用此方法采集到的两个图像极为相似，难以对特征点进行准确匹配，无法解决嫩茶的识别问题；尤其是摘采部分采用剪刀剪切嫩茶，同样只适用于单次单个采摘。

总之，以上现有技术均存在只能单次单个采摘的局限性，因此完成一次采摘的时间长、效率很低，不适用于采摘时效性高、采摘强度大的茶叶采摘作业。

二、采茶机器人的研究目的与意义

由于上述问题的存在，研发智能采茶设备是必要的。其主要包括自适应调节液压系统、采摘机械手、计算机图像识别等技术方面的研究。相应地，还需规范不同茶区对茶园的栽培和修剪并制定出标准化茶园规程，针对不同坡度的茶园分类研究智能采茶设备。

"茶园作业机器人关键技术与装备研发"针对名优茶系机械化选择性采摘技术缺乏的问题，研究了适合于丘陵坡地茶园的低比压履带式全液压无级变速行走底盘，研究了茶叶嫩芽识别技术机理，分析了茶叶识别最优算法及进行大量相关田间试验，设计了 3 自由度茶叶采摘机器手及其控制系统，设计了气吸式负式茶叶吸收装置，研究了不同修剪方式、不同修剪时间等对茶蓬嫩芽长势的作用机理。最终，项目综合液压、图像处理、自动控制、机器人等技术，实现茶叶机械化选择性采摘。研制的 4CZ-12 自走式茶叶智能采摘机，具有行走、识别、采摘、收集等功能，基本解决了名优茶机械化选择性采摘的需求，进一步促进了我国茶园全程机械化的发展。

第二节　4CZ-12 采茶机器人的原理与功能特点

针对上述现有技术存在的缺点，提出一种自动化程度、作业效率高的茶叶智能采摘机，以满足时效性强、采摘强度大的名优茶叶采摘作业需求。

一、4CZ-12 采茶机器人工作原理

该机整机采用自走式液压履带高地隙作业底盘为动力机，智能采茶机器人主要由动力系统、采摘机器手、图像处理系统、茶叶回收系统等组成，其结构示意图如图7-4所示。

具体地，该机包括安置在行走机械上部的降料器以及信号输入端接茶叶图像摄取识别装置的控制电路；行走机械朝前延伸出的支架上具有前后延伸的轨道，轨道上支撑的滑架与轨道丝杠构成螺旋副；滑架上装有与之形成移动副的剪切座，剪切座与滑架丝杠构成螺旋副；剪切座上装有与垂向丝杠构成升降螺纹副的切刀座，切刀座上装有水平旋转动刀片，动刀片与定刀片之间形成剪切口；剪切口上部安装通往降料器的负压茶叶收集管，控制电路的控制输出端分别接各电机的受控端。与单次单个采摘的现有技术相比，本采摘机工作效率大大提高，可以满足名优茶采摘的需要。

机械手承载架通过液压油缸及四杆提升臂组合件将机械手整体举升至茶蓬顶部高度，图像处理系统采用单目摄像机获取茶蓬图像，基于 CMY 空间的 R-G-B 色彩因子对茶树嫩梢进行识别，采用茶蓬投射光栅条纹的投影机，利用光学投影式三维轮廓测量的方法，确定出茶树嫩梢的高度，控制系统根据单目摄像机和光栅投影机拟合出的投影面积内的茶树嫩梢轮廓曲面，将整个曲面分割成数个宽度为 15mm 的小曲面，控制采摘机构以该曲面为轨迹连续采摘嫩茶，同时剪切口上部安装的负压茶叶收集管实时收集嫩茶，解决了单次单点采摘的采摘效率低、采摘时损伤相邻嫩茶的问题，采摘质量和效率极高，大大缩短了采摘周期。采用自走式采摘平台，作业灵活性强，采用双摇杆机构先对采摘平台快速粗就位，保证单目摄像机、投影仪与茶蓬的相对高度，确保单目摄像机以最佳的茶树嫩梢识别状态工作，再由控制电路控制三维驱动机构精确定位，定位时间短、精度高，有效提高采摘效率，同时降低了整个采摘平台装置对茶蓬的损伤影响。

二、4CZ-12 采茶机器人结构及功能特点

该智能采茶机作为国内自主研发的首台茶叶采摘机器人，集许多创新与新技术应用于一身，具备诸多特点。具体概括如下。

（1）采用单目摄像机获取茶蓬图像，基于 CMY 空间的 y-c 色彩因子对茶树嫩梢进行识别，并选用 OTSU 法进行图像阈值分割，最后通过中值滤波消除噪声，实现对茶树嫩梢信息的辨别，识别时间短、准确度高。

（2）采用向茶蓬投射光栅条纹的投影机，利用光学投影式三维轮廓测量的方法，由投影到茶蓬上的变形光栅像的形变量与高度的关系来确定出茶树嫩梢的高度，一次投影可测出投影面积内的全部嫩茶高度，大大提高了识别定位的效率。

（3）控制系统根据单目摄像机和光栅投影机拟合出的投影面积内的茶树嫩梢轮廓曲面，将其分割成若干个宽度为 15mm 的小曲面，控制采摘机构以该曲面为轨迹连续采摘嫩茶。

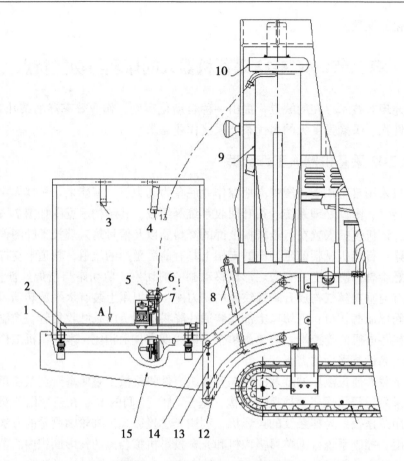

图7-4　样机总体设计示意图

1. 导轨；2. 皮带；3. 摄像头1；4. 摄像头2；5. 吸风电机；6. 吸风管；
7. 采摘手支撑板；8. 提升油缸；9. 茶叶收集斗；10. 吸风电机；11. 液压驱动
轮；12. 下提升臂；13. 连结臂；14. 上提升臂；15. 承载架

（4）剪切口上部安装的负压茶叶收集管实时收集嫩茶，解决了茶树嫩梢密度大造成的单次单个采摘时采摘到两个及以上嫩茶和损伤相邻嫩茶的问题，采摘质量和效率极高。

（5）采用自走式采摘平台，作业灵活性强，通过双摇杆机构控制机架与茶蓬的高度，保证单目摄像机、投影仪和茶蓬的高度，确保单目摄像机以最佳的茶树嫩梢识别状态工作，也避免了整个采摘平台装置对茶蓬的干涉影响。

第三节　采摘机械手结构设计

通过前面茶园和茶叶的特征分析得到相关数据，确定采摘机械手臂为三轴的直角坐标机械手，由机械臂和茶叶采摘手爪两部分组成。

一、机械手结构设计

综合考虑实现难度和茶叶的实际生长状态，确定了采用笛卡尔直角坐标系的三轴机械手作为采茶的主体结构，配合二手指式的采摘手爪实现茶叶采摘。根据茶园和茶叶的生长的实际情况初步设计了如下结构方案。

机械臂的设计

1. 机械结构确定

本方案设计了对称布置的直角坐标式双机械手，机械结构采用悬臂梁式结构。实践已经证明，该设计结构稳定，在采摘过程中双手同时工作，效率满足要求。图 7-5 为整体结构布局示意图。

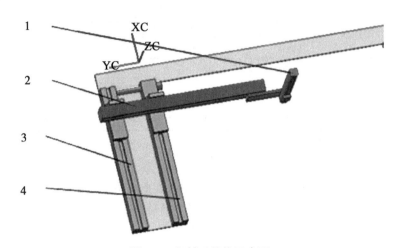

图 7-5　机械手结构示意图
1. Z 轴；2. Y 轴；3. X1 轴；4. X2 轴

2. 各轴有效行程确定

机器手采用 3 自由度的直角坐标结构，能完成三维方向的运动，即 X 轴的直线运动、Y 轴的直线运动、Z 轴的直线运动和手爪的张开和闭合动作，采摘机器手示意图如图 7-6 所示。

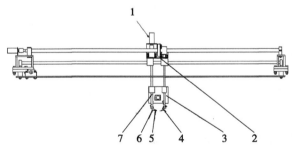

图 7-6　采摘机器手示意图
1. 驱动电机；2. 滑块机构；3. 剪刀承载座；
4. 右剪刀；5. 左剪刀；6. 采摘手；7. 垂直丝杠

根据茶园和茶叶的特征参数（茶蓬宽 1.2m，茶蓬高 0.5m 左右，行间距 1.5m）确定 X、Y、Z 各轴的结构如下（具体参数见表 7-1）。

（1）X 轴双支撑设计。该结构为双轴，有效行程为 500mm，避免了悬臂过长而产生大幅颤动，采用双轴支撑结构。

（2）Y 轴设计。Y 轴为悬臂结构的伸出轴，有效行程为 650mm，此设计与常规设计的不同之处在于把 Z 轴安装板的长度增加，通常情况下 Z 轴安装板跟 Z 轴宽度相等，加长的目的在于增加 Y 方向的有效行程，但是如果加长版过长，运行过程中就会产生较大的颤动和倾覆力矩，以此原则，对安装板进行了适当的加长。

（3）Z 轴设计。Z 轴主要完成垂直方向的往复运动和装载机械手的功能，Z 轴的有效行程为 200mm。

表 7-1　三轴的参数

轴	有效行程 （mm）	长度 （mm）	台面尺寸 （mm）	每转进给量 （mm）	最大速度 （mm/s）	重复定位精度 （mm）
X	500	980	80	208	5 000	1
Y	650	1 098	60	150	5 000	1
Z	200	550	60	150	5 000	1

3. 功能介绍

如图 7-5 所示，X1 轴是茶蓬所在位置，机械手在此之间工作并与茶顶保持一定的距离，当前工作区域采摘完成之后，机械手随着移动平台前移。其主要完成以下功能。

机械手上电初始化后各轴回到指定原点。机械手控制器和图像单元通信并获取欲采摘平面内所有茶叶的三维坐标信息。

根据所得坐标序列进行采摘作业。首先 X、Y 轴联动，到达指定的 X 和 Y 坐标之后 Z 轴动作，Z 轴到达制定位置之后手爪闭合，采下茶叶。采摘下来的茶叶由负压风机吸回到收集箱内，至此完成一次采摘动作。然后 Z 轴回到原点，手爪张开，X、Y 轴再次动作，如此循环作业。

当所获得的所有采摘点都已完成后机械手回到机械原点，移动平台向前移动一定距离（此距离小于等于 X 轴的有效行程，以免造成漏采）。

移动平台停止后再次和图像单元通信获取坐标信息，之后再开始下一工作循环。

二、机械爪的设计

（一）机械手结构及原理

根据茶叶的外形特征设计了舵机驱动的手爪。如图 7-7、图 7-8 所示，本方案的手爪采用舵机驱动。原理是用舵机输出轴带动左侧手指旋转，左侧手指和右侧手指之间通过齿轮啮合。当左侧手指旋转时右侧手指会产生相反的旋转方向。从图中可以看出，左侧手指逆时针旋转时右侧手指顺时针旋转，通过四连杆机构的作用手爪闭合，刀片和垫块配合将茶叶梗切断。

（二）机械手的尺寸确定

图 7-9 所示为手爪闭合后外形尺寸示意图，确定了手爪各个部件的基本尺寸。

采摘手爪采用了舵机驱动的设计，手爪安装在 Z 轴之上。手爪左齿轮和舵机转轴连接，舵机转轴转动带动左侧齿轮旋转，手爪右侧齿轮通过和左齿轮啮合形成齿轮副实现方向相反的转动，再配合四杆连杆机构实现手爪张合动作，当左右两根手指前端安装的刀片和刀片垫块啮合后可以实现将茶叶切断的动作。

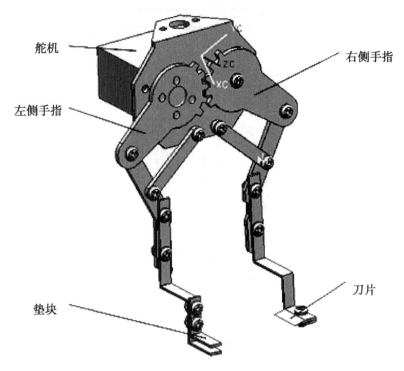

舵机

左侧手指

垫块

右侧手指

刀片

图7-7 手爪结构示意图

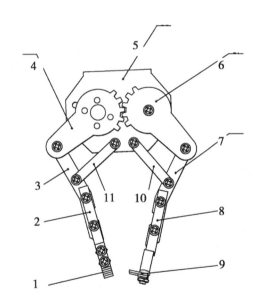

图7-8 采摘手爪示意图

1. 刀片垫块；2. 刀片垫块支撑架；3. 左手指；4. 手爪右齿轮（从动）；5. 手爪支架；6. 手爪左齿轮（主动）；7. 右手指；8. 刀片支撑架；9. 刀片；10. 右连杆；11. 左连杆

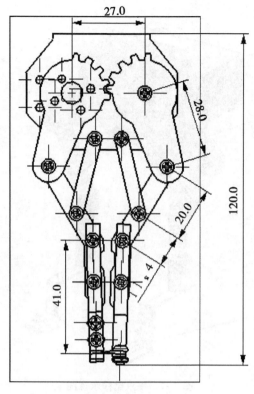

图 7-9　手爪尺寸

第四节　4C-12 茶叶采摘机器人的控制系统

本设计的控制系统主要实现电机控制、舵机控制、电磁阀控制、控制器与 PC 机之间的串口通信等功能。控制器接收图像处理单元的坐标信息并按照坐标信息给 XYZ 三个轴发送预定数量和频率的脉冲，控制各个电机以一定速度转动相应的角度。

一、控制系统硬件构成

（一）执行机构

本设计中有两个部分需要执行机构，一个是驱动电动滑台的电机，另外一个是驱动手爪动作的舵机，此节对以上两种驱动装置进行了特征分析和选型。

1. 驱动电机

在机械手的容许误差、实现难度和成本控制 3 个因素的综合作用下，本设计选择了步进电机为动力源，型号见表 7-2，实物见图 7-10。

表 7-2　电机型号

轴	型号	减速机	接线数	相数	步距角	保持转矩
X 轴	2302HS30A1R5	带减速机 5∶1	8 线	2 相	1.8	1.9N·m
Y 轴	2302HS30A1R5	无减速机	4 线	2 相	1.8	3N·m
Z 轴	1704HS20A1	减速机 10∶1	4 线	2 相	1.8	0.53N·m

图 7-10　步进电

DSP 接收到图像处理单元的 txt 数据文件之后进行特殊处理将其转化为各个轴的位置信息并发出固定脉冲数控制电机旋转一定角度，使各轴移动到指定位置。工作状态下 DSP 发出控制信号各个电机根据指令动作。通过闭环控制可实现高精度的速度控制和位置控制。

2. 舵机

舵机是一种位置伺服的驱动器。它接收一定的控制信号，输出一定的角度，适用于那些需要角度不断变化并可以保持的控制系统。舵机的控制信号是 PWM 信号，利用占空比的变化，改变舵机转轴的角度位置。控制器输出两个不同占空比的脉冲信号，对应手爪的张开和闭合状态。舵机结构图如图 7-11 所示，其输出轴旋转角度和脉冲占空比的关系如图 7-12 所示。

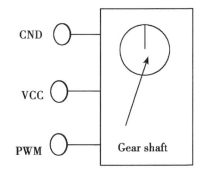

图 7-11　舵机结构图

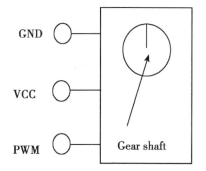

图 7-12　舵机输出轴转角和输入脉冲宽度的关系

本手爪选择了型号为 MG995 的舵机，实物图如图 7-13 所示。其详细参数见表 7-3。

图 7-13　舵机实物图

表 7-3　舵机详细参数表

项目	参数
型号	MG995
工作电压	3.0~7.2V
尺寸	40.7mm×19.7mm×42.9mm
工作扭矩	13kg/cm
连接线长度	30cm，信号线（黄线）红线（电源线）暗红（地线）
反应转速	无负载速度0.17s/60度（4.8V）；0.13s/60度（6.0V）
重量	55 克
工作死区	4μs
使用温度	−30~60℃
结构材质	模拟金属铜齿，空心杯电机，双滚珠轴承

（二）电机驱动器

此系统选择的驱动器见实物图 7-14，参数见表 7-4。

图 7-14　驱动器实物图

表 7-4　驱动器参数

项目	ASD545R（X轴，Y轴）	ASD422R（Z轴）
输入电压	24~50VDC	12~48VDC
输出电流	1.0~4.5Amps	0.1~2.2Amps
控制信号导通电流	6~15mA	6~15mA
步进脉冲频率	0~2M	0~2M
步进脉冲最小宽度	250ns	250ns
方向信号最小宽度	50μs	50μs
欠压保护点	20VDC	10DC
过压保护点	60VDC	52C
输入信号电压	4.0~28VDC	4.0~28VDC

（三）控制器

控制器是指能够接受控制指令及反馈信息，对它们进行比较，并根据某种控制算法，产生一定的控制信号，使控制对象达到控制目标的装置。

本课题综合考虑了各种控制器的优缺点、控制实现难度，移动作业以及成本问题等。本课题选用了当前机器人控制运用较多的 DSP 作为控制器。采用 TI（德州仪器）公司的型号为 TMS320F2812 的 DSP。该芯片是定点 32 位 DSP 芯片，是 TI 公司推出的专门用于工业控制，电机控制等，其运行时钟可达 150MHz，每条指令周期 6.67ns。具有片内 128k×16 位的片内 FLASH，18K×16 位的 SRAM，其片上外设主要包括 2×8 路 12 位 ADC（最快 80ns 转换时间）、2 路 SCI、1 路 SPI、1 路 McBSP、1 路 eCAN 等，并带有两个事件管理模块（EVA、EVB），分别包括 6 路 PWM/CMP、2 路 QEP、3 路 CAP、2 路 16 位定时器（或 TxPWM/Tx-CMP）。另外，该器件还有 3 个独立的 32 位 CPU 定时器，以及多达 56 个独立编程的 GPIO 引脚，可外扩大于 1M×16 位程序和数据存储器。TMS320F2812 采用哈佛总线结构，具有密码保护机制，可进行双 16×16 乘加和 32×32 乘加操作，因而可兼顾控制和快速运算的双重功能。为降低系统难度，本系统不对控制芯片进行设计，而是采用了是成熟的 DSP 开发板 QQ2812，此开发板搭载了 F2812 芯片 CPLD 芯片以及常用的外围设备接口，包括 USB 接口、RS232、RS485、CAN 接口、耳机接口、话筒接口、JTAG 接口、液晶屏接口等。实物图如图 7-15 所示。

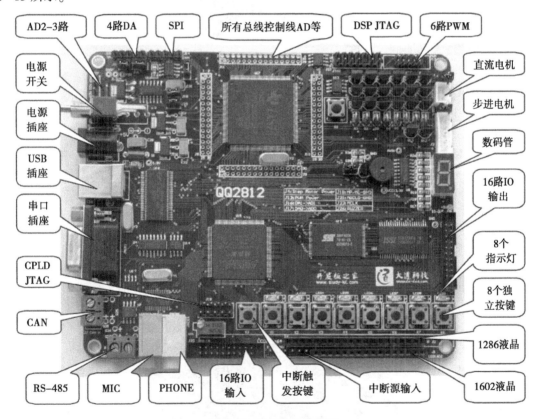

图 7-15　QQ2812 开发板

（四）继电器

风机电磁阀需要交流供电电源，因此需要控制器用弱电对大功率的电磁阀进行控制。故系统中需要用到继电器，使控制电路和大功率驱动电路分离。

固态继电器（Solid State Relay，缩写 SSR），是由微电子电路，分立电子器件，电力电子功率器件组成的无触点开关。用隔离器件实现了控制端与负载端的隔离。固态继电器的输入端用微小的控制信号，达到直接驱动大电流负载的目的。其工作可靠，无噪声，开关速度快，抗干扰能力强并且能与 TTL、DTL、HTL 等逻辑电路兼容。具有良好的防潮防霉防腐蚀性能，在防爆和防止臭氧污染方面的性能也极佳，输入功率小，灵敏度高，控制功率小，电磁兼容性好，噪声低和工作频率高等特点。故本课题中选用了型号为 YHD2410A 的固态继电器（图 7-16）对电磁阀的通断电进行控制。

图 7-16　固态继电器

（五）光电行程开关

系统设计中需要对机械手的机械原点进行确定，运行过程中需要对各轴极限位置进行限制，以免机械手运行超限发生碰撞和报错。故需要在各轴的两端极限位置安装限位开关。本课题中选用了欧姆龙公司的型号为 EE-SX674 的光电开关。图 7-17 为实物图，表 7-5 为其主要参数。

图 7-17　光电开关

表 7-5　光电开关参数

Items	Parameter
Model	EE-SX674
Sensing distance	5 mm（slot width）
Light source（peak wave length）	GaAs infrared LED（940 nm）
Power supply voltage	5 to 24 VDC 10%，ripple（p-p）：10% max.
Current consumption	35 mA max.（NPN），30 mA max.（PNP）
Response frequency	1 kHz max.（3 kHz average）

（六）信号采集电路

每个轴的两端都装有行程开关来限制滑台的极限位置，而控制系统需要对各轴滑台的行程开关进行信号采集。由于 DSP 芯片采用的是 3.3V 的低电压电平，而 EE-SX674 采用 5～24VDC 电源供电，故此光电开关输出的电平信号不能直接输入到 DSP 中进行处理，否则会烧毁芯片。因此，需要对光电开关输出的高电压电平信号进行隔离采样后才能用 DSP 进行处理。图 7-18 为信号采集电路图。

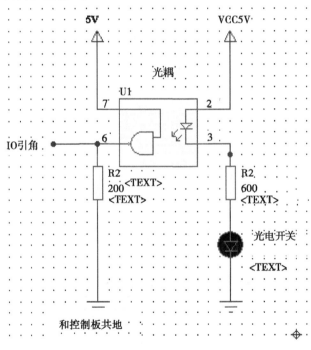

图 7-18　信号采集电路图

（七）控制柜

在选定了所有控制硬件值后设计了图 7-19 所示的控制柜。

二、控制系统软件设计

本控制系统的软件主要涉及 DSP 的各个寄存器配置、中断配置，电机的控制算法设计，DSP 和图像处理单元之间的数据通信接口。其控制流程图如图 7-20 所示。

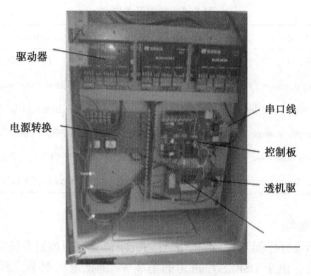

图 7-19　控制柜实物图

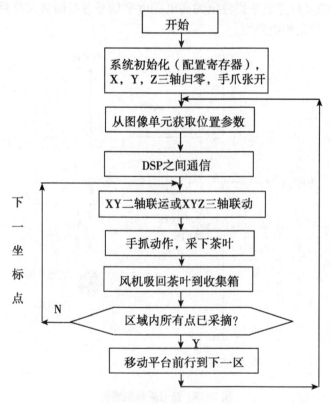

图 7-20　控制系统软件流程图

此系统的软件由 TI（德州仪器）公司官方提供的 CCS3.3（Code Composer Studio）设计完成。图 7-21 是该软件的设计界面。此系统的软件设计包含了系统中所有需要的功能函数。包括 DSP 的硬件配置、电机控制算法、动作顺序的规划以及通信。软件编写调试完成之后通过 USB 仿真器从 JTAG 口烧录到 DSP 的 Flash 存储器中，工作时由 Flash 拷贝到 RAM 中运行，以提高运行速度。

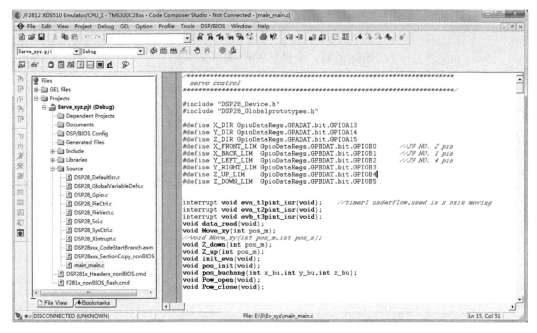

图 7-21　软件界面

1. 主要功能函数

系统上电初始化之后顺序调用相关功能函数，包括配置函数，位置初始化函数 pos_ init（），通信函数 data_ read（），坐标检测函数 pos_ dect（），5 个动作函数，3 个 DSP 计数器周期匹配中断函数。DSP 主要函数和功能描述如表 7-6 所示。

表 7-6　DSP 主要函数及功能

函数	性质	功能
Initialization（）	配置函数	初始化各相关寄存器
pos_ init（）	任务函数	各轴归零
data_ read（）	任务函数	串口通信
pos_ dect（）	任务函数	检测位置是否超行程
move_ xy（m，n）	任务函数	X，Y 轴动作
z_ down（m）	任务函数	Z 轴向下移动
paw_ close（）	任务函数	手爪闭合
z_ up（）	任务函数	Z 轴向上移动
paw_ open（）	任务函数	手爪张开
eva_ t1pint_ isr（）	中断函数	实现 X 轴的位置中断响应
eva_ t2pint_ isr（）	中断函数	实现 Y 轴的位置中断响应
evb_ t3pint_ isr（）	中断函数	实现 Z 轴的位置中断响应

系统核心代码如下：

```
while (1)
{
    pos_ init ();  //初始化函数，个坐标轴归零
    for (j=0; j<200; j++)
      for (i=0; i<30000; i++);
    pos_ buchang (0, 540, 0);  //位置补偿，用于和图像坐标校准
    while (1)  // 等待标志位变化
    {
      if ( (x_ move_ flag == 2) && (y_ move_ flag == 2) && (z_ move_ flag ==
2) )
        break;
    }
  data_ read ();  //和 PC 机串口通信
  for (j=0; j<200; j++)
    for (i=0; i<30000; i++);
  for (m=0; m<real_ nm; m++)
  {
  if ( (position [m]. z > 200) || (position [m]. y > 1200) || (position [m].
x > 450) )  //检测坐标点是否超出电动滑台行程
      continue;
  Move_ xy (m);  //X, Y 轴动作
  while (1)
  {
    if ( (y_ move_ flag==2) && (x_ move_ flag==2) )
    break;
  }
    Z_ down (m);  //Z 轴向下运动
    while (1)
    {
        if (z_ move_ flag==2)
          break;
    }
  Pow_ close ();  //手爪闭合
  for (j=0; j<200; j++)
          for (i=0; i<30000; i++);
      Pow_ open ();  //手爪张开
      Z_ up (m);  //Z 轴向上运动回到原位
      while (1)
      {
          if (z_ move_ flag==2)
```

```
                break;
            }
    }
        }
```

2. RS232 通信

系统中图像处理单元和 DSP 之间采用 RS232 标准接口作为通信方式。通信参数如表 7-7 所示。工作流程如图 7-20 所示，系统初始化之后，DSP 进入串口通信子程序等待图像单元的数据传输，DSP 需要的是 4 位数的整形坐标信息，故此处采用了一种特殊的处理方式，把接收到的字符串进行过滤，只保留 ASSIC 码在'0'～'9'之间的字符，把接收到的有效字符按每 4 个一组组合成 4 位数的整形值并存储到预先定义的结构体中，并以一组特定的 4 位数作为数据结束的标志。

表 7-7　RS232 通信参数

波特率	数据位	起始位	结束位	奇偶校验
9 600bps	8	1	1	无

串口通信中的数据格式处理核心代码如下所示：

```
for（；；）
{
    if（SciaRx_ Ready（）＝＝1）
     {
        Sci_ VarRx［j］＝SciaRegs. SCIRXBUF. all；//读取输入缓冲器数据并赋值给
变量
    if（（Sci_ VarRx［j］！＝13）&&（Sci_ VarRx［j］！＝10））//过滤换行符和回车符
    {
    Sci_ RxStore［k］＝Sci_ VarRx［j］& 0x0f；//保留传输字节的低 4 位，清除高
4 位
        if（k＝＝0）
    {
    Sci_ Pos［m］＝Sci_ RxStore［k］* 1000；//将第一位数据转换成千位
    m++；
        }
        if（k＝＝1）
        {
            Sci_ Pos［m］＝Sci_ RxStore［k］* 100；//将第二位数据转换成
百位
            m++；
        }
        if（k＝＝2）
        {
```

```
                Sci_ Pos［m］=Sci_ RxStore［k］* 10；//将第三位数据转换成
十位
                m++；
            ｝
        if（k==3）
            ｛
                Sci_ Pos［m］=Sci_ RxStore［k］；//将第四位数据转换成个位
                m++；
            ｝
        k++；
        if（k==4）//如果接收到了四位数据则将这四位转换成一个四位数
            ｛
            k=0；
            m=0；
            Sci_ Position［n］=Sci_ Pos［0］+Sci_ Pos［1］+Sci_ Pos［2］+Sci
_ Pos［3］；

            if（Sci_ Position［n］==0001）//如果收到特殊数据则串口通信结束
                ｛
                real_ nm = pn；//real_ nm 存储实际的坐标点个数
                return；        //返回主程序
                ｝
            n++；
            ｝
    if（n==3）//每三个四位数构成一个坐标点的三维坐标并分别存储于一个结构数组中
        ｛
        position［pn］. x=Sci_ Position［0］；
        position［pn］. y=Sci_ Position［1］；
        position［pn］. z=Sci_ Position［2］；
        pn++；
        n=0；
        ｝
    ｝
｝
```

第五节 复杂背景中的茶叶嫩芽识别与定位

一、概述

在自然环境下复杂背景中对茶叶嫩芽进行识别并准确定位是顺利实现茶叶自动化采摘工作的前提，也是研究采茶机器人的基础问题。只有将嫩芽准确的识别定位才能使得机器人能够有选择地采摘茶叶嫩芽，保证叶片完整性，从而达到预期目标。智能化采茶嫩芽识别系统应当具备对目标场景做出有意义的描述和解释的功能，即可以从背景中识别出嫩芽，并确定嫩芽的位置，以便正确提供位置参数给采茶机器人末端执行采摘动作的控制驱动器。

针对该要求，并结合在自然环境下复杂背景中的茶叶嫩芽的特点，首先提出并实验了两套基于机器视觉的茶叶嫩芽识别方案。第一套方案利用光谱分析技术对茶叶嫩芽进行识别研究，在可见光和近红外光下进行，采用光谱分析仪获取老叶和嫩芽的光谱数据，通过数据分析探索区别老叶和嫩芽的方法；第二套方案采用图像处理技术，在可见光下，根据嫩芽和背景之间的颜色差异，基于色彩因子的方法对自然环境下的嫩芽进行识别研究。通过对两套方案实验效果的综合对比，选取适用范围广、可靠性强的嫩芽识别方法。

然后在茶叶嫩芽已经由复杂背景当中被识别出来的基础上，研究通过使用基于光栅投影的三维测量技术，进一步确定嫩芽的高度参数，从而得到茶叶嫩芽相对于机器人坐标系的空间位置信息。为后续采茶机器人进行茶叶采摘做准备。

二、基于光谱分析技术的嫩芽识别

(一) 光谱分析技术原理

物体对外界电磁辐射发生一定的吸收和反射，把发出或吸收后的光按波长大小排列下来就形成了光谱。地面植物具有明显的光谱反射特征，不同于土壤、水体和其他的典型地物，植被对电磁波的响应是由其化学特征和形态学特征决定的，这种特征与植被的发育、健康状况以及生长条件密切相关。

植物叶面所受到的辐射光，分为 3 个部分：一部分被叶面反射，一部分被叶片吸收，另一部分则透过叶片。反射、吸收和透射的比率因辐射波长和植物叶片的光谱学特性而异。在紫外和可见光波段内，反射率很低，大部分辐射被叶片吸收，在红光 680nm 处呈现吸收谷，而在绿光 550nm 处呈现小的反射峰。在 680~750nm 处反射率急剧增大，这一段被称为"红边"，它标志着吸收带的结束。而在近红外线光波段具有较高的反射率，在 750~1 350nm 范围内，由于植物体为避免高温的保护性反应叶片中的色素几乎不能吸收辐射，大部分辐射被反射，这部分被称为 NIR 高原区。在 1 350~2 500nm 范围内，植物体内的化学成分开始吸收辐射，其中，1 450nm 和 1 950nm 是明显的水分吸收波段。

光是一种具有一定频率范围的电磁波，以电磁辐射的方式在空间传播。投射到物体表面的辐射，一部分被物体表面反射，另一部分被物体吸收。反射（或吸收）的比率因辐射波长、物体的光谱学特性而异。因此，在一定的波段（或波长）范围内，可利用物体的光谱特征来识别物体。在农业方面可以用来检测作物长势、区分作物等。随着光谱技术和光谱仪器的发展，获取到的光谱数据质量越来越高，光谱分析技术在农业方面的应用也就更加广泛。光谱分析法是利用植物与土壤、不同植物之间反射的电磁辐射的光谱信息的差异进行识别的。

(二) 实验探究

本实验使用由美国 ASD 公司生产的便携式光谱分析仪 FieldSpec HandHeld 采集茶叶嫩芽和老叶的光谱数据。FieldSpec HandHeld 是具有高便携性的地物波谱仪，适用于遥感测量、农作物监测、森林研究、工业照明测量、海洋学研究和矿物勘察等各方面。此仪器操作简单，可用作测量辐射、辐照度、CIE 颜色、反射和透射。

FieldSpec HandHeld 仪器的主要技术参数：

波长范围：350~1 050nm

光谱采样间隔：1.5nm

ASD 公司推出 RS2 软件包专用于 FieldSpec 系列分光辐射光谱仪。RS2 是一套数据采集分析软件包，是同类型的遥感应用软件中功能最强大的。RS2 可进行实时的辐射和辐照测量，避免了耗时的后处理工作。操作者能够在 6s 内调整好仪器的参数因而节省了时间。其他关键优点包括漂移锁定暗电流校准，达到接近于零的暗电流漂移和黑白屏幕选择，在阳光下可以得到更高的对比度。

可见光的波长范围在 390~780nm。近红外的波长范围通常分两段，780~1 100nm 的短波近红外光谱区域和 1 100~2 500nm 的长波近红外光谱区域。因此便携式光谱分析仪 FieldSpec HandHeld 的测量范围在可见光和短波近红外光谱区域。

光谱数据的分析采用 ASD 公司配套的 ViewSpecPro 软件进行处理。

1. 户外试验数据分析

户外实验于 2011 年 3 月底在紫金山茶叶有限公司的紫金山茶叶种植基地进行，测量对象是雨花茶。手持美国 ASD 公司的 FieldSpec HandHeld 型号光谱仪，探头距离采集对象 25cm，垂直 90°对准采集对象进行数据测量，获取到的数据通过数据线保存到计算机内，再使用 ASD ViewSpecPro 软件进行数据分析。

通过 FieldSpec HandHeld 型号光谱仪分别对老叶、嫩芽样本进行测量，使用 ASD ViewSpecPro 软件提取老叶、嫩芽的光谱反射率曲线，如图 7-22 所示。

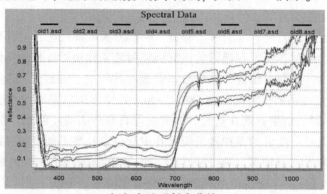

（a）老叶反射率曲线

（b）嫩芽反射率曲线

图 7-22　户外实验反射率曲线

图 7-22（a）的曲线代表老叶样本的反射率曲线，图 7-22（b）的曲线代表嫩芽样本的

反射率曲线。从图 7-22（a）和图 7-22（b）可以看到，老叶和嫩芽的反射率曲线在 690～750nm 都呈上升趋势。

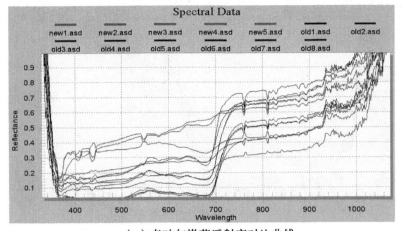

（a）老叶与嫩芽反射率对比曲线

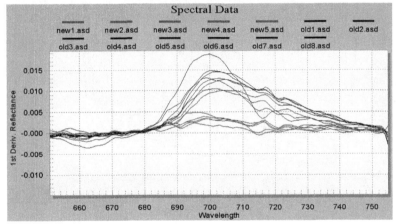

（b）老叶与嫩芽反射率的一阶导数对比曲线

图 7-23　户外实验老叶和嫩芽的对比曲线

图 7-23 中，黑色代表老叶样本的反射率曲线，红色代表嫩芽样本的反射率曲线。图 7-23（a）中老叶和嫩芽的反射率曲线有重叠部分，无法直接使用反射率将两者区分。但是，图 7-23（a）中也反映出老叶和嫩芽在 680～750nm 反射率的增长幅度不同，老叶反射率增长速度要快。因此，考虑使用反射率的一阶导数来进行分析。

图 7-23（b）是老叶和嫩芽反射率的一阶导数曲线图，从中可以发现在 695～735nm 这个波段，老叶和嫩芽的反射率一阶导数曲线是没有交点的。在 695～715nm 这个波段，嫩芽的反射率一阶导数值均未超过 0.005，而老叶的反射率一阶导数值都大于 0.005。因此，695～715nm 可以作为区分老叶和嫩芽的一个特征波段，700nm 可以作为特征波长点。

2. 室内试验数据分析

室内实验是 2011 年 3 月底在实验室内对同一基地的雨花茶进行光谱数据测量，将采摘回来的老叶和嫩芽进行人工分离，分别放在器皿中，使用 FieldSpec HandHeld 手持式光谱仪从器皿正上方 20cm 处进行光谱数据采集，再利用 ASD ViewSpecPro 软件提取老叶、嫩芽的光谱反射率曲线，如图 7-24 所示。

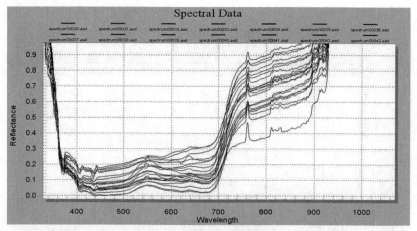

（a）老叶的反射率曲线

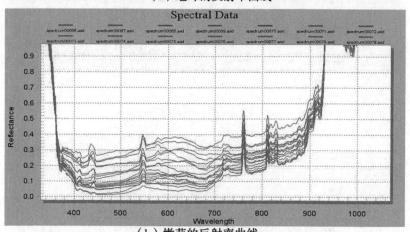

（b）嫩芽的反射率曲线

图 7-24　室内实验反射率曲线

图 7-24（a）的是老叶反射率曲线，图 7-24（b）的是嫩芽反射率曲线。从图 7-24（a）中可以看到在 400~700nm 波段，老叶反射率曲线比较平稳，值在 0~0.4；在 690~710nm 波段反射率曲线大幅度上升。在图 7-24（b）中可以看到在 400~700nm 波段反射率的值在 0~0.5，在 690~710nm 波段曲线呈上升趋势。因此，可以根据老叶和嫩芽的反射率曲线在 690~710nm 波段增长幅度的差异来进行分析。使用 ASD ViewSpecPro 软件提取老叶和嫩芽的反射率一阶导数曲线，如图 7-25 所示。

图 7-25（a）中，老叶反射率一阶导数值在 698~718nm 波段大于 0.005。图 7-25（b）中，嫩芽反射率一阶导数值在 680~712nm 波段均小于 0.005。图 7-25（c）是将两条曲线放在一起进行比较，黑色表示老叶的反射率一阶导数曲线，红色表示嫩芽的反射率一阶导数曲线。图 7-25（c）中看到，从 695nm 开始老叶和嫩芽的反射率一阶导数曲线开始没有了交集，在 698~712nm 老叶的反射率一阶导数值大于 0.005，嫩芽的反射率一阶导数曲线值小于 0.005，因此 698~712nm 波段可以作为区分老叶和嫩芽的特征波段。

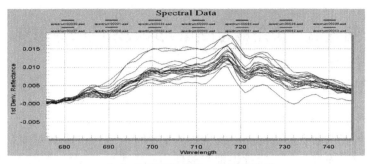

（a）老叶反射率的一阶导数曲线

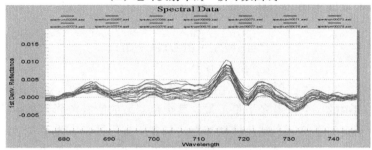

（b）嫩芽反射率的一阶导数曲线

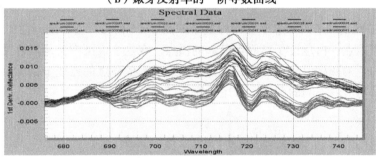

（c）老叶和嫩芽反射率的一阶导数对比曲线

图7-25　室内试验反射率一阶导数曲线

小结

在户外和室内两种情况下分别对雨花茶老叶和嫩芽进行了光谱实验，户外的研究表明，695~715nm可以作为区别老叶和嫩芽的特征波段，室内的研究研究表明，698~712nm可以作为区别老叶和嫩芽的特征波段。综上所述，698~712nm可以作为区别老叶和嫩芽的特征波段，700nm可以作为区分老叶和嫩芽的特征波长点。

但通过实验发现光谱分析技术的嫩芽识别方法在使用时，受到仪器和环境的限制很大。首先，光谱仪设备昂贵，可编程操作性不强，从而导致难以将光谱分析方法嵌入到整体的解决方案中。同时，通过多次实验发现，采用光谱分析技术的嫩芽识别方法受到茶树品种、茶叶生长时间以及叶片含水率的影响很大。同一种茶树会在不同的生长时间或者不同的湿度环境下呈现出不一样的光谱特性，使得该方法的嫩芽识别率降低，不能广泛应用于现场采摘。进而，考虑另外一种更为可靠的采用数字图像处理技术的嫩芽识别方法。

第六节　采用数字图像处理技术的嫩芽识别

一、数字图像识别技术

(一) 图像嫩芽识别的原理

颜色是外界的光刺激引起人的颜色视觉细胞的感应。人类的眼睛对 400~700nm 波长的电磁射线范围敏感，光谱色可以通过识别光线所占优势的波长来精确描述。波长为 700nm、546.1nm 和 435.8nm 的单色光为红（R）、绿（G）、蓝（B）三原色。任意彩色的颜色方程为：

$$C = \alpha(R) + \beta(G) + \gamma(B)$$
$$\alpha,\ \beta,\ \gamma \geqslant 0$$

（式 7-1）

α、β、γ 是红、绿、蓝三色的混合比例，一般称之为三色系数。通常的颜色模型指的是某个三维颜色空间中的一个可见光子集。包含某个色彩域的所有色彩，其中任何一个色彩域都只是可见光的子集，任何一个颜色模型都无法包含所有可见光。为了科学地定量地描述和使用颜色，人们提出了各式各样的颜色模型，目前常用的颜色空间有 RGB 空间、HSI 空间、YIQ 空间等。

RGB 彩色模型是基于笛卡尔坐标，构成了如图 7-26 的彩色立体空间。R、G、B 分为三个轴，黑色位于原点，白色位于离原点最远的顶点。在这个模型中，从黑色及各种深浅程度不同的灰色到白色的灰度值分布在从原点到离原点最远的顶点的连线上，无论是立方体上还是其内部的点都对应着不同的颜色，可用从原点到该点的矢量表示。

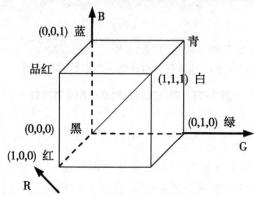

图 7-26　RGB 彩色空间模型

颜色特征是图像特征中最显著、最可靠和最稳定的视觉特征，相比几何特征，颜色对图像中子对象的大小和方向的变化都不敏感，具有很强的鲁棒性。不同的颜色模型，在不同的颜色空间下的表达效果有很大的不同，直接影响对图像的理解，选取合适的颜色空间进行分析是提高识别效果的有效途径。

要实现自然环境下嫩芽与背景的有效分割，就要找出能够区分背景和嫩芽的特性。基于颜色特征的作物识别，首先要了解图像的色度学相关知识，选择适合的色彩因子将彩色图像转化为灰度图像，为后续的图像分割提供方便。颜色作为农作物的一种特性，越来越多地被科研工作者作为一个重要的特征参数用来进行农作物分类。随着作物的成长过程吸收营养、进行光合作用后，成熟的果实跟叶子、茎的颜色会逐渐地产生差异，而这些差异恰好可以用于识别农作物。

（二）基于彩色因子的嫩芽识别方法

本套方案为基于色彩因子的嫩芽识别方法研究，主要步骤如下。

（1）利用嫩芽在自然环境下与背景（老叶、茎、土壤）颜色上的差异，在 RGB、YIQ、Lab、HSI 以及 YCbCr 空间分别选择一个合适的色彩因子对原始图像进行灰度化处理。

（2）根据灰度化结果分别采用 OTSU、迭代阈值和固定阈值法进行图像分割，比较后选出合适的阈值分割方法。

（3）分别采用均值滤波和中值滤波不同大小的窗口去除噪声，找出适合的去除噪声方法，获得滤波处理后的二值图像。

（4）采用图像形态学的方法对滤波图像进行处理，提取图像的特征，并去除面积过大或面积过小的区域，得到嫩芽的最终二值图像。

（5）采用质心法来对嫩芽的中心位置进行定位。

二、色彩因子的选择

实验于 2011 年 4 月初采集到茶树图像。由于数字图像处理中数据量越大，处理时间越长。因此，从实时性角度考虑，采集到的图片像素均为 640×480。图 7-27 为自然环境下的西湖龙井茶树图像，从中可以看出，茶树的嫩芽部分呈黄绿色，老叶呈深绿色或红色，梗为棕红色，土壤呈黄褐色。因此，可以利用嫩芽与背景之间的颜色差异，将嫩芽从背景中分割出来。

图 7-27　原始图像

（一）RGB 空间

在 RGB 空间对原始图像进行灰度化处理，分别提取 R、G、B 因子得到灰度图像，但观察可知嫩芽与老叶之间的区别并不明显，因为 RGB 空间的三个分量与亮度是高度相关的，当光照强度发生改变时，图像的三个分量值也会发生相应的改变，因此考虑 RGB 空间中的三分量组合因子进行灰度化处理。通过反复的试验，发现使用超绿因子 2G-R-B 以及 R-B、G-B 两个色差因子获得的灰度化图像效果较好。如图 7-28 所示。

从图 7-28 的（a）、（b）、（c）三幅图像来看，嫩芽区域都得到了突出。通过多幅图像的比较，使用 R-B 因子获得灰度图像更加突出嫩芽和背景之间差异，因此，在 RGB 空间中选择 R-B 因子对原始图像进行灰度化。

（a）ExG　　　　　　　　（b）R-B　　　　　　　　（c）G-B

图7-28　RGB 空间色彩因子实验

（二）YIQ 空间

YIQ 色彩系统属于 NTSC 系统，这里的 Y 指颜色的明视度，即亮度。I 和 Q 则是指色调，即描述图像色彩及饱和度的属性。将彩色图像从 RGB 转换到 YIQ 色彩空间，可以把彩色图像中的亮度信息与色度信息分开，分别独立进行处理。对 YIQ 空间的三个色彩因子进行提取，并分别得到它们的灰度图像，如图7-29 所示。

（a）原始图像　　　　　　　　　（b）Y

（c）I　　　　　　　　　　（d）Q

图7-29　YIQ 空间色彩因子实验

图7-29 中的（a）是茶叶原始图像，（b）、（c）、（d）分别是利用 Y、I、Q 因子获得的灰度图像。（b）没有突出嫩芽；（d）也没有显示出嫩芽和背景的区别；（c）中背景部分比较暗，嫩芽部分较亮，突出了嫩芽区域，因此，在 YIQ 模型当中选择 I 因子对原始图像进行灰度化。

（三）Lab 空间

Lab 色彩空间是由国际照明委员会于 1976 年公布的一种色彩模式，它是目前所有模式中色彩范围最广的颜色模式。Lab 色彩空间是由一个亮度分量 L，以及两个色度分量 a 与 b 来表示颜色的。a 分量代表由绿色到红色的光谱变化，b 分量代表由蓝色到黄色的光谱变化。对 Lab 空间的三个色彩因子进行提取，得到如图7-30 所示。

图7-30 中的（a）是茶叶原始图像，（b）是提取 L 色彩因子得到的灰度图像，（c）提

（a）原始图像　　　　　　（b）L

（c）a　　　　　　（d）b

图 7-30　Lab 空间色彩因子实验

取了 a 色彩因子得到的灰度图像，（d）提取 b 色彩因子得到的灰度图像。从（b）、（c）看出嫩芽与背景几乎混杂在了一起，无法区分嫩芽和背景；（d）嫩芽区域比背景区域要亮，嫩芽区域得到了突出。因此，在 Lab 模型当中选择 b 因子对原始图像进行灰度化。

（四）HSI 空间

HSI 空间反映了人的视觉系统感知彩色的方式，以色调、饱和度和强度三种基本特征量来感知颜色。其有两个特性，第一：I 分量与图像的彩色信息无关；第二，H 和 S 分量与人感受颜色的方式是紧密相联的。其中，色调 H 主要由可见光光谱中各分量成分的波长来确定，是彩色光的基本特性。饱和度 S 反映了彩色的浓淡，它取决于彩色光中白光的含量，掺入白光越多，彩色越淡，当白光占主要成分时，彩色淡化为白色。亮度 I 指彩色光对人眼引起的光刺激强度，即该彩色光的明亮程度，它和光的颜色无关。在 HSI 空间对茶叶图像进行灰度化处理，得到 H、S、I 三个灰度图像。如图 7-31 所示。

HSI 模型可以缩小光照强度的变化给颜色判断所带来的影响。图 7-31 中的（a）是茶叶原始图像，（b）是提取 H 色彩因子得到的图像，（c）提取了 S 色彩因子得到的图像，（d）提取 I 色彩因子得到的图像。从（b）嫩芽与背景几乎混杂在了一起，无法区分嫩芽和背景；（d）只是突出了 RGB 图像的亮度信息，没有突出嫩芽区域。（c）嫩芽区域比背景区域要亮，嫩芽区域得到了突出。通过上述图像，可以看到 S 因子的效果较好，因此，在 HSI 模型当中选择 S 因子对原始图像进行灰度化。

（五）YCbCr 空间

YCbCr 颜色空间是从 YUV 色彩空间通过修改系数和偏离量衍变而来，被广泛地应用在电视的色彩显示等领域中。国际上根据行业标准的不同制定出来不同的 YCbCr 标准。通常将 RGB 图像通过转化得到 YCbCr 彩色空间进行图像处理。其中 Y 指亮度，而 Cr 和 Cb 一起表示颜色的色度信息，Cr 表示红色分量与亮度的差值，Cb 表示蓝色分量与亮度的差值，并且 Cb 和 Cr 之间是相对独立的，是分别将 U 和 V 做少量的加权调整而得到。在 YCbCr 空间

图 7-31　HSI 空间色彩因子实验

对茶叶图像进行灰度化处理，得到 Y、Cb、Cr 三个灰度图像，如图 7-32 所示。

图 7-32　YCbCr 空间色彩因子实验

图 7-32 中的（b）是原始图像的亮度图像，无法区分嫩芽和背景；（c）图像较暗，无

法区分嫩芽和背景；（d）嫩芽区域得到了突出。通过上述图像，可以看出 Cb 因子的灰度图像效果较好，因此在此空间中选择 Cb 对原始图像进行灰度化。

利用嫩芽和背景颜色上的差异，在 RGB、YIQ、Lab、HSI、YCbCr 5 个颜色空间中对茶叶图像进行了灰度化处理。在灰度化处理过程中，首次发现提取 RGB 空间中的 R-B 色彩因子、YIQ 空间中的 I 色彩因子、Lab 空间中的 b 色彩因子、HSI 空间中的 S 色彩因子、YCbCr 空间中的 Cb 色彩因子进行灰度化处理获得的图像均突出了嫩芽区域，有利于后续的图像分割处理。

三、后续图像处理算法

（一）图像分割

图像分割是指根据某些特征将一幅图像中具有特殊涵义的不同区域分割开来，使得这些特征在某一区域内表现一致或相似，而在不同区域间表现出明显的不同。目前有很多图像分割方法，从分割操作策略上讲，可以分为基于直接识别像素点为前景和背景的分割方法和基于获取闭合边界以分割边界内部及外部的分割方法；从方法上讲，可以分为直接根据图像灰度值进行分割的方法（即阈值法）和根据图像的灰度分布进行分割的区域分割方法。任何一种方法都有它的局限性和针对性。常用阈值分割有直方图分析法、最大类间方差法、迭代法。

首先获取 R-B 灰度图像的直方图，R-B 灰度直方图并没有形成明显的双峰，因此双峰法不适用。从图像中，可以发现 0~50 之间，灰度分布很多，而 50~255 之间分布较少。而灰度图像中，嫩芽区域较亮而且所占图像面积比例较小，也就是说嫩芽区域的灰度值较大，且分布的概率比较小，因此我们可以认为 50~255 这部分是嫩芽区域，故选择 50 作为为固定阈值。对 R-B 灰度图像分别采用 OTSU 法、迭代法和固定阈值法进行阈值分割，结果如图 7-33 所示。

  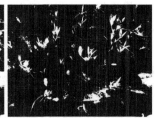

（a）OTSU法　　　　　　（b）迭代法　　　　　　（c）固定阈值法

图 7-33　R-B 二值图像

通过图中的（a）、（b）、（c）的比较，（b）中图像掺杂了很多老叶，不利于图像的分割，（a）和（c）中，均包括了嫩芽轮廓，同时也掺杂了一些背景。对多幅图像进行处理后，发现选择大津法进行阈值分割效果较好，因此对 R-B 灰度图像使用大津法进行分割。

对 I 因子的灰度图像进行直方图分析，也没有呈现双峰，因此不考虑双峰法进行分割，灰度级 0.05 之后，直方图变得平缓，选择 0.05 作为固定阈值。分别采用 OTSU 法、迭代法、固定阈值进行阈值分割，结果如图 7-34 所示。

通过图中的（a）、（b）、（c）的比较，三幅图像处理的效果非常接近。对多幅图像的进行处理后发现，使用迭代法的处理效果较好，因此对 I 灰度图像选择迭代法进行阈值分割。

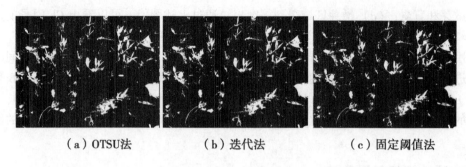

（a）OTSU法　　　（b）迭代法　　　（c）固定阈值法

图 7-34　I 二值图像

对 b 因子的灰度图像进行直方图分析，可以看到，b 因子灰度主要集中在 125 和 200，170 以后直方图变得较为平缓和平均，可以认为这之后的都是背景。经过反复试验，选择 170 作为固定阈值。分别采用 OTSU 法、迭代法和固定阈值法对 b 的灰度图进行阈值分割，结果如图 7-35 所示。

（a）OTSU法　　　（b）迭代法　　　（c）固定阈值法

图 7-35　b 二值图像

从图中看到，（a）和（b）中都掺杂了很多老叶，不利于嫩芽区域的分割；（c）图像的固定阈值效果最佳。因此，对 b 灰度图像选择固定阈值法进行分割。

对 S 因子的灰度图像进行直方图分析，可以看到 S 的灰度级分布从 0~1 都有分布，灰度级概率较大的区域在 0~0.3，0.4 之后灰度图像呈平缓状，且概率分布较小。选择 0.4 作为固定阈值。分别采用 OTSU 法、迭代法和固定阈值法进行分割，结果如图 7-36 所示。

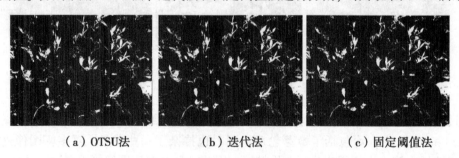

（a）OTSU法　　　（b）迭代法　　　（c）固定阈值法

图 7-36　S 二值图像

从图来看，（a）、（b）、（c）三幅二值图像效果接近，通过对多幅图像处理后发现，对 S 因子的灰度图像选择固定阈值法进行分割效果较好。

对 Cb 因子的灰度图进行直方图分析，我们可以发现 Cb 灰度直方图主要集中在 110~130，其中 50~100 分布较少，概率比较平缓，可以认为是目标部分。选择 100 作为固定阈值。分别采用 OTSU 法、迭代法和固定阈值法进行阈值分割，结果如图 7-37 所示。

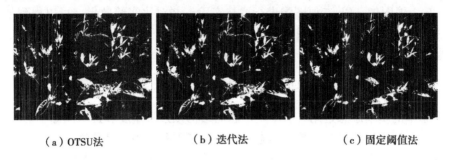

（a）OTSU法　　　　　　（b）迭代法　　　　　　（c）固定阈值法

图 7-37　Cb 二值图像

从图中看到 3 种分割都使得嫩芽区域都已经得到了体现，通过对多幅图像进行处理，选择迭代阈值法对 Cb 灰度图像进行分割。

（二）滤波处理

实际获得的图像在形成、传输、接收和处理的过程中，不可避免地存在着干扰因素，如光电子噪声、感光片颗粒噪声、数字化过程的量化噪声、传输过程中的误差以及人为因素等，均会引入图像噪声。这些噪声的存在降低了图像的质量，造成图像特征提取和图像识别过程中的困难，最终会产生不良的视觉效果。为了抑制噪声改善图像质量，获取清晰的图像，必须对图像进行平滑处理。

分别选择 3×3、5×5、7×7 的均值滤波器和中值滤波器对图 7-38（a）进行滤波，得到 R-B 二值图像的滤波图像。

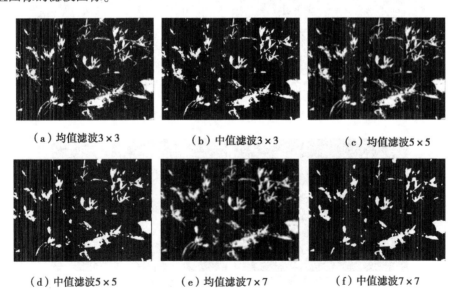

（a）均值滤波3×3　　　　　（b）中值滤波3×3　　　　　（c）均值滤波5×5

（d）中值滤波5×5　　　　　（e）均值滤波7×7　　　　　（f）中值滤波7×7

图 7-38　二值图像滤波实验效果对比

从图 7-38（a）、（c）、（e）看出，均值滤波器的选择越大，图像越模糊。而图 7-38（b）、（d）、（f）中值滤波器在保证图像清晰度的情况下，对于黑点噪声进行了去除，并且保留了嫩芽的边缘特性。5-12（b）、（d）、（f）三幅图像进行比较，5-12（d）图像处理的效果最佳。因此选择 5×5 的中值滤波器对 R-B 二值图像进行滤波。

采用类似的方法分别选择 3×3、5×5、7×7 的均值滤波器和中值滤波器对 I 二值图像、b 二值图像、S 二值图像、Cb 二值图像进行滤波实验，并对比实验效果，可以得到如下结果：选择 7×7 的中值滤波器对 I 二值图像、b 二值图像、S 二值图像进行滤波效果最佳，选择 5×5 的中值滤波器对 Cb 二值图像进行后滤波效果最佳。

四、形态学处理与嫩芽的中心定位

数学形态学的基本思想是用具有一定形态的结构元素去量度和提取图像中的对应形状以达到对图像分析和识别的目的。数学形态学的数学基础和所用语言是集合论，因此它具备完备的数学基础，这为形态学用于图像分析和处理奠定了坚实的基础。数学形态学是由一组形态学的代数运算子组成的，它的基本运算有个膨胀（或扩张）、腐蚀（或侵蚀）、开运算和闭运算。基于这些基本运算还可以推导组合各种数学形态学实用算法，用它们可以进行图像形状和结构的分析及处理。由于图像中包含的目标不只是一个，因此要对各个目标对象进行标记。而图像分割后仍有存在一些干扰对象，例如老叶、梗，但这些干扰对象的面积大小与目标对象的面积有所出入，因此利用这些差异去除这些干扰物，获得最终的二值图像。

然后在获得的嫩芽分割图像的基础上，利用质心法获取中心位置，并映射到原始图像。图中蓝色十字架已经分别标注在二值图像和原始图像上。

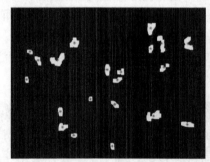

（a）二值图像定位　　　　　　　　（b）原始图像定位

图 7-39　基于 R-B 因子的中心定位

（a）二值图像定位　　　　　　　　（b）原始图像定位

图 7-40　基于 I 因子的中心定位

通过实验可以看出，基于 R-B 因子、基于 I 因子、基于 b 因子、基于 S 因子和基于 Cb 因子的 5 种嫩芽识别方法（图 7-39 至图 7-43）均可以在自然环境下实现茶叶嫩芽与背景的分割。通过对多幅茶树图像进行识别试验，验证了上述 5 种方法的可行性。嫩芽的识别过程从图像灰度化到图像形态学处理，对多幅图像进行处理后，统计了 5 种嫩芽识别方法的平均

（a）二值图像定位

（b）原始图像定位

图7-41 基于b因子的中心定位

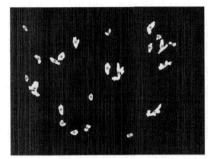
（a）二值图像定位

（b）原始图像定位

图7-42 基于S因子的中心定位

（a）二值图像定位

（b）原始图像定位

图7-43 基于Cb因子的中心定位

处理时间以及平均误识别率，结果如表7-8所示。

表7-8 茶叶嫩芽识别处理时间、误识别率

茶叶嫩芽识别因子	处理时间	误识别率
R-B	0.228s	13.7%
I	0.312s	8.2%
B	0.521s	15.2%
S	0.343s	17.6%
Cb	0.335s	20.8%

从表7-8可以看到，基于R-B因子的嫩芽识别方法平均耗时最短，处理时间为0.228s，

平均误识别率为 13.7%；基于 I 因子的嫩芽识别方法平均误识别率最低，为 8.2%，平均耗时 0.312s。从效果来看，初步实现了嫩芽的中心定位。通过对多幅图像进行处理，在正确识别出嫩芽的基础上，嫩芽的中心定位的准确率可以达到 92.6%。

小结

通过对色彩因子的研究中发现了提取 R-B、I、b、S、Cb 因子获得的灰度图像突出了嫩芽区域。对这些灰度图像进行阈值分割处理，分别采用大津法、迭代法和固定阈值法对灰度图像进行二值化处理，通过对二值图像的比较发现，R-B 灰度图像适合采用大津法进行阈值分割；I 灰度图像和 Cb 灰度图像适合采用迭代法进行阈值分割；b 灰度图像和 S 灰度图像适合固定阈值分割。在后续的滤波处理分析中，发现中值滤波的效果较好，并选择了合适的滤波窗口对二值图像进行滤波。然后运用形态学的方法做进一步处理，实现了嫩芽的分割；并利用质心法对分割出的最终二值图像进行了嫩芽中心定位。从最终二值图像的效果来看，5 种方法均可以实现嫩芽的分割，其中基于 R-B 因子的平均耗时最短，处理时间为 0.228s，平均误识别率为 13.7%；基于 I 因子的嫩梢识别方法平均误识别率最低，为 8.2%，平均耗时 0.312s。

三部分通过利用数字图像处理技术和光谱技术，对嫩芽识别进行了探索。主要完成的内容如下：①采用 ASD 公司生产的便携式光谱分析仪 FieldSpec HandHeld，分别在室内和室外进行茶叶嫩芽和老叶的光谱数据测量，利用软件 ASD ViewSpecPro 对光谱的数据进行比较分析，找出了能够区分嫩芽和老叶的特征波段或者特征波长点。②通过摄像机在自然环境下采集到茶树图像，在 RGB、YIQ、Lab、HSI、YCbCr 5 种不同的颜色空间对茶树图像进行灰度化分析，发现了 RGB 空间的 R-B、YIQ 空间的 I、Lab 空间的 b、HSI 空间的 S、YCbCr 空间中的 Cb 这 5 个色彩因子获得的灰度图像能够突出嫩芽区域，并利用这 5 个因子对茶树图像进行灰度化。对灰度图像进行二值化分割的试验中，分别采用大津法、迭代法和固定阈值法来进行图像分割。试验发现，R-B 灰度图适合采用大津法进行阈值分割；I 灰度图和 Cb 灰度图适合采用迭代法进行阈值分割；b 灰度图和 S 灰度图适合固定阈值分割。对分割出的图像进行滤波处理，发现均值滤波在去除噪声的同时使得图像变得模糊，而中值滤波去除了噪声也保持了嫩芽区域的清晰度，因此选择中值滤波进行滤波处理，并根据二值图像选择合适的滤波窗口长度。利用数学形态学对滤波图像进行处理，根据面积大小去除噪声和其他背景的干扰，实现了嫩芽的分割，试验表明 5 种方法都能有效实现嫩芽的分割。利用质心法，找出了嫩芽的中心位置。

通过对两种方法的综合对比，我们选择了适用范围更广，可靠性更强的基于数字图像处理技术的识别方案作为本项目中在复杂背景下的嫩芽识别方法。

第七节　基于光栅投影三维测量术的嫩芽空间定位

通过上述基于数字图像处理技术的嫩芽识别方法的实现，在茶叶嫩芽已经由复杂背景当中被识别出来的基础上，研究使用基于光栅投影的三维测量技术，进一步确定嫩芽的高度参数，从而得到茶叶嫩芽相对于机器人坐标系的空间位置信息。

一、光栅投影三维测量定位原理

光栅投影三维测量法的基本原理是将周期性光栅（通常是正弦光栅）投射到物体上，用摄像机采集物体上的变形栅线图。然后对该变形栅线图应用相位恢复算法恢复出相位，并通过与参考面上的相位比较求取差值，得到的相位差分布承载着物体表面的三维信息，从而实现三维测量的目的。

图 7-44 是光栅投影三维测量的基本光路原理图，摄像机的成像光轴垂直于参考平面，并与投影装置的光轴相交于参考平面的 O 点。

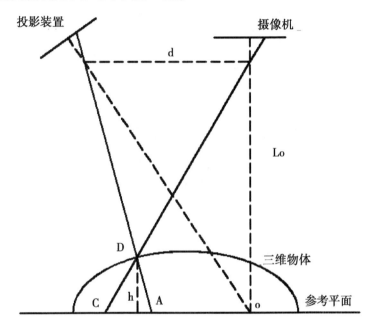

图 7-44　光栅投影三维测量法的基本原理示意

投影装置投射光栅条纹到物体上，然后通过摄像机采集经过物体调制后的光栅条纹信息。由图可见参考平面的 A 点与三维物体的 D 点成像于摄像机感光平面上同一点，其前后的相位差值为 $\varnothing_{AC}$。只要求得调制后图像与参考图像之间的相位差即可求得测量面的三维信息，求解算法简要介绍如下。

当一个正弦图形被投影到物体表面时，从成像系统可以获得该物体表面面形调制的变形条纹，条纹的变形由其相位分布的变化得到体现。物体的高度信息被编码在变形光栅的相位信息中，如果能够正确得到某一点的相位值，就可以通过相位高度之间的映射关系获得该点对应的高度值。当一个标准正弦分布的光栅图像被投影到三维漫反射物体表面时，从成像系统获取的变形光栅像可表示为

$$I_i(x, y) = I'(x, y) + I''(x, y)cos[\varnothing(x, y) + \delta_i] \qquad (式7-2)$$

这是一个光强分布函数，其中 $I'(x, y)$ 为图像的平均灰度，$I''(x, y)$ 为图像的灰度调制，δ_i 分别为图像的相位移，$\varnothing(x, y)$ 为待计算的相对相位值（也被称为相位主值），它表示条纹的变形，与物体的三维面形 $z = h(x, y)$ 有关。其中 $I'(x, y)$，$I''(x, y)$ 和 $\varnothing(x, y)$ 为三个未知量，因此要计算 $\varnothing(x, y)$ 至少需要使用三张图像。这里采用四副相移图像来确保最终的测量结果，则四副光栅图像的相位移分别为：0、$\pi/2$、π、$3\pi/2$，其相

应的四帧条纹图的光强表达式分别为 I1、I2、I3、I4。进而可以计算出光栅图像的相位主值。

$$\varnothing(x, y) = \arctan\left(\frac{I_4 - I_2}{I_1 - I_3}\right) \qquad （式7-3）$$

当投影一个正弦光栅到参考平面上时，从成像系统获取的变形光栅像为：

$$I_i(x, y) = I'(x, y) + I''(x, y)\cos\left[\varnothing_0(x, y) + \delta_i\right] \qquad （式7-4）$$

参考平面的相位分布 $\varnothing_0(x, y)$ 的计算方法和前面相同。因此仅由物体高度引起的相位分布为：

$$V\varnothing(x, y) = \varnothing(x, y) - \varnothing_0(x, y) \qquad （式7-5）$$

具体的光栅投影三维测量法的算法流程如图7-45所示。

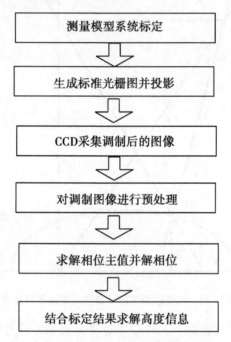

测量模型系统标定

生成标准光栅图并投影

CCD采集调制后的图像

对调制图像进行预处理

求解相位主值并解相位

结合标定结果求解高度信息

图7-45　光栅投影三维测量法算法流程图

这样便可以利用基于光栅投影的三维测量方法得到满足要求的茶蓬表面高度信息。再利用第三部分中利用基于数字图像处理技术的嫩芽识别方法得到的茶叶嫩芽的中心坐标值，通过该平面坐标值查找出其对应的高度信息，进而得到茶叶嫩芽的空间三维坐标，为下一步实施采摘做准备。

二、嫩芽定位方案实现

通过上述研究，最终得到的自然环境下复杂背景中茶叶嫩芽识别定位系统由固定于搭载平台上的数字投影仪和CCD相机组成。首先利用CCD相机拍摄茶叶冠层平面图像，得到嫩芽在茶叶冠层上的平面坐标；在此基础上，由数字投影仪投射标准光栅图像到茶叶冠层平面上并由相机摄取，处理后得到嫩芽高度坐标，再结合之前得到的平面坐标，将嫩芽的具体空间坐标传输给控制系统。其工作流程介绍如下。

（1）通过茶蓬上方的CCD相机，采集茶树树冠图像，并利用基于数字图像处理技术的嫩芽识别技术将茶叶嫩芽从复杂的背景中分辨出来，从而确定嫩芽的平面坐标。

（2）通过投影仪投射标准周期性光栅图像至茶蓬表面，同时调用CCD相机采集因高度变化影响而产生的变形栅线图，通过处理调制后的光栅图像可以得到茶垄表面高度信息，进而得到嫩芽高度坐标。

（3）在得到过程1、2的茶叶嫩芽平面坐标与高度坐标的基础上，结合已知的机器人空间位置信息推算出茶叶嫩芽相对于机器人末端执行器的空间坐标，并将其传输至机器人控制模块。机械手逐个采摘嫩芽，并利用负压吸管收集采摘下来的嫩芽，在某片区域采摘完毕后，机器人移动至下一个位置，依次循环，实现名优茶选择性的采摘。

第八节　4CZ-12采茶机器人田间试验

一、行驶系统试验

4CZ-12采摘机器人的行走系统与高地隙自走式多功能茶园管理机类似，而该机已经在第四章中介绍，其性能稳定可靠，相关技术指标与试验效果参见第四章。

二、采摘性能试验

（一）试验目的

通过田间采摘试验，测定4CZ-12采茶机器人的主要性能指标，包括整机爬坡性能、单手采摘次数、整机生产效率（鲜叶）、漏采率、摘后收集率、老梗叶率、茶芽完整率等相关性能指标。

（二）实验条件

4CZ-12采茶机器人的性能试验于2013年8月在江苏省金坛市茅麓镇进行。茶园的茶蓬宽度为1.2m，高度在0.5~0.8m，行间距为1.5m。茶叶品种是金坛雀舌，雀舌茶采于谷雨前，采摘标准为一芽一叶初展，芽叶长度3cm以下，通常加工500g特级雀舌茶需采4.0万~4.5万个芽叶，要求芽叶嫩度匀整，色泽一致，不采紫芽叶、雨水叶，防止芽叶红变。

（三）试验结果

试验主要以田间采摘性能试验为主，主要进行整机爬坡性、整机生产效率（鲜叶）、漏采率等相关性能指标。机具行走速度0.3~0.5m/s前进，项目试验共分5次，分别采摘10m、15m、20m、25m、30m。4CZ-12采茶机器人性能测定结果见表7-9。

表7-9　4CZ-12采茶机器人性能测定结果

项目	单手采摘次数（次/s）	整机生产效率（鲜叶）（kg/h）	漏采率（%）	摘后收集率（%）	老梗叶率（%）	茶芽完整率（%）
第一次	1.25	5.20	2.7	100	1.0	77.0
第二次	1.25	5.26	2.6	99.7	0.5	76.5
第三次	1.32	5.30	2.7	99.1	1.0	78.0
第四次	1.35	5.27	2.6	99.2	0.5	77.0

（续表）

项目	单手采摘次数（次/s）	整机生产效率（鲜叶）（kg/h）	漏采率（%）	摘后收集率（%）	老梗叶率（%）	茶芽完整率（%）
第五次	1.26	5.24	2.7	100	1.0	76.0
平均值	1.29	5.25	2.7	99.6	0.8	76.6
设计值	1~2	5~10	≤3.0	≥99.0	<1.0	>70.0

由表7-9可知，4CZ-12采摘机器人采摘频率可达1.29/s，整机生产率为5.25kg/h，漏采率、收集率、老叶率、完整率试验值分别为1.7%、99.6%、0.8%、76.6%，均在设计范围之内，满足设计要求。长时间来看，其采摘速率大于人工采摘，生产效率明显提升。

三、试验结论

由以上试验结果与分析可知，4CZ-12采茶机器人，符合采茶机械行业标准，能实现采茶作业功能，各项作业指标均达到设计要求，满足名优茶采摘要求，平均生产率大于人工采摘。整机性能可靠，可长期稳定工作。

总之，4CZ-12采茶机器人，实现了名优茶智能采摘，技术性能可靠、稳定，生产率较人有所提升，大幅降低了劳动强度，是我国茶叶采摘技术的一次革命，对我国茶园生产全程机械化、自动化、自能化发展具有里程碑意义。

第九节　4CZ-12采茶机器人的使用和维护

一、性能参数

4CZ-12采茶机器人的主要性能参数如下。

（一）整机参数

行走速度（km/h）：作业时1.5~2.5，不超过5.0；转场时10.0

整机尺寸（长×宽×高）（mm）：1 832×1 930×2 825

整机重量（kg）：1 500

转弯半径（mm）：1 500

爬坡角度：≤20°

适应作业角度：≤10°

龙门架离地间隙（mm）：1 000以下可调

车乘定员（人）：1

（二）动力机

型号：CY490YC柴油机

功率：37.5kW（约50马力）

启动方式：电启动

油箱容积（L）：70

发动机到驱动泵的速比：1

（三）行走部分

行走方式：履带式

履带型式：波形花纹

履带驱动轮直径（mm）：300

履带宽度（mm）：230

履带接地长度（mm）：1 260

履带接地压力（kg/cm²）：0.258

履带中心距（mm）：1 500~1 800（可调）

动力传动方式：液压驱动型马达

液压驱动马达型号：whiteRE 系列 500540w3822AAAAA 2 只

转弯操纵方式：分离与制动联合操纵杆式

行走变速方式：液压无级

（四）视觉与控制系统

机械手驱动电机型号：2302HS30A1R5、2302HS30A1R5、1704HS20A1

蓄电池电压：12V，24V

舵机工作电压：3.0~7.2V

舵机反应转速：无负载速度 0.17s/60°（4.8V）；0.13s/60°（6.0V）

驱动器工作电压：24V，12V

通信波特率：9 600bps

二、操作与使用

4CZ 智能采茶机开动前，应确定各操纵手柄处于"停止"或"切断"位置。

（一）启动和停止发动机

将发动机钥匙转至"START"位置，发动机即行启动，启动后将钥匙放开，钥匙则会自动回到"ON"位置；拉动油门，提升发动机转速至工作转速要求。如要停止发动机运转，则将发动机钥匙转至"OFF"位置，则发动机停止运转。

（二）前进、后退和停车

握住操纵系统行走操纵手柄，将行走操纵手柄缓慢推向"前进"侧，采茶机器人则开始向前行走移动，行走操纵手柄愈接近"前进"侧，机器的行走速度愈快；握住行操纵走手柄，将其缓慢推向"后推"侧，则机器开始向后行走移动，行走手操纵柄愈接近"后退"侧，机器的后退速度愈快。机器前进和后退时，应随时注意观察机器前后面的地面或道路状况，及时避让障碍。

当采茶机器人需要调整行走方向或转弯时，双手握住行走操纵手柄，顺时针转动，机器向右转向；逆时针转动行走操纵手柄，机器向左转向。操作时应注意缓慢操作行走操纵手柄，特别是高速行驶中不得进行急速的转向操作，突然的方向转变会发生危险。

（三）采摘系统的操作

认真检查采摘机械手、视觉系统、控制系统的技术状态，确认技术状况良好。启动电源开关预热系统，依次开启预热视觉系统、控制器、机械手执行机构，并使机器抵达预定作业地点，待各部分正常启动无异常情况后，开始采摘作业。

三、维护与保养

为了保证采茶机器人的正常使用，应该进行良好的维护与保养。

（一）作业前后的检查与维护与保养

4CZ智能采茶机作业前后的检查和维护与保养工作，在平坦的地方进行。通过查看燃油箱油量指示，确定燃油是否缺乏，缺乏时进行添加。要求每次作业结束后应将油箱加满，做到满箱燃油等待下次作业。要使用正规油品，并按安全操作规程进行加油。

使用前后应检查发动机的机油高度是否符合要求。检查时，在发动机停止运转一定时间后，拧松油尺，在油尺不拧入的情况下，拔出油尺，确认油面是否在刻度上限与下限之间，如不足，补给规定牌号的发动机机油。

机器启动前，应检查机器各部有无漏油现象，确认液压油输油软管有无损伤，确认液压油箱的油面是否处在油面指示的上限与下限之间，如发现漏油、损伤和液压油不足，应进行消除、更换和补足，并应使用规定油品。

发动机空气滤清器的污脏，会导致发动机性能的降低。打开空气滤清器的外盖，检查过滤部分的污染程度，及时进行清理和清洗，如污染过度则应更换过滤装置。

每次作业结束均应清扫发动机、行走机构和整机各部附着的脏物、泥土和茶树枝叶，特别应注意清扫附着在各配线上的枝叶和脏物，防止断线和火灾的危险，并注意履带内夹存的异物、泥土和茶树枝条等，以保证履带的运行正常。

每次作业前后均应观察检查各联结部位是否有松动脱落，特别是固定销轴、开口销及挡圈等有无脱落，联接螺栓是否有松动，并按使用说明书要求对轴承、回转部位等加注润滑油或润滑脂。

每次作业结束后，应清理机械臂、采摘手抓、丝杠机构等间隙内附着的枝梢、脏物等，收集清理干净茶叶收集系统的鲜叶，避免滞留腐烂，对机器造成损伤。

（二）定期检查与维护与保养

定期检查与保养可有效防止机组事故和故障的发生，延长机器的使用寿命，故应十分重视。

每个作业季度均应对蓄电池状况进行检查。检查时，先拆下蓄电池的负极端，然后再拆下正极端，将蓄电池从机体上取下，放在平坦的地方，先对蓄电池进行全面清洁，然后检查和测定蓄电池的电解液液面高度是否在规定范围，不足时，补充蒸馏水至蓄电池液面指示的上刻度线，并清通蓄电池的排气孔。完成后，按先接正极端后接负极端的顺序将电源线接上。因为蓄电池电解液具有较强的腐蚀性，操作时要防止电解液溅至身体或衣服上。

定期检查确认各传动皮带是否脱落和断裂，与机架等有无发生干涉，如发现皮带发出异常声音或磨损严重，应立即更换。皮带在自然张紧状态下，用手指轻轻压皮带，应有5~10mm松弛度。

行走机构的导向轮，在机器行走中起到引导履带方向的作用，并且通过导向轮前后位置的调整，实现履带的正常张紧。若履带过紧，则消耗的动力增加，履带易老化；履带若过松，则会造成履带易脱落，为此应进行正确调整。调整的方法是，将整台管理机停放在平坦的地面上，松开导向轮调节螺栓，使导向轮位置向前或向后，履带的张紧度是否合适，通过检查中间支重轮与履带间的间隙来确定，最佳间隙值为10~15mm，调整和检查完毕，拧紧锁紧螺母。

定期检查机械臂丝杠间隙内是否沉积有杂物，润滑油是否充足；定期检查机械手电机线路是否完好，采摘手抓是否有生锈、变形等现象，如有需要及时处理、修复。

（三）长期存放

4CZ 智能采茶机作业季节结束需长期存放，要对整机进行清洗，清除及其各部粘着的泥土和油污，对各运动部位加注润滑油或润滑脂，将机器放置在通风干燥的场所。然后将燃油全部放完，并启动发动机，一直到燃油全部用完发动机熄火为止；卸下蓄电池，充电，存放在太阳照射不到的干燥处，并保持以后每一个月完全充电一次。机械手、视觉系统、控制器等需要遮盖起来，避免损伤。

第十节　4CZ-12 采茶机器人的效益分析

茶叶生产中的精品鲜叶采摘环节一直存在劳动强度大、工作效率低下等问题。随着生活水平的提高，越来越少的人愿意从事茶叶采摘工作，现有国产或进口的采茶机无法进行全芽、一芽一叶或一芽两叶的采摘，因而采茶已成为制约茶产业生产和可持续发展的重要制约因素。4CZ-12 采茶机器人通过自适应调节液压行走系统、自由度智能机械手臂以及快速图像识别系统，实现名优茶叶的自动化采摘，解决茶叶采摘人工紧缺劳动强度大，效率低等问题，各项性能指标均满足设计要求，最终能形成与人工采摘相当的效果。

一、经济效益

（一）经济成本分析

本项目国内为首例，国外尚无报道，知识产权属于农业部南京农业机械化研究所，目前市场上尚无竞争者。本项目创新将图像处理技术、机器手控制技术创新运用于茶园管理中的采摘环节，结束现在茶园采摘机对春茶等精品茶叶束手无策的现状，又使整台智能采摘机的造价与自走式往复切割式采茶机价格相当，这可以将现代科技快速为农民所接受而造福社会，特别是该机性价比高这一因素很关键，现在有很多科技产品因造价高不为农民所接受，而不能发挥其应有作用。该机兼顾精度控制与成本控制，在农民的承受范围内，尽可能提升整机的质量，这样使项目成果更贴近生产实际和基层应用推广。

4CZ-12 采茶机器人生产成本费用包括材料费、人工费以及其他费用，总计 276 000元，具体如下。

（1）材料费共计 24 万元。

①机器人主体部分。

液压行走底盘：液压油泵、液压马达各 2 个，油管等共计 9 万元

发动机：2 万元

减速箱、行走履带、车架等共计 4 万元

②机器手及控制系统。

三自由度 X、Y、Z 坐标机器手 1.5 万元

控制主板、接口、电缆等 0.5 万元

③图像识别装置。

光栅投影仪：4 万元

④配套装置。

液压升降作业平台1万元

配套发电装置1万元

笔记本电脑一台1万元

（2）劳动力成本共计14 000元。

钳工2人×5天×200元/天＝2 000元

杂工4人×5天×200元/天＝4 000元

焊工4人×5天×200元/天＝4 000元

装配工4人×5天×200元/天＝4 000元

（3）其他共计22 000元。

运费、钢材损失费、标准件、场地使用费、机器使用折旧费等共计2.2万元。

项目总合计研发费用276 000元。而传统往复切割式茶叶收获机也需成本近15万元左右，且只能针对夏茶等采摘作业。因此对于名优茶采摘来说，4CZ-12采茶机器人的生产成本基本合理。

（二）节省采摘成本分析

研制的智能4CZ-12采茶机器人能实现5kg/h左右的精品春茶选择性采摘，一天能采摘40kg左右；技术娴熟的采茶工采摘效率为0.25kg/h，人工工作一天大约8h，一人平均一天采摘2kg左右，人工成本一天约为200元。

春茶等精品茶叶采摘期大约为45天，一台机具每天工作8h，一年能采摘茶叶45天×8h×5kg/h＝1 800kg，一台机具使用寿命为5年，总共采摘：1 800kg×5＝9 000kg，一台机具价格27.6万元左右，功率大约32kW，柴油机正常油耗0.32L/kW.h，柴油价格7.6元/L计算，5年总耗油大约为：32kW×8h×45天×5×0.32L/kW.h×7.6元/L＝14.008万元，驾驶员每天工资500元左右，机器采摘总成本大约为：500元×45天×5＋14.008万元＋27.6万元＝52.85万元，而机器采摘每千克采摘费用为：52.85万元/9 000kg＝59元/kg，而人工采摘成本大约为：200元/2kg＝100元/kg，则每千克鲜茶采摘成本比人工采摘节省成本：100元/kg－59元/kg＝41元/kg。

二、社会效益分析

本项目产品若大规模应用茶园收获管理中，每年可减少3万劳动力，具有明显的社会效益，可以减少春茶抢收季节，用工短缺问题。本项目的实施，将成功填补名优茶智能、选择性采摘空白，样机可达国际先进水平，改变国内名优茶以人工收获为主的作业模式，大幅度提高茶园生产管理中的工作效率，节约劳动力和成本，缓解当前茶园生产中劳动力紧张的矛盾，促进茶园作物产业经济健康、快速、可持续发展。

三、产业化与推广前景

我国是茶叶生产大国，每年的茶叶产量超过100万t，居世界首位。早期采茶机的研究，主要是根据我国茶园特点对采茶机的采摘原理和动力类型进行反复研究和选择，在此期间先后提出过十多种单人采茶机型，但并未实质性的突破采茶机械问题。近几年虽然我国采茶机械化已获得了较快的发展，但有针对性的对不同茶区的采茶机械进行智能化研究尚未展开。

本项目研制4CZ-12自走式茶叶智能采摘机，可实现一芽一叶、一芽二叶、全芽等选择性采摘，替代人工。茶农如购买本项目机具，当年使用、当年见效，能使农民增产创收。如若采用本项目机具将使茶民平均2.8年内收回成本，五年内节省人工工资近20万元左右。

如本项目能得以全面实施，在全国各茶园内大面积替代性应用，预期全国每年可推广1 000台，节省劳动力3万人。并实现当年购买、当年收获、当年见效的目标。本项目技术应用前景十分广泛，还能应用于瓜果分级、瓜果采摘、棉花打顶等，其社会效益不可低估。

四、投资成本效益估算

（一）固定成本

本项目每台机具制造总成本为27.6万元，其中固定成本10万元。

（二）变动成本

运费、钢材损失费、标准件、场地使用费、机器使用折旧费等，共计2.2万元，小计22 000元。

（三）经济效益

春茶等精品茶叶采摘期大约为45天，一台机具每天工作8h，一年能采摘茶叶45天×8h×5kg/h＝1 800kg，一台机具使用寿命为5年，总共采摘：1 800kg×5＝9 000kg，一台机具价格27.6万元左右，功率大约32kW，柴油机正常油耗0.32L/kW·h，柴油价格7.6元/L计算，5年总耗油大约为：32kW×8h×45天×5×0.32L/kW·h×7.6元/L＝14.008万元，驾驶员每天工资500元左右，机器采摘总成本大约为：500元×45天×5+14.008万元+27.6万元＝52.85万元，而机器采摘每千克采摘费用为：52.85万元/9 000kg＝59元/kg，而人工采摘成本大约为：200元/2kg＝100元/kg，则每千克鲜茶采摘成本比工采摘节省成本：100元/kg-59元/kg＝41元/kg。

（四）盈亏平衡分析

所谓盈亏平衡就是企业既不盈利也不亏损，保本的状态。任何企业不是一经投入就能产生利润，只有达到一定的规模才有盈利，这就要对企业进行盈亏平衡分析，确定项目达到盈亏平衡时的最低产量和销售收入。实质上就是分析产量、成本、盈利三者之间的关系，反映产品规模选择是否恰当以及技术的有效期。盈亏平衡点的表达形式有多种。它可以用实物产量、单位产品售价、单位产品可变成本以及年固定成本总量表示，利用率盈亏平衡分析，通常用生产能力利用率盈亏平衡点和销售价格盈亏平衡点等相对量表示。其中产量与生产能力利用率，是进行项目不确定性分析中应用较广的，在本项目中，我们计算用生产能力利用率表示的盈亏平衡。

根据以上分析及有关财务预测数据，用下列公式可算出本项目盈亏平衡点及销售收入：

$$Xp = \frac{a}{c(1-r)-b}$$

其中，

a：固定成本　　　　　　　a＝10万元/台；

b：单位变动成本　　　　　b＝2.2万元/台；

c：产品单价　　　　　　　c＝27.6万元/台；

r：税率（利前各项税率之和）国家免税，税率为0

Xp＝0.39万/台

计算结果表明：当年产达到0.39万/台时，项目可以保本。盈亏平衡点越低，表示项目适应市场变化的能力越大，抗风险能力越强。由上述计算结果可知，该项目运营风险较小。

五、智能化茶叶采摘技术对茶业行业推动

本项目产品若大规模应用茶园收获管理中，每年可减少 3 万劳动力，具有明显的社会效益，可以减少春茶抢收季节，用工短缺问题。本项目的实施，将成功填补名优茶智能、选择性采摘空白，样机可达国际先进水平，打破国内名优茶以人工收获为主的作业模式，大幅度提高茶园生产管理中的工作效率，节约劳动力和成本，缓解当前茶园生产中劳动力紧张的矛盾，促进茶园作物产业经济健康、快速、可持续发展。

本章小结

本章从 4CZ-12 采茶机器人的的研发背景、研究过程、田间试验、机器性能、使用与维护、使用效益等方面进行了详细阐述，特别对 4CZ-12 采茶机器人视觉识别问题、机械手控制等问题的试验研究与机械手等关键系统与结构的设计过程进行了详细说明。特别对茶叶芽头的识别进行了多种方法的试验研究与探讨。4CZ-12 采茶机器人目前采茶的效率已经可与人工匹敌，本研究对名优茶采摘由机械代替人工的大面积实现打下了坚实的基础。相信经过后续的研究与完善，该目标的实现已指日可待。

第八章　C-6茶园深耕机

C-6茶园深耕机，是农业部南京农业机械化研究所，自2010年起，在国家茶叶产业技术体系的组织和支持下，针对茶园土壤板结严重的问题，面向缓坡、陡坡茶园研发设计的一种小型茶园机械。该机主要是采用仿生耕作原理，具有耕力大、功率利用率高的特点，具备中耕、深耕、施肥等作业功能。本章就其研发设计过程进行详细的论述。

第一节　概　　述

如第二章所述，我国很大一部分茶园位于坡度较大的丘陵山区，大型机械无法作业，只有小型轻便型机械适合作业。小型深耕机需求量较大。目前国内茶园可使用的小型茶园耕作机不多，有日本进口和国内研制两类。

一、日产小型茶园深耕机机械

（一）茶园动力深耕锹

茶园动力深耕锹是日本研制的一种茶园深耕作业机械。20世纪80年代中国浙江、江西等省茶区曾少量引进试用。其主要结构由动力机、传动装置、锹体、操作把手、手提把手及尾撬等部分组成，如图8-1所示。动力机使用0.74kW（1马力）风冷式汽油机，锹体本身就是一把三齿铁锹。

作业时，由操作者手提进入茶园并操作进行深耕作业。将深耕锹自然立于茶行间，手持操作把手，将装在操作把手上的手油门放在中偏小一些的位置，利用拉绳启动装置启动汽油机，然后适当加大油门，当汽油机转速达到一定转速时，所产生的动力，通过飞块式离心式离合器、三角皮带传递给偏心运动副，使运动副产生振动，在其振动和冲击下，锹体自动逐渐入土，耕深可达25cm以上，到达规定深度尾撬着地，这时减小油门，偏心运动副振动随即停止，用双手向后拉动操作把手，整台深耕锹围绕尾撬旋转，锹体将土块翻起，并倒在前方。就这样沿左右前后方向逐步挖掘，1h可挖茶地0.20亩左右，可比人工大铁耙作业提高功效5倍以上，耕作深度可达25cm以上，并且像人工铁耙挖掘一样，对茶树根系损伤较小，作业质量良好。

该机总重量15kg，可由1人手提把手任意携带至高山陡坡茶园作业，不受地块大小和形状的限制。但该机操作仍较费力，一人操作连续作业1h后，即需作15min以上的休息，方可继续作业。为此，在20世纪80年代国内茶区进口试用后，未再引进使用，但其耕作部件的作业原理，可为茶园耕作机型研制设计提供参考。

（二）小型茶园耕作机

日本茶园常用的深耕机型如图8-2所示，结构较为简单和简陋，价格较为低廉，但发动机、传动装置、深耕部件以及作业原理和作业方式，均与目前我国引进使用的机型基本相似，作业质量也差别不大。

图 8-1　茶园动力深耕锹

图 8-2　日本国内常用小型茶园耕作机及耕作部件

二、国产小型深耕机械

国产 ZGJ-150 型茶园中耕施肥机

国产 ZGJ-150 型小型茶园中耕施肥机，是根据我国茶园条件，并参考日本机型研制设计而成。

1. 主要技术参数

型式：手扶自走式小型茶园中耕施肥机

型号：ZGJ-150 型

配套动力：F165 型柴油机，功率 2.2kW（3 马力）

轮距：37~42cm（可调）

作业种类：中耕、施肥、喷灌等项作业

耕作方式：深耕锹翻耕式

锹体数量：2 把

最大耕深：25cm

施肥方式：耕前撒施

耕作作业形式：前进作业

喷灌泵形式：340BP2-18 型自吸泵

机器尺（长×宽×高）：1 500mm×420mm×1 000mm

机器重量：120kg

图 8-3　ZGJ-150 型小型茶园中耕施肥机

2. 结构与特点

ZGJ-150 型茶园中耕施肥机的主要机构由动力机、传动机构、变速操纵系统、行走机构、深耕锹和护罩等部分组成。动力为 F165 型柴油机，与 2.2kW（3 马力）小型手扶拖拉机的动力机通用。该机的工作时，发动机产生的动力经传动机构分别传递到行走机构和耕作部件，带动行走轮转动，实现机器前进，并带动耕作部件进行耕作。变速操纵系统设有变速杆，装在机器扶手架上，用于控制行走速度的"快"与"慢"，"快"用于道路运输，"慢"用于耕作。行走机构包括 2 只包裹橡胶的硬质行走轮，由其驱动机器行走，机器前部还装有一只直径较小万向轮式的转向轮。该机只设前进挡而不设后退挡，耕作时采用前进方式作业。ZGJ-150 型茶园中耕施肥机的耕作部件，也采用锹式挖掘作业形式，装有 2 只深耕锹，由传动轴上相邻互为 180°的曲轴轴颈进行带动，从而在保证规定耕宽情况下，两只锹体交错入土，减少了动力输出，并使机器运转较为平稳。该机机体较小，装有流线型防护罩，可方便进入茶行内作业，操作方便，适于山区茶园使用。同时该机作业范围广泛，中耕松土的同时可除去杂草，并能进行施肥、喷灌等作业。中耕作业时采用齿形锹作挖掘式耕作，似人工铁耙挖掘，在较松软土壤中耕作，耕深可达 25cm，耕作时对茶树的根系损伤小，翻起的土块大小适中，可使耕作层有一定空隙度，改善保水和透气性，符合我国茶地的耕作习惯和农艺要求。若在耕作时结合施化肥，只要装上肥料斗即可，化肥施入后，立即被翻耕入土。

三、小型茶园深耕机存在的问题

虽然市场上有上述几种小型深耕机可供选用，然而其在我国的应用推广情况并不理想。日产深耕机械，一方面与我国种植农艺适应性较差，另一方面价格比较昂贵，故引进使用的数量不多。而国产的小型深耕机，存在动力不足、体积庞大、操作不便等问题，其应用也受到限制。针对此这些问题，近几年无锡凯马发动机制造有限公司联合农业部南京农业机械化研究所，共同研发了一款新型小型茶园深耕机，有效地克服了原有深耕机的缺点，作业效果良好。最近几年，该机已经在全国许多地区得到推广，用户反映较好。后面几节对该机进行比较详细的介绍。

第二节　C-6茶园深耕机的原理及功能特点

一、结构与功能原理

1. 主要结构

圆通 C-6 茶园深耕机的主要结构由动力机、传动系统、变速操纵系统、行走机构、深耕锹和护罩等部分组成，如图 8-4、图 8-5 所示。动力机使用风冷小型汽油机。

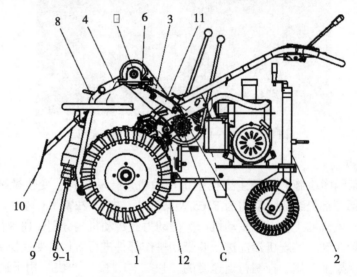

图 8-4　圆通 C-6 茶园深耕机

1. 前轮；2. 导向限深机构；3. 支撑臂；4. 曲柄；5. 摇杆；
6. 轴承座；7. 主动链轮；8. 两连杆；9. 深耕产；10. 挡泥板；
11. 支撑杆；12. 机架

2. 工作原理

发动机产生的动力经传动机构分别传递到行走机构和耕作部件，带动行走轮转动，实现前进和后退，并带动耕作部件进行耕作。变速机构有主、副变速杆、行走离合器和耕作离合器操作手柄及相关系统和油门控制手柄等组成，用以控制机器的行走和耕作。

行走轮由前部 2 只驱动轮和后部一只转向轮组成，通过行走轮转动时地面所给予的反作用力，使机器向前或向后行走和移动。该机为考虑在山区横坡倾斜的茶园中耕作，克服机器左右倾斜对耕作带来的影响，并保持机器行走稳定，故前部 2 只行走轮具有自动浮动上升功能。即当机器在横坡倾斜荼行内进行作业时，前部 2 只行走轮所行走的地面一边高一边低时，则走在低地一边的行走轮，可由自动浮动上升装置控制自动升高，由于左右两只轮胎的高度差，使机体处于水平状态，保证了耕作部件的正常耕作，同时也保证了机器行走的稳定性，不致引起侧翻。

一般情况下，行走轮升高高度最高可达5cm，从而保证该机在横坡为10°的茶园内可顺利作业。该机的耕作部件为深耕锹，实际上就是一只三齿铁耙（图8-6），在传动部件的冲击下，不断入土挖掘，与传统人工挖掘一样，作业质量良好。其运动轨迹如图8-6所示。为防止锹齿黏土，锹体前部装有一只清土铲，在锹齿上下运转过程中，将黏着在锹齿上的泥土刮下。该机为顺利进入茶园，专门设计了半封闭式防护罩，加之该机最大宽度仅为56.5cm，进入行距1.5m甚至更小行距修剪较为规范的茶园行内作业，不会损伤茶树枝条。

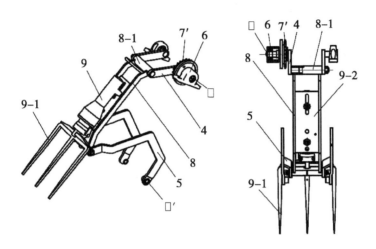

图8-5　深耕机三尺钉耙结构图

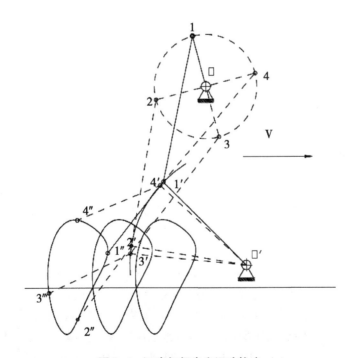

图8-6　三齿钉耙齿尖运动轨迹

二、性能参数

6-C 茶园深耕机的主要性能参数如下。

型式：自走式小型茶园深耕机

型号：圆通 C-6

配套动力：KM170F/E 型柴油机

型式：单缸、立式、风冷、四冲程柴油机

缸径×冲程：70 mm×55 mm

转速：1 800rpm

额定功率：2.9kW（4 马力）；

油箱容积：2.5 L

机油容量：0.8 L

启动方式：手拉反冲启动

重量（kg）：26

作业种类：中耕作业

耕深：8~10cm

耕幅：30~50cm

耕作方式：深耕锹翻耕式

耕作作业形式：前进作业

机器重量：75kg

最大耕深：30cm

作业形式：倒退作业

横向水平调整方式：自动

机器最大宽度：56.5cm

第三节　C-6 茶园深耕机的田间试验

一、样机准备

准备圆通 C-6 小型深耕机一台（图 8-7）。试验前首先检查机器各系统是否能正常工作，汽油机油箱是否有油液，深耕产安装连接是否牢固。一切正常，方能开始试验。

二、试验条件

试验于 2013 年 9 月 12—13 日在江苏省茶博园进行，试验用茶园位于该茶场场部路边，交通方便，横向坡度 12°，纵向坡度 4°，地头宽度 2.3m（部分狭窄处已经过人工清理），无障碍，适合高地隙履带自走式茶园管理机地头转弯等操作。茶树行距平均 1.55m，蓬面高度 0.98m，宽度 1.35m。试验点属典型的低山丘陵坡地类型，土壤坚实度：15.98kg/cm²；土壤含水率：0~10cm 为 15.73%，10~20cm 为 33.83%，20~30cm 为 22.24%；土质较为肥沃，是一块理想的试验用茶园。试验期间天气晴好。样机工作状态良好，以上试验条件符合试验方法的规定和要求。

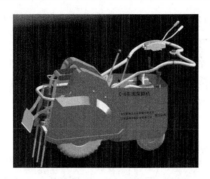

图 8-7　江苏圆通 C-6 型茶园深耕机样机

三、试验结果

圆通 C-6 茶园中耕施肥机用于条栽茶园中的中耕和施肥，作业幅宽可达 40cm 以上，覆盖宽 50cm，作业工效可达 0.5 亩/h，作业质量良好。该机茶园中耕施肥机作业性能实测状况如表 8-1 所示。

该机同样在浙江省绍兴市御茶村茶业有限公司茶园内进行了使用和作业性能测定。由于该机机体较小，很容易已进入条栽茶园中作业，行走稳定，易于操作。使用深耕锹翻耕式耕作机构，耕深控制在 8~10cm，表现动力机功率足够。作业时耕幅一般情况下可达 40cm，在成岭并覆盖比较好的茶园中作业，基本上可满足耕作宽度要求。该机耕作机构采用挖掘形式，耕后土块较大且均匀，95% 以上的杂草被覆盖，耕作层孔隙度较大，利于保气保水。经实测，该机作业效率可达 1.5 亩/h。作业效果如图 8-8 所示。

表 8-1　圆通 C-6 型茶园深耕机深耕施肥机作业性能

作业项目	茶园状况	作业幅宽（cm）	耕深（cm）	行速（m/min）	生产率（亩）	备注
中耕	成龄、土硬中等	55	15	25	0.75	施化肥为撒施后耕
施化肥		50	15（拌和）	25	0.75	

（一）较好的适应性

该机对地形、土质、气候、茶园管理等条件有较好的适应性。在茶树高 820mm、蓬面宽 1 520mm、茶蓬间距 280mm 左右，横向坡度在 0~30° 的茶园都可以正常作业。该机使用功率仅 2.9kW（4 马力）柴油机，机体整体质量较轻，操作方便，劳动强度低，可在各种复杂环境下作业，适应性强。而且即使在土壤坚硬的茶园中应用作业效果也较理想，耕深也较浅；在土壤松软茶园中的耕作效果更佳。

（二）具有较高的生产率

在试验中，该机旋耕生产率最高可达到 0.9 亩/h，最低为 0.7 亩/h。深耕作业生产率最高可达到 1.1 亩/h，最低为 0.3 亩/h。施肥作业是在旋耕作业的同时进行，施肥量可在 100~220g/min 范围调整。因此，该机的生产效率远高于人工作业和一般小型机具。

（三）作业性能基本稳定

旋耕时的碎土率达 94%，埋草覆盖率达 91.90%；深耕作业时深度达 25.26cm，有利于茶树根系的发达；肥料在中耕除草或深松的同时深施入土，有效避免了肥料的流失和浪费；

一次性高效宽幅的喷雾作业，雾化均匀，可以实现大面积及时有效地防治病虫害，大大改善了人工防治效率低、劳动强度大、安全性差的状况。

（四）样机工作可靠、操作方便

汽油机动力启动性能较好，运转平稳，整机配套结构合理，工作部件工作可靠，操纵机构指示直观、操作简便，调整保养也比较方便。

a　耕作前　　　　　　　b　耕作后

图 8-8　圆通 C-6 茶园深耕机耕作前后的茶园状况

第四节　C-6 茶园深耕机的使用与维护

一、操作使用

启动前，检查油箱汽油是否足够，机器上是否有妨碍机器运转的障碍物，否则应予添加和清除。将行走离合器和耕作离合器手柄放置在"离"的位置，主、副变速杆放在空挡，油门放在较小位置。利用拉绳式启动装置启动汽油机，运转平稳后适当加大油门，副变速杆挂在"前进"或"后退"位置上，一般作业时用"后退"挡，道路行走用"前进"挡。主变速杆挂在"慢"或"快"位置上，一般作业时用"慢"挡，道路行走用"快"挡。如各档位在道路行走状态，将行走离合器手柄缓慢放置到"合"的位置，机器开始向前行走。如各档位在耕作状态，将行走离合器和耕作离合器手柄缓慢分别放置到"合"的位置，机器开始后退行走，深耕锹开始上下运转，实施挖掘耕翻作业。该机采用手扶操作作业形式，由于后轮为万向轮形式的可左右转动的转向轮，用手适当左右推动手扶把手，即可实施机器的左右转弯。该机在较松软的土壤中作业，行走稳定，操作较省力，但若茶园土壤坚硬，机器行走耕作时则会产生较大的颠簸和跳动，这时则要适当减小油门，放慢耕作速度。

二、使用效果

该机机体宽度较小，罩壳设计理想，可顺利进入茶园作业。农业部南京农业机械化研究所在江苏、浙江、安徽、湖北等茶区茶园中的试验表明，在土壤中等硬度较平整的茶园中作业，耕深可达 25cm 以上，耕作幅宽 30cm，覆盖宽度 40cm，土块大小适中。该机作业原理似人工铁耙挖掘，对茶树根系损坏较小，耕后地表平整，土壤疏松。在中国茶区土壤坚硬的茶园中应用欠理想，且显动力不足。该机作业工效，封行较好的成龄茶园每个行程耕一行，工作效率达 2 亩/h 以上。该机在江苏省茶叶研究所不同地块茶园中耕作效果的具体测定结果见表 8-2。

表 8-2　圆通 C-6 茶园深耕机作业效果测定表

茶园土壤状况	耕宽（cm）	耕深（cm）	耕作质量和运转状况	作业工效（亩/h）	备注
较松软	40	28.5	良好，运转平稳	2.05	耕幅和耕深以实测 10 点平均
较坚硬	40	20.3	较好，机器较颠簸	1.82	

三、维护与保养

圆通 C-6 茶园耕作机，在耕作作业过程中，因工作部件和动力机承受的为冲击性负荷，极易引起动力机过热和工作部件磨损。故每天作业前一定要检查汽油机机油量，不足要及时添加。对深耕锹传动部位等黄油嘴要使用黄油枪添加黄油，以保证足够的润滑。机器在每工作 1~2h 后，要停机休息半小时左右，特别是高温季节使用更要注意。在作业结束，要对整机特别是深耕锹上的泥土进行清除，保持机器的清洁。

第五节　C-6 茶园深耕机效益分析

一、经济效益分析

目前无锡华源凯马发动机制造有限公司已具备 300 台的年产能力，每台销售价格为 0.8 万元，每年预计完成销售 120 台/套，实现销售收入 96 万元，企业利润超过 20 万元。

本项目五年内圆通 C-6 茶园深耕机销售 600 台/套，以平均每年每台设备服务茶园面积 30 亩计算，则每年服务面积可达 0.37 万亩。

二、社会效益

（1）为茶园生产方式的改进提供了技术支撑。为了降低茶园管理过程中的劳动强度、改善作业条件、提高生产效率及满足扩大茶园生产规模的需求，迫切要求改进生产方式，进行茶园机械化生产作业。因此，圆通 C-6 茶园深耕机，不仅仅是为广大茶农解决了后顾之忧，降低了成本，更是为我国茶园生产方式的改进提供了技术支撑。

（2）提供了茶园规模化种植所需的茶园管理机械化装备。茶园适度规模种植是推进现代茶园机械化作业的前提和基础，随着农村劳动力逐步向城镇转移，发展适度规模种植是今后茶园生产发展的必然选择，也是实现茶园田间机械化作业的前提条件。本项目目标产品工作效率高，管理成本低，为茶园规模化种植提供了坚实的基础。

（3）改变茶园工人的劳作方式，减轻了劳动强度。该机为手扶式轻简型机械，具有深耕、中耕除草、施肥等功能，适用于各种坡度茶园，适用性强。而且整机轻巧，操作方便，不仅能完成高质量耕作作业，也大幅降低了劳动强度，性能优越。

三、生态效益

应用圆通 C-6 茶园深耕机，可减少生产活动对环境的污染，管理机配套的中耕除草、深施肥等作业不仅提高了生产效率，而且提高肥料的利用率。使用茶园减少化肥和农药的需求量，对减少茶叶及果品的农药污染和重金属残留，有显著的改善作用，同时进行肥料深施，包括有机肥的深施，可以减少微生物的滋生源，从而减少茶叶微生物的污染问题，提高茶叶质量。

本章小结

本章从 C-6 茶园深耕机课题的研发背景、田间试验、机器性能、使用与维护、使用效益等方面进行了详细阐述，对于该机的选用与维护具有很好的指导作用。小型茶园深耕机由于体积小，操作方便，而且坡地适应性强，从而成功地解决坡地茶园机械化耕作问题，为实现我国陡坡茶园机械化做出了重要的贡献。

第九章　茶园生产机械化技术展望

进入 21 世纪以来，我国的科技迅猛发展，人们生活水平也在不断提高。然而，我国是农业大国这一国情仍未改变，农业科技水平与发达国家存在巨大差距的现状仍未改变，人们对先进农业生产技术的需求与实际农业生产力无法满足的矛盾仍未改变。当前形势下，集中力量发展农业科技，着力促进农业现代化，依然是我们重中之重。农业是"安天下，稳民心"的基础产业，是我国最重要的战略产业之一，实现农业现代化，保持农业和农村发展的良好势头，对促进经济快速发展和社会长期稳定意义重大。

茶叶作为我国主要的经济作物之一，其年产值逾 600 亿元，在增加农民收入、促进农村经济发展方面起到重要作用；同时茶叶又是人们日常生活的必须品，具有养生保健、陶冶情操等功效。因此，茶叶生产现代化是农业现代化不可忽视的组成部分。而要实现茶叶生产现代化，必须首先实现茶园生产机械化。当前我们要清楚的认识到，目前我国茶园机械化还存在这样那样的问题，还远远不能满足现代化的基本要求。

然而，何以尽快提升我国茶园机械化水平，以满足农业现代化的需求呢？除了加强研究这基本要求外，更重要的是创新。"户枢不蠹，流水不腐；创新是发展的灵魂，是一个国家进步的不竭动力"，因此只有大胆创新，才能更好、更快地促进茶园机械化发展。

所谓"工欲善其事，必先利其器""思想是行动的先导"。要进步，要发展，就要有创新的精神，要有正确、有效的方法。一方面，创新是一种发展理念，在创新充斥着世界的每一个角落的时代，茶园机械设计作为一种严肃的科学行为，就更应具备创新精神。所以，对于新的方法，就应该大胆借鉴，为我所用，"他山之石，可以攻玉"。另一方面，随着社会的不断进步，我们面临的情况每天都在发生着巨大复杂的变化，以往的方法、经验、环境等，不时合宜的我们要大胆摒弃，勇于接受新事物，学习新方法，迎接新挑战。对于现代茶园机械设计方法，本书也只是做了简要介绍，更不可能一一详尽，只能起到一个抛砖引玉的作用，更多的新方法、新思路还需要在工作中探索与学习。

茶园机械的发展注定是多元化的，不论是机械装备本身，还是基础理论、方法，亦或是工具与手段，都将与时俱进，没有一成不变的模式。更多新的装备正在不断地被开发出来，茶园机械装备水平每天都在进步；只要乐于接受新事物，善于发现新问题，敢于否定，勇于创新，在不断地肯定与否定过的程中推动茶园机械装备技术的发展，我国茶园机械化生产必将迎来大发展。

附　　录

附表 1　二次回归正交旋转中心组合试验设计方案

处理号		x_0	x_1	x_2	x_3	x_4	x_1x_2	x_1x_3	x_1x_4	x_2x_3	x_2x_4	x_3x_4	x_1^2	x_2^2	x_3^2	x_4^2
	1	1	1	1	1	1	1	1	1	1	1	1	0.333	0.3333	0.3333	0.3333
	2	1	1	1	1	-1	1	1	-1	1	-1	-1	0.333	0.3333	0.3333	0.3333
	3	1	1	1	-1	1	1	-1	1	-1	1	-1	0.333	0.3333	0.3333	0.3333
	4	1	1	1	-1	-1	1	-1	-1	-1	-1	1	0.3333	0.3333	0.3333	0.3333
	5	1	1	-1	1	1	-1	1	1	-1	-1	1	0.3333	0.3333	0.3333	0.3333
	6	1	1	-1	1	-1	-1	1	-1	-1	1	-1	0.3333	0.3333	0.3333	0.3333
	7	1	1	-1	-1	1	-1	-1	1	1	-1	-1	0.3333	0.3333	0.3333	0.3333
m_c	8	1	1	-1	-1	-1	-1	-1	-1	1	1	1	0.3333	0.3333	0.3333	0.3333
	9	1	-1	1	1	1	-1	-1	-1	1	1	1	0.3333	0.3333	0.3333	0.3333
	10	1	-1	1	1	-1	-1	-1	1	1	-1	-1	0.3333	0.3333	0.3333	0.3333
	11	1	-1	1	-1	1	-1	1	-1	-1	1	-1	0.3333	0.3333	0.3333	0.3333
	12	1	-1	1	-1	-1	-1	1	1	-1	-1	1	0.3333	0.3333	0.3333	0.3333
	13	1	-1	-1	1	1	1	-1	-1	-1	-1	1	0.3333	0.3333	0.3333	0.3333
	14	1	-1	-1	1	-1	1	-1	1	-1	1	-1	0.3333	0.3333	0.3333	0.3333
	15	1	-1	-1	-1	1	1	1	-1	1	-1	-1	0.3333	0.3333	0.3333	0.3333
	16	1	-1	-1	-1	-1	1	1	1	1	1	1	0.3333	0.3333	0.3333	0.3333
	17	1	2	0	0	0	0	0	0	0	0	0	3.3333	-0.6667	-0.6667	-0.6667
	18	1	-2	0	0	0	0	0	0	0	0	0	3.3333	-0.6667	-0.6667	-0.6667
	19	1	0	2	0	0	0	0	0	0	0	0	-0.6667	3.3333	-0.6667	-0.6667
	20	1	0	-2	0	0	0	0	0	0	0	0	-0.6667	3.3333	-0.6667	-0.6667
m_r	21	1	0	0	2	0	0	0	0	0	0	0	-0.6667	-0.6667	3.3333	-0.6667
	22	1	0	0	-2	0	0	0	0	0	0	0	-0.6667	-0.6667	3.3333	-0.6667
	23	1	0	0	0	2	0	0	0	0	0	0	-0.6667	-0.6667	-0.6667	3.3333
	24	1	0	0	0	-2	0	0	0	0	0	0	-0.6667	-0.6667	-0.6667	3.3333

（续表）

处理号	x_0	x_1	x_2	x_3	x_4	x_1x_2	x_1x_3	x_1x_4	x_2x_3	x_2x_4	x_3x_4	x_1^2	x_2^2	x_3^2	x_4^2
25	1	0	0	0	0	0	0	0	0	0	0	-0.6667	-0.6667	-0.6667	-0.6667
26	1	0	0	0	0	0	0	0	0	0	0	-0.6667	-0.6667	-0.6667	-0.6667
27	1	0	0	0	0	0	0	0	0	0	0	-0.6667	-0.6667	-0.6667	-0.6667
28	1	0	0	0	0	0	0	0	0	0	0	-0.6667	-0.6667	-0.6667	-0.6667
29	1	0	0	0	0	0	0	0	0	0	0	-0.6667	-0.6667	-0.6667	-0.6667
m_o 30	1	0	0	0	0	0	0	0	0	0	0	-0.6667	-0.6667	-0.6667	-0.6667
31	1	0	0	0	0	0	0	0	0	0	0	-0.6667	-0.6667	-0.6667	-0.6667
32	1	0	0	0	0	0	0	0	0	0	0	-0.6667	-0.6667	-0.6667	-0.6667
33	1	0	0	0	0	0	0	0	0	0	0	-0.6667	-0.6667	-0.6667	-0.6667
34	1	0	0	0	0	0	0	0	0	0	0	-0.6667	-0.6667	-0.6667	-0.6667
35	1	0	0	0	0	0	0	0	0	0	0	-0.6667	-0.6667	-0.6667	-0.6667
36	1	0	0	0	0	0	0	0	0	0	0	-0.6667	-0.6667	-0.6667	-0.6667
$a_j = \sum x_{a_j}^2$	36	24	24	24	24	16	16	16	16	16	16	31.999	31.999	31.999	31.999

附表2　回归试验数据

处理序号		x_1	x_2	x_3	x_4	完整率（%）	漏采率（%）	割茬不平度（mm）
	1	0.6	990	20	26	72.547	1.054	4.70
	2	0.6	990	20	18	69.487	1.749	4.12
	3	0.6	1414.3	14	26	64.154	0.791	3.62
	4	0.6	1414.3	14	18	63.793	1.248	2.75
	5	0.6	810	20	26	62.609	2.471	7.07
	6	0.6	810	20	18	60.833	3.790	6.27
	7	0.6	1157.1	14	26	63.289	1.811	5.45
	8	0.6	1157.1	14	18	61.298	2.842	4.49
m_c	9	0.4	990	20	26	81.857	0.644	1.38
	10	0.4	990	20	18	73.922	0.891	1.11
	11	0.4	1414.3	14	26	71.079	0.617	0.62
	12	0.4	1414.3	14	18	66.370	0.702	0.48
	13	0.4	810	20	26	62.908	1.182	5.64
	14	0.4	810	20	18	61.473	1.940	5.00
	15	0.4	1157.1	14	26	64.067	0.878	3.90
	16	0.4	1157.1	14	18	61.513	1.398	3.71

（续表）

处理序号		x_1	x_2	x_3	x_4	完整率（%）	漏采率（%）	割茬不平度（mm）
m_r	17	0.7	1235.3	17	22	63.389	0.677	0.26
	18	0.3	529.4	17	22	62.670	2.372	6.66
	19	0.5	1058.8	17	22	62.123	2.240	5.84
	20	0.5	705.9	17	22	75.969	0.691	0.80
	21	0.5	652.2	23	22	66.218	0.725	1.26
	22	0.5	1363.6	11	22	74.000	1.430	4.27
	23	0.5	882.4	17	30	63.757	1.716	1.47
	24	0.5	882.4	17	14	66.489	0.732	0.96
m_o	25	0.5	882.4	17	22	72.876	1.153	2.01
	26	0.5	882.4	17	22	73.864	1.051	1.19
	27	0.5	882.4	17	22	72.731	1.087	1.52
	28	0.5	882.4	17	22	71.339	1.160	2.18
	29	0.5	882.4	17	22	70.928	1.039	1.34
	30	0.5	882.4	17	22	71.552	0.939	2.47
	31	0.5	882.4	17	22	71.556	1.029	1.63
	32	0.5	882.4	17	22	71.337	1.143	2.64
	33	0.5	882.4	17	22	73.388	1.325	1.78
	34	0.5	882.4	17	22	70.656	0.902	3.08
	35	0.5	882.4	17	22	73.808	1.347	1.61
	36	0.5	882.4	17	22	73.421	1.065	2.65

附表3　割茬试验数据

（续表）

序号	1	2	3	4	5	6	7	8	9	10	11	12	13	14	15	16	17	18	19	20	21	22	23	24	25	26	27	28	32	33	34	35	36
割茬长度	42	31	34	37	33	35	41	39	28	25	32	28	47	39	41	41	27	33	31	26	34	32	30	32	34	32	26	44	25	30	31	37	36
	47	29	35	38	44	36	47	36	29	26	34	29	31	42	43	42	28	46	47	28	33	37	29	33	35	34	27	43	28	31	27	34	32
	48	48	39	40	31	27	46	36	31	28	33	28	31	57	43	44	27	42	32	27	35	45	30	34	37	33	29	40	25	33	28	37	33
	54	36	35	40	35	41	27	35	30	28	32	29	32	44	36	45	28	37	26	26	33	37	30	33	37	33	29	38	27	33	29	39	34
	38	33	34	41	35	32	42	38	33	29	34	29	29	44	38	52	27	32	24	28	35	36	29	32	39	32	31	33	25	35	27	36	32
	40	29	43	37	62	72	44	38	29	27	33	28	34	30	46	43	27	31	35	29	35	15	30	34	36	34	30	38	26	39	28	37	33
	46	32	38	47	60	39	40	39	31	28	33	28	32	43	40	44	27	36	37	27	35	29	31	32	37	33	29	36	26	33	29	36	34
	43	42	35	41	45	36	44	38	32	29	34	29	32	43	42	46	27	31	36	28	36	36	31	33	38	33	30	35	25	34	30	36	35
	45	34	38	42	34	35	46	37	28	28	33	28	34	45	38	44	27	30	33	31	35	43	30	33	37	34	29	36	29	42	29	41	34
	41	37	40	45	39	30	43	41	31	28	34	29	32	41	47	45	27	34	33	28	35	49	31	35	37	31	29	33	25	36	29	45	34
	41	29	35	40	38	38	44	37	30	31	33	29	28	44	42	51	28	42	35	27	37	42	30	33	41	34	32	34	30	37	29	37	35
	41	32	42	56	35	39	27	41	31	28	33	28	29	32	38	61	27	54	35	27	36	38	32	34	44	34	30	36	27	38	32	35	38
	41	36	39	37	33	28	30	38	28	28	34	29	30	38	45	42	27	62	32	28	32	40	29	34	34	33	28	35	26	36	26	34	31
	43	36	34	39	34	40	43	37	29	26	33	28	35	42	41	42	27	43	29	27	33	31	30	33	35	32	27	36	27	30	27	35	32
	48	32	36	44	36	41	26	36	30	28	34	29	31	43	44	53	28	35	43	28	34	46	37	35	43	34	33	39	28	39	32	31	40
	45	30	28	46	46	49	42	40	29	30	33	28	27	41	36	52	27	55	31	27	33	42	29	36	35	37	27	36	25	30	27	38	32
	37	29	31	43	50	27	38	39	31	30	32	29	56	40	39	54	27	29	30	26	35	36	30	33	37	34	29	35	25	33	28	37	33
	34	36	40	32	31	28	54	45	28	28	33	28	28	36	41	51	27	28	39	27	33	29	32	32	34	35	26	32	27	30	30	34	35
	43	29	37	36	56	42	36	51	27	27	33	28	27	31	37	52	27	31	33	27	34	31	28	36	33	32	29	34	28	29	25	34	30
	46	34	36	38	52	27	33	39	29	26	34	29	55	34	42	42	27	42	36	29	33	30	29	32	35	35	27	32	31	31	27	36	32
	38	32	37	40	38	31	38	37	31	28	33	28	40	32	40	44	27	46	50	27	35	35	29	33	37	32	29	36	25	33	25	35	32
	35	30	39	43	50	39	40	36	30	30	33	29	34	30	36	47	27	43	28	28	38	35	34	32	40	35	32	33	27	36	32	36	37
	42	38	40	42	54	47	38	37	31	30	33	28	25	33	37	46	27	40	39	28	37	36	33	32	39	32	31	33	26	35	31	39	36
	37	31	35	40	34	29	45	33	30	28	33	28	28	34	35	44	27	31	32	27	35	35	30	35	37	34	29	35	26	33	27	37	32
	38	35	40	40	42	49		40	29	28	33	28	37	28	34	44	27	54	55	27	35	35	32	32	37	32	29	32	25	33	30	38	35

序号	36	35	34	33	32	28	27	26	25	24	23	22	21	20	19	18	17	16	15	14	13	12	11	10	9	8	7	6	5	4	3	2	1
割茬长度	33	34	28	32	27	33	28	33	32	33	34	39	30	38	46	27	43	33	34	28	33	30	36	27	28	41	31	30	39	31	32	30	30
	37	38	32	38	28	31	34	33	42	32	34	40	34	33	49	28	49	36	32	29	34	34	35	28	33	37	35	37	38	45	36	28	37
	35	37	30	34	27	33	30	34	38	33	32	35	30	33	45	27	45	30	38	28	32	32	30	27	31	32	30	33	37	41	36	28	38
	34	40	29	33	29	35	34	33	37	36	31	46	47	54	44	27	44	29	37	28	31	33	36	32	28	42	32	42	31	33	40	35	31
	38	31	33	34	28	34	29	32	41	34	35	58	58	36	48	27	31	27	36	28	41	35	32	25	26	32	42	30	46	40	35	32	35
	34	34	29	33	28	36	31	34	37	29	31	33	27	35	44	27	38	34	34	29	46	31	25	30	30	28	37	38	44	38	38	37	35
	38	38	33	34	29	39	30	34	35	32	33	29	27	34	49	28	33	35	36	27	36	32	33	32	29	25	42	25	40	45	49	26	34
	33	39	28	38	28	32	34	33	42	27	34	34	29	41	46	27	45	32	39	26	41	30	32	36	28	29	37	33	42	44	38	33	34
	36	23	31	35	29	34	27	34	39	26	33	29	29	44	42	27	42	34	37	29	37	34	31	34	29	26	36	37	45	42	31	31	34
	32	27	27	31	25	29	29	34	35	29	31	31	34	45	41	27	41	36	32	28	35	32	30	25	28	34	34	29	39	38	35	32	38
	31	41	26	30	27	40	28	32	36	33	32	38	29	33	42	28	40	37	34	27	28	28	25	27	24	40	33	30	50	55	38	31	49
	33	37	28	32	28	35	27	33	34	34	31	44	34	33	43	27	29	33	33	28	32	30	27	28	31	35	31	24	38	40	37	48	40
	34	35	29	31	29	36	29	35	36	37	30	40	34	48	54	27	30	38	31	28	37	37	28	27	30	42	38	45	45	38	40	45	36
不平度	1.78	2.64	1.63	2.47	1.34	2.18	1.52	1.19	2.01	0.96	1.47	4.27	1.26	0.80	5.84	6.66	0.26	3.71	3.90	5.00	5.64	0.48	1.11	1.38	4.49	5.45	6.27	7.07	2.75	3.62	4.12	4.70	

附表4　茶园基本情况调查记录表二

测定点行次	测定点	新梢密度		新梢长度			新梢重量			
		个/（0.1m²）	个（m²）	选取新梢个数	选取新梢总长（cm）	平均新梢长度（cm）	选取新梢数	选取新梢重量（g）	平均新梢重量（g）	百新梢重（g/100）
1	1	94	940	20	260.6	6.5	20	22	1.10	110
	2	117	1 170	20	255.0	6.4	20	19.7	0.99	99
	3	91	910	20	284.6	7.1	20	20.7	1.04	104
	4	113	1 130	20	277.5	6.9	20	20.8	1.04	104
	5	129	1 290	20	262.9	6.6	20	19.3	0.97	97
2	1	90	900	20	281.5	7.0	20	20.4	1.02	102
	2	104	1 040	20	305.9	7.6	20	24.3	1.22	122
	3	101	1 010	20	285.3	7.1	20	21	1.05	105
	4	125	1 250	20	299.3	7.5	20	22	1.10	110
	5	122	1 220	20	274.0	6.9	20	19.5	0.98	98
3	1	101	1 010	20	285.9	7.1	20	21.7	1.09	109
	2	99	990	20	272.7	6.8	20	19.8	0.99	99
	3	102	1 020	20	298.5	7.5	20	23.66	1.18	118
	4	109	1 090	20	286.7	7.2	20	21.9	1.10	110
	5	112	1 120	20	279.7	7.0	20	21.25	1.06	106
平均			1 072.7	20	280.4	7.01	20	21.98	1.062	106.2

主要参考文献

安徽省质量技术监督局 . 2005. DB34/T 530—2005. 安徽省地方标准：茶园管理机械作业技术规程［S］.

白晓虎，张祖立 . 2009. 基于 ADAMS 的播种机仿形机构运动仿真［J］. 农机化研究（03）：40-42.

冯江，李建民 . 2000. 仿真技术在农机设计中的应用［J］. 农机化研究（4）：96-98.

高峰，徐四清 . 2001. 茶园管理机械的发展现状［J］. 茶叶机械杂志（4）：13-14.

耿端阳，张道林，王相友，等 . 2011. 新编农业机械学［M］. 北京：国防工业出版社 .

国家机械工业局 . 2000. JB/T 9803.2—1999. 中华人民共和国机械行业标准：耕整机试验方法［S］. 北京：中国标准出版社 .

国家技术监督局 . 1995. GB/T 5688.3—1995. 中华人民共和国国家标准：旋耕机械试验方法［S］. 北京：中国标准出版社 .

李建国，肖宏儒，张宴志，等 . 2009. 日本茶叶生产机械化考察与思考［J］. 农业装备技术，35（1）：9-11.

李云雁，胡传荣 . 2008. 试验设计与数据处理［M］. 北京：化学工业出版社 .

刘琼 . 2011. 小型茶园耕作管理机械的研制与推广［J］. 湖南农业科学（13）：54-55，58.

马斌强，顾文涛，郭延廷，等 . 2011. 虚拟样机技术及其在农业机械系统中的应用［J］. 科技信息（1）：105-106.

茆诗松，周纪芳，陈颖 . 2004. 试验设计［M］. 北京：中国统计出版社 .

潘三旎 . 2011. 茶园管理技术要点［J］. 安徽农学通报，22（17）：89-90.

权启爱，朱守贞 . 1980. 茶园耕作管理机械浅谈［J］. 中国茶叶（2）：20-22.

阮齐桢 . 2012. 我和 LabVIEW：一个 NI 工程师的十年编程经验［M］. 北京：北京航空航天大学出版社 .

石博强，石焱华，宁晓斌，等 . 2007. ADAMS 基础与工程范例教程［M］. 北京：中国铁道出版社 .

王长春 . 2007. 基于 ADAMS 的虚拟样机技术及其在农业机械上的应用［J］. 农机化研究（9）：184-186.

王秀铿，黄仲先，刘树林 . 1988. 机械采摘茶园的农艺工程技术研究［J］. 农业工程学报（01）：59-63.

肖宏儒，秦广明，宋志禹 . 2011. 茶叶生产机械化发展战略研究［J］. 中国茶叶（7）：8-11.

肖宏儒，权启爱 . 2010. 茶园作业机械化技术手册［M］. 北京：原子能出版社 .

肖宏儒，权启爱 . 2012. 茶园作业机械化技术机装备研究［M］. 北京：中国农业科学技术出版社 .

中华人民共和国国家质量监督检验检疫总局，中国国家标准化管理委员会 . 2008. GB/T 5688—2008. 中华人民共和国国家标准：旋耕机［S］. 北京：中国标准出版社 .

この本晴夫 . 1980. 論茶畑の深耕［J］. 農業技術は研究します，34（9）：46-48.